21世纪本科院校土木建筑类创新型应用人才培养规划教材

建筑概论

主　编　钱　坤　吴　歌
副主编　王若竹　常　虹
主　审　包　新　姜　平

内 容 简 介

本书着重阐述工业与民用建筑设计及建筑构造的基本原理和应用知识。本书共10章，主要内容包括：概论、民用建筑设计、民用建筑构造、工业建筑概论、单层厂房设计、单层厂房定位轴线的标定、单层厂房构造、单层钢结构厂房构造、多层厂房建筑设计、建筑工业化。本书在内容上紧密结合国家新规范、新标准，符合我国现行建筑节能构造的要求。

本书可作为建筑类非土木专业的教学用书，也可作为土木工程专业的教学参考书，还可作为从事建筑设计与建筑施工的技术人员的参考书。

图书在版编目(CIP)数据

建筑概论/钱坤，吴歌主编．—北京：北京大学出版社，2010.8
（21世纪本科院校土木建筑类创新型应用人才培养规划教材）
ISBN 978-7-301-17572-9

Ⅰ.①建… Ⅱ.①钱… ②吴… Ⅲ.①建筑学—高等学校—教材 Ⅳ.①TU

中国版本图书馆 CIP 数据核字(2010)第 144498 号

书　　　　名：	建筑概论
著作责任者：	钱　坤　吴　歌　主编
策 划 编 辑：	吴　迪
责 任 编 辑：	卢　东
标 准 书 号：	ISBN 978-7-301-17572-9/TU·0134
出　版　者：	北京大学出版社
地　　　　址：	北京市海淀区成府路 205 号　100871
网　　　　址：	http://www.pup.cn　http://www.pup6.com
电　　　　话：	邮购部 010-62752015　发行部 010-62750672　编辑部 010-62750667
电 子 邮 箱：	编辑部 pup6@pup.cn　总编室 zpup@pup.cn
印　刷　者：	北京虎彩文化传播有限公司
发　行　者：	北京大学出版社
经　销　者：	新华书店
	787 毫米×1092 毫米　16 开本　15.75 印张　365 千字
	2010 年 8 月第 1 版　2023 年 12 月第 6 次印刷
定　　　　价：	38.00 元

未经许可，不得以任何方式复制或抄袭本书之部分或全部内容。
版权所有，侵权必究　　举报电话：010-62752024
　　　　　　　　　　　电子邮箱：fd@pup.cn

前　言

建筑概论是非土木专业的一门专业基础课，该课程的任务是为非土木专业的其他建筑相关专业学生建立较为完整的房屋建筑概念，让学生了解工业与民用建筑设计原理、建筑构造及建筑材料的基础知识，培养学生的建筑识图能力，为学生完成后续基础课、专业课提供必备的建筑基础知识。

本书综合性强，与实际工程联系紧密，继承了以往建筑概论教材的理论精华，并紧密结合国家标准图集、新规范、新标准，引用的节点构造均为我国现行节能建筑构造，尤其适合作为北方高校教材及参考书。本书内容结构合理，层次清晰，每章均有教学目标与要求、小结及习题，既方便教师教学，又方便学生学习，充分体现教材的指导性思想。本书适合建筑工程管理、建筑力学、建筑会计、建筑电气工程及自动化、建筑环境与设备工程、建筑安全、建筑机械、给水排水工程、燃气工程、市政工程、道路与桥梁工程、房地产经营与管理、建筑材料等相关专业人员使用，也可作为土木工程专业的教学参考书，还可作为从事建筑设计与建筑施工的技术人员的参考书。

本书各章的执笔人如下：
第1章　常　虹　王若竹
第2章　钱　坤　常　虹
第3章　王若竹　钱　坤
第4章　钱　坤　金玉杰
第5章　吴　歌　常　虹
第6章　钱　坤　孙力杰
第7章　钱　坤　吴　歌
第8章　王若竹　金玉杰
第9章　吴　歌　孙力杰
第10章　常　虹　吴　歌

各执笔人单位如下：
钱坤、王若竹、吴歌、常虹、金玉杰　吉林建筑工程学院
孙力杰　延边大学

本书主审为吉林建筑工程学院的包新、姜平。

本书在编写过程中，得到了邹建奇教授、尹新生教授的大力支持，在此表示衷心的感谢！

本书在编写过程中，参考并引用了一些文献和著作，谨向相关作者表示诚挚的谢意！

由于编者水平有限，书中疏漏和不足之处在所难免，敬请广大读者批评指正。

编　者
2010年5月

目 录

第1章 概论 …………………………… 1
1.1 概述 ……………………………… 1
1.1.1 建筑的构成要素 ………… 1
1.1.2 我国建筑方针 …………… 2
1.2 建筑的分类和分级 ……………… 2
1.2.1 建筑的分类 ……………… 2
1.2.2 建筑的分级 ……………… 4
1.3 建筑识图的相关知识 …………… 4
1.3.1 索引及详图符号 ………… 4
1.3.2 标高 ……………………… 5
1.3.3 指北针及风玫瑰图 ……… 6
1.3.4 定位轴线 ………………… 6
1.3.5 常用图例 ………………… 6
背景知识 ……………………………… 10
小结 …………………………………… 10
习题 …………………………………… 11

第2章 民用建筑设计 ………………… 12
2.1 建筑设计的内容和程序 ………… 12
2.1.1 建筑设计的内容 ………… 12
2.1.2 建筑设计的程序 ………… 13
2.2 建筑设计的要求和依据 ………… 14
2.2.1 建筑设计的要求 ………… 14
2.2.2 建筑设计的依据 ………… 15
2.3 建筑平面设计 …………………… 17
2.3.1 建筑平面设计的内容 …… 17
2.3.2 使用部分的平面设计 …… 18
2.3.3 交通联系部分的平面
设计 ……………………… 23
2.3.4 建筑平面的组合设计 …… 26
2.4 建筑剖面设计 …………………… 32
2.4.1 房间的高度和剖面形状的
确定 ……………………… 33
2.4.2 房屋其他部分高度的确定 … 35
2.4.3 房屋层数的确定及剖面的
组合方式 ………………… 35
2.5 建筑体型和立面设计 …………… 36
2.5.1 建筑体型 ………………… 37
2.5.2 建筑立面设计 …………… 38
背景知识 ……………………………… 39
小结 …………………………………… 43
习题 …………………………………… 43

第3章 民用建筑构造 ………………… 44
3.1 概述 ……………………………… 44
3.1.1 建筑物的组成 …………… 44
3.1.2 影响建筑构造的因素 …… 44
3.1.3 建筑构造设计原则 ……… 46
3.2 基础及地下室 …………………… 46
3.2.1 基础的作用和地基土的
分类 ……………………… 47
3.2.2 地基与基础的设计要求 … 47
3.2.3 基础的埋置深度 ………… 47
3.2.4 影响基础的埋置深度的
因素 ……………………… 48
3.2.5 基础的类型 ……………… 49
3.2.6 地下室的分类 …………… 52
3.2.7 地下室防潮构造 ………… 53
3.2.8 地下室防水构造 ………… 54
3.3 墙体 ……………………………… 55
3.3.1 墙体的分类及设计要求 … 56
3.3.2 砖墙 ……………………… 57
3.3.3 砌块墙 …………………… 64
3.3.4 隔墙 ……………………… 65
3.3.5 复合墙 …………………… 68
3.3.6 墙面装修 ………………… 69
3.4 楼地层 …………………………… 75

  3.4.1 楼板层 …………………… 75
  3.4.2 钢筋混凝土楼板构造 …… 77
  3.4.3 顶棚构造 ………………… 82
  3.4.4 地坪层 …………………… 84
  3.4.5 楼地面构造 ……………… 84
  3.4.6 阳台与雨篷 ……………… 89
 3.5 楼梯及其他垂直交通设施 …… 93
  3.5.1 楼梯的组成、类型及尺度 … 93
  3.5.2 楼梯构造 ………………… 98
  3.5.3 室外台阶与坡道 ………… 105
  3.5.4 电梯与自动扶梯 ………… 106
  3.5.5 无障碍设计 ……………… 108
 3.6 屋顶 …………………………… 111
  3.6.1 屋顶的作用与要求 ……… 111
  3.6.2 屋顶的类型 ……………… 111
  3.6.3 屋顶的组成 ……………… 112
  3.6.4 屋顶坡度的表示方法及其影响因素 …………… 112
  3.6.5 屋面的防水等级 ………… 113
  3.6.6 平屋顶构造 ……………… 113
  3.6.7 坡屋顶构造 ……………… 121
 3.7 门窗 …………………………… 124
  3.7.1 门窗设计要求 …………… 124
  3.7.2 门窗材料 ………………… 124
  3.7.3 门窗的开启方式及尺度 … 125
  3.7.4 门窗构造 ………………… 128
  3.7.5 特殊门窗 ………………… 131
 3.8 变形缝 ………………………… 132
  3.8.1 变形缝设置 ……………… 132
  3.8.2 设置变形缝建筑的结构布置 …………………… 134
  3.8.3 变形缝盖缝构造 ………… 135
 背景知识 ……………………………… 138
 小结 …………………………………… 140
 习题 …………………………………… 140

第4章 工业建筑概论 ……………… 143
 4.1 概述 …………………………… 143
  4.1.1 工业建筑的特点 ………… 143
  4.1.2 工业建筑的分类 ………… 143
 4.2 厂房内部的起重运输设备 …… 146
 4.3 单层厂房的结构组成 ………… 147
  4.3.1 单层厂房的结构体系 …… 147
  4.3.2 装配式钢筋混凝土排架结构组成 …………………… 149
 背景知识 ……………………………… 151
 小结 …………………………………… 152
 习题 …………………………………… 152

第5章 单层厂房设计 ……………… 153
 5.1 单层厂房平面设计 …………… 153
  5.1.1 厂房平面设计和生产工艺的关系 …………………… 153
  5.1.2 单层厂房平面形式的选择 …………………………… 153
  5.1.3 柱网的选择 ……………… 155
  5.1.4 厂房交通设施及有害工段的布置 …………………… 156
  5.1.5 工厂总平面图对厂房平面设计的影响 ……………… 156
 5.2 单层厂房剖面设计 …………… 158
  5.2.1 生产工艺对柱顶标高的影响 …………………………… 158
  5.2.2 室内外地坪标高 ………… 159
  5.2.3 厂房内部空间利用 ……… 159
  5.2.4 厂房天然采光 …………… 160
 5.3 单层厂房立面设计 …………… 160
 5.4 单层厂房生活间设计 ………… 162
 背景知识 ……………………………… 163
 小结 …………………………………… 164
 习题 …………………………………… 164

第6章 单层厂房定位轴线的标定 … 167
 6.1 横向定位轴线 ………………… 167
  6.1.1 中间柱与横向定位轴线的联系 …………………………… 167
  6.1.2 横向伸缩缝、防震缝处柱与横向定位轴线的联系 … 167

6.1.3 山墙与横向定位轴线的联系 …… 168
6.2 纵向定位轴线 …… 169
　　6.2.1 墙、边柱与纵向定位轴线的联系 …… 169
　　6.2.2 中柱与纵向定位轴线的联系 …… 171
　　6.2.3 纵向变形缝处柱与纵向定位轴线的联系 …… 172
6.3 纵横跨相交处的定位轴线 …… 173
背景知识 …… 174
小结 …… 175
习题 …… 175

第7章 单层厂房构造 …… 176

7.1 单层厂房外墙构造 …… 176
　　7.1.1 砌体围护墙 …… 176
　　7.1.2 大型板材墙 …… 178
7.2 单层厂房屋面构造 …… 182
　　7.2.1 厂房屋面基层类型及组成 …… 182
　　7.2.2 厂房屋面排水 …… 183
　　7.2.3 厂房屋面防水 …… 185
7.3 单层厂房天窗构造 …… 191
　　7.3.1 矩形天窗 …… 191
　　7.3.2 平天窗 …… 194
　　7.3.3 矩形通风天窗 …… 195
　　7.3.4 井式天窗 …… 196
7.4 单层厂房侧窗及大门构造 …… 196
　　7.4.1 单层厂房侧窗 …… 196
　　7.4.2 单层厂房大门 …… 198
7.5 地面及其他构造 …… 200
　　7.5.1 地面的组成与类型 …… 201
　　7.5.2 地面的细部构造 …… 202
　　7.5.3 排水沟、地沟 …… 204
　　7.5.4 坡道 …… 205
　　7.5.5 钢梯 …… 205
背景知识 …… 206
小结 …… 206
习题 …… 207

第8章 单层钢结构厂房构造 …… 209

8.1 概述 …… 209
　　8.1.1 普通钢结构单层厂房结构的组成 …… 209
　　8.1.2 柱网和温度伸缩缝的布置 …… 210
8.2 轻型门式刚架结构 …… 212
8.3 钢结构厂房构造 …… 214
　　8.3.1 压型钢板外墙 …… 214
　　8.3.2 压型钢板屋顶 …… 216
背景知识 …… 218
小结 …… 218
习题 …… 219

第9章 多层厂房建筑设计 …… 220

9.1 概述 …… 220
　　9.1.1 多层厂房的特点 …… 220
　　9.1.2 多层厂房的适用范围 …… 220
　　9.1.3 多层厂房的结构形式 …… 221
9.2 多层厂房平面设计 …… 221
　　9.2.1 生产工艺流程和平面布置 …… 221
　　9.2.2 平面布置的形式 …… 222
　　9.2.3 柱网(跨度、柱距)的选择 …… 224
9.3 多层厂房剖面设计 …… 226
　　9.3.1 剖面形式 …… 226
　　9.3.2 层数的确定 …… 226
　　9.3.3 层高的确定 …… 227
9.4 多层厂房电梯间和生活及辅助用房的布置 …… 228
　　9.4.1 布置原则及平面组合形式 …… 228
　　9.4.2 楼梯及电梯井道的组合 …… 229
　　9.4.3 生活及辅助用房的布置 …… 230
9.5 多层厂房立面设计及色彩处理 …… 230
　　9.5.1 多层厂房立面设计 …… 231
　　9.5.2 多层厂房色彩处理 …… 231
背景知识 …… 232

小结 ………………………………… 233
习题 ………………………………… 233

第10章 建筑工业化 …………………… 234

10.1 概述 …………………………… 234
10.2 大板建筑 ……………………… 234
    10.2.1 大板建筑的特点和适用范围 ………………… 234
    10.2.2 大板建筑的板材类型 … 235
10.3 框架板材建筑 ………………… 236
    10.3.1 框架板材建筑的特点和适用范围 ………………… 236
    10.3.2 骨架结构类型 ………… 236
10.4 其他类型的工业化建筑 ……… 237
    10.4.1 砌块建筑 ……………… 237
    10.4.2 大模板建筑 …………… 237
    10.4.3 滑升模板建筑 ………… 238
    10.4.4 升板升层建筑 ………… 239
    10.4.5 盒子建筑 ……………… 240
背景知识 …………………………… 240
小结 ………………………………… 240
习题 ………………………………… 241

参考文献 …………………………… 242

第1章 概 论

【教学目标与要求】
- 掌握建筑构成的基本要素
- 掌握建筑物的分类方法；熟悉建筑物的分级方法
- 掌握建筑图中的索引和详图符号
- 掌握定位轴线的编写
- 掌握标高的分类及其各自的定义

在本书中常提到"建筑"和"建筑物"这两个词，实际上，建筑是人们运用所掌握的知识和物质技术条件，创造出的供人们进行生产、生活和社会性活动的空间环境，通常认为是建筑物和构筑物的总称。一般将直接供人们使用的建筑称为建筑物，如住宅、学校、办公楼、影剧院、体育馆等；而将间接供人们使用的建筑称为构筑物，如水塔、蓄水池、烟囱、储油罐等。

1.1 概 述

1.1.1 建筑的构成要素

构成建筑的基本要素是指建筑功能、建筑的物质技术条件和建筑形象。

1. 建筑功能

建筑功能即房屋的使用要求，它体现着建筑物的目的性，在建筑构成要素中起主导作用。建筑功能又可分为基本功能和使用功能。基本功能是指建筑物具有蔽风雨和防寒暑的功能，使用功能是指建造建筑物的主要目的。所有建筑的基本功能是相似的，而使用功能是千差万别的。建筑设计中应充分重视使用功能的可持续性以及建筑物在使用过程中的可改造性。

2. 建筑的物质技术条件

建筑的物质技术条件是实现建筑的手段，包括建筑材料、结构与构造、设备技术和施工技术等相关内容。其中，建筑材料是建造房屋必不可缺的物质基础；结构与构造是构成建筑空间环境的骨架；设备(含水、电、通风、空调、通信、消防等)技术是保证建筑物达到某种要求的技术条件；施工技术则是实现建筑生产的过程和方法。因此说建筑是多门技术科学的综合产物，是建筑发展的重要因素。

3. 建筑形象

建筑形象是指建筑的体型、立面形式、室内外空间的组织、建筑色彩与材料质感、细部与重点的处理、光影和装饰处理等。建筑形象是功能和技术的综合反映。建筑形象处理得当，就能产生良好的艺术效果，给人以感染力和美的享受。

构成建筑的3个基本要素之间是辩证统一的关系，既相互依存，又有主次之分：建筑功能是起主导作用的因素；建筑的物质技术条件是达到目的的手段，同时技术对功能具有约束和促进作用；建筑形象是功能和技术在形式美方面的反映。在一定功能和技术条件下，充分发挥设计者的主观作用，可以使建筑形象更加美观。

1.1.2 我国建筑方针

1986年我国建设部提出了"建筑的主要任务是全面贯彻适用、安全、经济、美观的方针"作为我国建筑工作者进行工作的指导方针，又是评价建筑优劣的基本准则。

适用是指根据建筑功能的需要，恰当地确定建筑面积和体量，合理地布局，具有必需的技术设备和良好的设施及卫生条件，并满足保温、隔热、隔声等要求。

安全是指结构的安全度、建筑物耐火等级及防火设计、建筑物的耐久年限等。

经济主要是指建筑的经济效益、社会效益和环境效益。建筑的经济效益是指建筑造价材料和能源消耗、建设周期、投入使用后的日常运行和维修管理费用等综合经济效益；建筑的社会效益是指建筑在投入使用前后，对人口素质、国民收入、文化福利、社会安全等方面产生的影响；建筑的环境效益是指建筑在投入使用前后，环境质量发生的变化，如日照、噪声、生态平衡、景观等方面的变化。

美观是指在适用、安全、经济的前提下，把建筑美和环境美作为设计的重要内容。美观是建筑造型、室内装修、室外景观等综合艺术处理的结果。建筑物既是物质产品，又具有一定的艺术形象，它必然随着社会生产生活方式的发展变化而变化，并且总是深受科学技术、政治经济和文化传统的影响。对城市和环境有重要影响的建筑物，要特别强调美观因素，使其为整个城市及环境增色。

1.2 建筑的分类和分级

1.2.1 建筑的分类

建筑物可以从多方面进行分类，常见的分类方法有以下几种。

1. 按使用性质分

（1）民用建筑——供人们工作、学习、生活、居住等类型的建筑。

① 居住建筑：供人们居住、生活的建筑，如住宅、宿舍、招待所等。

② 公共建筑：供人们进行各种公共活动的建筑，如办公建筑、科研建筑、医疗建筑等。

(2) 工业建筑——各类生产用房和为生产服务的附属用房。
(3) 农业建筑——各类供农业生产使用的房屋，如农机站、粮仓、畜禽饲养场等。

2. 按建筑层数或总高度分

建筑层数是房屋的实际层数的控制指标，但多与建筑总高度共同考虑。

(1) 住宅按建筑层数分：1~3层为低层建筑；4~6层为多层建筑；7~9层为中高层建筑；10层及10层以上为高层建筑。

(2) 公共建筑及综合性建筑总高度不大于24m为多层建筑，总高度超过24m为高层，建筑高度超过24m的单层主体建筑不能称为高层建筑。

(3) 建筑总高度超过100m时，不论其是住宅或公共建筑均为超高层建筑。

(4) 工业建筑按层数分单层工业厂房、多层工业厂房和层次混合的工业厂房。

3. 按建筑规模和数量分类

(1) 大量性建筑：指建筑规模不大，但修建数量多，与人们生活密切相关的分布面广的建筑，如住宅、中小学教学楼、医院、中小型工厂等。

(2) 大型性建筑：指规模大、耗资多的建筑，如大型体育馆、大型剧院、航空港等。

4. 按主要承重结构的材料分

(1) 砌体结构：建筑物的竖向承重构件是砖、砌块等砌筑的墙体，水平承重构件为钢筋混凝土楼板及屋面板，墙体既是承重构件，又起着围护和分隔室内外空间的作用。砌体结构易于就地取材，构造简单，造价较低。

(2) 钢筋混凝土结构：指以钢筋混凝土作承重结构的建筑，具有坚固耐久、防火和可塑性强等优点，是目前房屋建筑中应用最广泛的一种结构形式。

(3) 钢结构：指以型钢作为房屋承重骨架的建筑，该结构主要适用于高层、大跨度的建筑。

(4) 钢-钢筋混凝土结构：建筑物的主要承重构件是用钢、钢筋混凝土建造，以钢筋混凝土作受压构件，以钢材作为受拉构件，充分发挥两种材料的受力特点。

(5) 木结构建筑：以木材作房屋承重骨架的建筑，现已很少采用。

(6) 其他结构建筑，如生土建筑、充气建筑、塑料建筑等。

5. 按建筑的结构类型分

(1) 混合结构：由两种或两种以上材料作为主要承重构件的建筑。

(2) 框架结构：建筑物的承重部分由钢筋混凝土或钢材制作的梁、板、柱形成骨架，墙体是填充墙，只起围护和分隔作用。

(3) 剪力墙结构：建筑物的竖向承重构件和水平承重构件均采用钢筋混凝土制作。这种结构通常在高层建筑中大量运用。

(4) 框架-剪力墙结构：在框架结构中适当布置一定数量的剪力墙，是目前高层建筑常采用的结构形式。

(5) 筒体结构：由一个或几个筒体作为竖向结构，并以各层楼板将井壁四周相互连接起来而形成的空间结构体系，主要适用于高层、超高层建筑。

(6) 空间结构：当建筑物跨度较大(超过30m)时，中间不设柱子，用特殊结构解决的称作空间结构，包括悬索、网架、拱、壳体等结构形式，空间结构多用于大跨度的体育馆、剧院等公共建筑中。

1.2.2 建筑的分级

建筑物的等级包括耐久等级、耐火等级和工程等级等三大部分。

1. 耐久等级

建筑物耐久等级的指标是使用年限。使用年限的长短是依据建筑物的性质决定的。影响建筑寿命长短的主要因素是结构构件的选材和结构体系。民用建筑的设计使用年限应符合表1-1的规定。

表1-1 设计使用年限分类

类别	设计使用年限(年)	示 例	类别	设计使用年限(年)	示 例
1	5	临时性建筑	3	50	普通建筑和构筑物
2	25	易于替换结构构件的建筑	4	100	纪念性建筑和特别重要的建筑

2. 耐火等级

建筑物的耐火等级是由其组成构件的燃烧性能和耐火极限来确定的。建筑物的耐火等级分为四级，一般重要的建筑物耐火等级为一级。

构件的耐火极限是指对任一建筑构件按时间-温度标准曲线进行耐火试验，从受到火的作用时起，到失去支持能力或完整性被破坏或失去隔火作用时为止的这段时间，用小时表示。

构件的燃烧性能可分为3类，即非燃烧体、难燃烧体、燃烧体。

3. 工程等级

建筑物的工程等级以其复杂程度为依据，分特级、一级、二级、三级、四级、五级。

1.3 建筑识图的相关知识

1.3.1 索引及详图符号

1. 索引符号

如图中某一局部需要另见详图时，应以索引符号索引。按"国标"规定，索引符号的圆和引出线均应以细实线绘制，圆直径为10mm，引出线应对准圆心，圆内过圆心画一水平线，上半圆中用阿拉伯数字注明该详图的编号，下半圆中用阿拉伯数字注明该详图所在图纸的图纸号，如图1.1(a)所示。如果详图与被索引的图样在同一张图纸内，则在下半圆中间画一水平细实短线。索引出的详图,如采用标准图,应在索引符号水平直径的延长线上加注该标准图册的编号。

2. 详图符号

详图符号用一粗实线圆绘制,直径为14mm。详图与被索引的图样同在一张图纸内时,应在符号内用阿拉伯数字注明详图编号[图1.1(b)];如不在同一张图纸内,可用细实线在符号内画一水平直径,在上半圆中注明详图编号,在下半圆中注明被索引图纸号[图1.1(b)]。

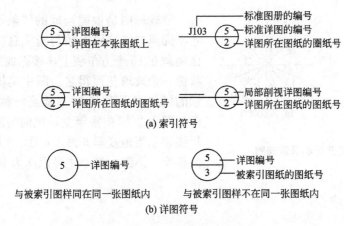

图 1.1 索引符号和详图符号

1.3.2 标高

在建筑图中经常用标高符号表示某一部位的高度,它有绝对标高和相对标高之分:绝对标高是以我国青岛附近黄海的平均海平面为零点测出的高度尺寸;相对标高是以建筑物室内主要地面为零点测出的高度尺寸。

各类图上所用标高符号应按图1.2所示形式,以细实线绘制,标高符号的尖端应指至被标注的高度,尖端可向下也可向上。标高数值以米为单位,一般注至小数点后3位数(总平面图中为两位数)。在"建施"图中的标高数字表示其完成面的数值。如标高数字前有"−"号,则表示该处完成面低于零点标高;如数字前有"+"号或没有符号,则表示高于零点标高。如果同一位置表示几个不同标高时,数字可按图1.2(e)的形式注写。

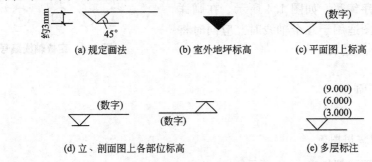

图 1.2 标高符号及规定画法

1.3.3 指北针及风玫瑰图

1. 指北针

指北针用细实线绘制,圆的直径宜为24mm,指针尖为北向,指针尾部宽度宜为3mm。需用较大直径绘指北针时,指针尾部宽度宜为直径的1/8,如图1.3(a)所示。

2. 风玫瑰图

风玫瑰图是根据当地的气象资料,将全年中各不同风向的刮风次数与刮风总次数之比用同一比例画在16个方位线上连接而成的图形,因其形状像一朵玫瑰花而得名。图中实折线距中心点最远的风向表示刮风频率最高,称为常年主导风向,图1.3(b)中常年主导风向为西南风。图中虚折线表示当地夏季6月、7月、8月这3个月的风向频率,该图中夏季主导风向为东南风。

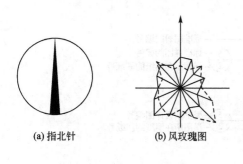

图1.3 指北针和风玫瑰图

1.3.4 定位轴线

定位轴线既是设计时确定建筑物各承重构件位置和尺寸的基准,也是施工时用来定位和放线的尺寸依据。

定位轴线采用细点画线表示。轴线编号的圆圈用细实线,直径一般为8mm,详图上为10mm,如图1.4所示。轴线编号写在圆圈内。在平面图上水平方向的编号采用阿拉伯数字从左向右依次编写。垂直方向的编号用大写拉丁字母自下而上顺次编写。拉丁字母中的I、O及Z 3个字母不得作轴线编号,以免与数字1、0及2混淆。在较简单或对称的房屋中,平面图的轴线编号,一般标注在图形的下方及左侧;对较复杂或不对称的房屋,图形上方和右侧也可标注。

对于附加轴线的编号可用分数表示,分母表示前一轴线的编号,分子表示附加轴线的编号,用阿拉伯数字顺序编写,如图1.4所示。在画详图时,如一个详图适用于几个轴线时,应同时将各有关轴线的编号注明。

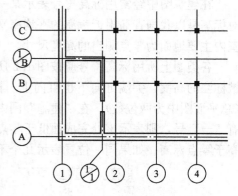

图1.4 定位轴线编号

1.3.5 常用图例

1. 总平面图常用图例

总平面图常用图例如表1-2所示。

表1-2 总平面图常用图例

名 称	图 例	说 明
新建的建筑物		(1) 用粗实线表示，可以不画出入口 (2) 需要时，可在右上角以点数或数字(高层宜用数字)表示层数
原有的建筑物		(1) 在设计图中拟利用者，均应编号说明 (2) 用细实线表示
计划扩建的预留地或建筑物		用中虚线表示
拆除的建筑物	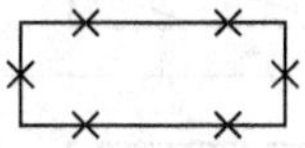	用细实线表示
围墙及大门	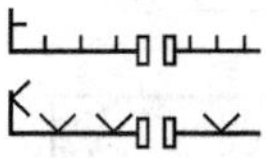	上图表示砖石、混凝土或金属材料围墙 下图表示镀锌铁丝网、篱笆等围墙 如仅表示围墙时不画大门
坐标	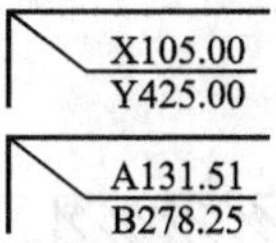 X105.00 Y425.00 A131.51 B278.25	上图表示测量坐标 下图表示施工坐标
护坡	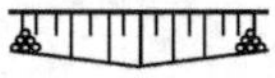	边坡较长时，可在一端或两端局部表示
原有的道路		
计划扩建的道路		
新建的道路	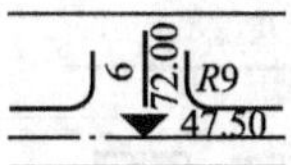 6 72.00 R9 ▼47.50	"R9"表示道路转弯半径为9m，"47.50"为路面中心标高，"6"表示6%，为纵向坡度，"72.00"表示变坡点间距离
拆除的道路	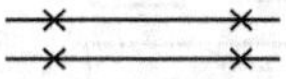	
挡土墙		被挡的土在"突出"的一侧
桥梁	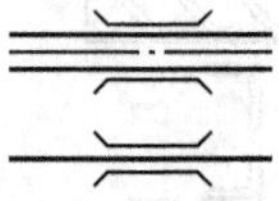	(1) 上图表示公路桥，下图表示铁路桥 (2) 用于旱桥时应注明

2. 常用建筑材料图例

常用建筑材料图例如表1-3所示。

表1-3 常用建筑材料图例

序 号	名 称	图 例	备 注
1	自然土壤		包括各种自然土壤
2	夯实土壤		
3	砂、灰土		靠近轮廓线绘较密的点
4	毛石		
5	普通砖	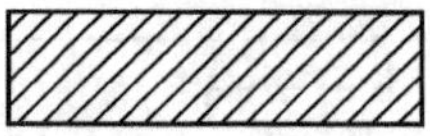	包括实心砖、多孔砖、砌块等砌体,断面纹窄不易绘出图例线时,可涂红
6	空心砖		指非承重砖砌体
7	饰面砖		包括铺地砖、马赛克、陶瓷锦砖、人造大理石砖
8	混凝土	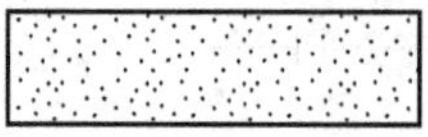	(1) 本图例指能承重的混凝土及钢筋混凝土 (2) 包括各种强度等级、骨料、添加剂的混凝土 (3) 绘制面图上画出钢筋时,不画图例线 (4) 断面图形小,不易画出图例线时,可涂黑
9	钢筋混凝土		
10	多孔材料		包括水泥珍珠岩、沥青珍珠岩、泡沫混凝土、非承重加气混凝土、软水、细石制品等
11	粉刷		本图例采用较稀的点
12	木材	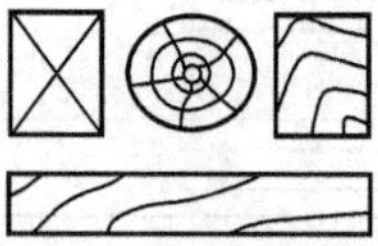	(1) 上图为横断面,上左图为垫木、木砖或木龙骨 (2) 下图为纵断面
13	金属	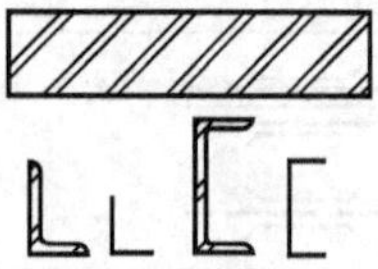	(1) 包括各种金属 (2) 图形小时,可涂黑

3. 常用的构造及配件图例

常用的构造及配件图例如表1-4所示。

表1-4 常用的构造及配件图例

名 称	图 例	说 明
楼梯	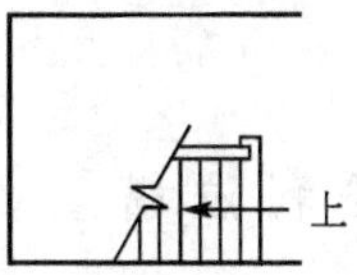	(1) 上图为底层楼梯平面，中图为中间层楼梯平面，下图为顶层楼梯平面 (2) 楼梯的形式及步数应按实际情况绘制
检查孔		左图为可见检查孔 右图为不可见检查孔
孔洞		
坑槽		
烟道	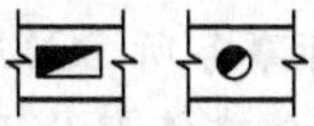	
通风道	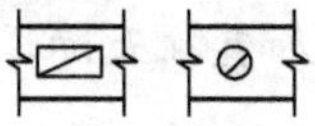	
墙上预留洞或槽		
单扇门（包括平开或单面弹簧）	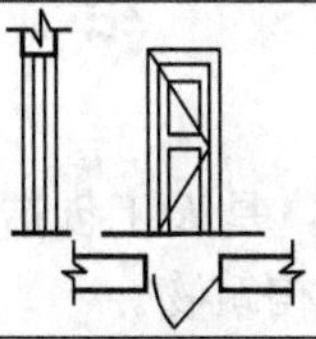	(1) 门的名称代号用M表示 (2) 在剖面图中，左为外、右为内；在平面图中，下为外、上为内 (3) 在立面图中，开启方向线交角的一侧为安装合页的一侧。实线为外开，虚线为内开 (4) 平面图中的开启弧线及立面图中的开启方向线，在一般的设计图上不表示，仅在制作图上表示 (5) 立面形式应按实际情况绘制
双扇门（包括平开或单面弹簧）	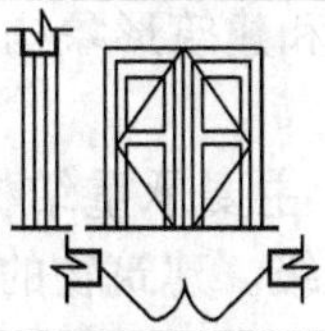	
对开折叠门	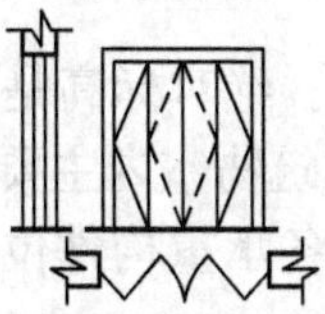	

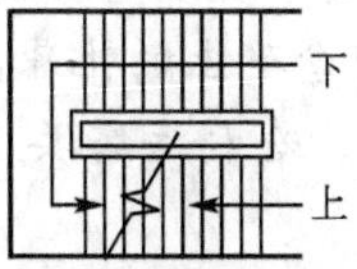

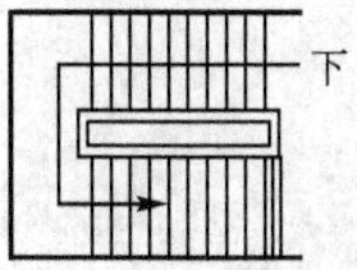

背 景 知 识

哈利法塔

当地时间 2010 年 1 月 4 日晚,迪拜酋长谢赫穆罕默德·本·拉希德·阿勒马克图姆揭开被称为"世界第一高楼"的迪拜塔纪念碑上的帷幕,宣告这座著名建筑正式落成,并将其更名为"哈利法塔",如图 1.5 所示。哈利法塔共 162 层,高 828 米,最高混凝土结构为 601 米。

图 1.5 哈利法塔

哈利法塔由美国最大的建筑师-工程师事务所 SOM 所设计,哈利法塔的设计为伊斯兰教建筑风格,楼面为"Y"字形,并由 3 个建筑部分逐渐连贯成一核心体,从沙漠上升,以上螺旋的模式,减少大楼的剖面使它更加直往天际,中央核心逐转化成尖塔,Y 字形的楼面也使得哈利法塔有较大的视野享受。

小 结

(1) 建筑是指建筑物与构筑物的总称,是人工创造的空间环境,直接供人使用的建筑称为建筑物,不直接供人使用的建筑称为构筑物。

(2) 建筑功能、建筑的物质技术条件和建筑形象构成建筑的 3 个基本要素,三者之间是辩证统一的关系。

(3) 建筑物可按照使用性质、层数、主要承重结构的材料、建筑的结构类型进行分类。建筑按耐久年限、耐火等级分均为四级。建筑物的工程等级依其复杂程度为依据分为六级。

(4) 标高有绝对标高和相对标高之分。绝对标高是以我国青岛附近黄海的平均海平面为零点测出的高度尺寸;相对标高是以建筑物室内主要地面为零点测出的高度尺寸。

(5) 定位轴线既是设计时确定建筑物各承重构件位置和尺寸的基准,也是施工时用来定位和放线的尺寸依据。

习 题

1. 建筑的含义是什么？什么是建筑物和构筑物？
2. 建筑的基本构成要素是什么？怎样理解它们之间的关系？
3. 建筑物如何分类？
4. 什么是绝对标高和相对标高？
5. 定位轴线的含义是什么？

第2章 民用建筑设计

【教学目标与要求】
- 熟悉建筑设计的内容、程序、设计要求及依据
- 熟悉房间的面积组成、平面形状和尺寸；掌握使用房间的平面设计
- 熟悉各种房间的高度和剖面形状；掌握建筑各部分高度确定
- 了解房屋层数的确定和剖面组合方式
- 了解建筑体型组合的一般规律及立面设计的一些手法

2.1 建筑设计的内容和程序

2.1.1 建筑设计的内容

一项建筑工程从拟订计划到建成使用，要经过编制工程设计任务书、选择建设用地、设计、施工、工程验收及交付使用等几个阶段。设计工作是其中的重要环节，具有较强的政策性、技术性和综合性。

建筑工程设计一般包括建筑设计、结构设计、设备设计等几个方面的内容。

1. 建筑设计

建筑设计是在总体规划的前提下，根据设计任务书的要求，综合考虑基地环境、使用功能、材料设备、建筑经济及艺术等问题，着重解决建筑物内部各种使用功能和使用空间的合理安排，建筑物与周围环境、外部条件的协调配合，内部和外部的艺术效果，细部的构造方案等，创作出既符合科学性，又具有艺术性的生活和生产环境。建筑设计一般是由建筑师来完成。

2. 结构设计

结构设计主要是结合建筑设计，选择切实可行的结构方案，进行结构计算及构件设计，完成全部结构施工图设计等。结构设计一般是由结构工程师来完成。

3. 设备设计

设备设计主要包括给排水、电器照明、通信、采暖、空调通风、动力等方面的设计。由有关的设备工程师配合建筑设计来完成。

各专业设计既有分工，又密切配合，形成一个设计团队。汇总各专业设计的图纸、计算书、说明书及预算书，就完成一项建筑工程的设计文件，作为建筑工程施工的依据。

2.1.2 建筑设计的程序

建筑设计通常按初步设计和施工图设计两个阶段进行。大型建筑工程，在初步设计之前应进行方案设计。小型建筑工程，可用方案设计代替初步设计文件。对于技术复杂的大型工程，可增加技术设计阶段。

下面就建筑设计的程序加以说明。

1. 设计前的准备工作

建筑设计是一项复杂而细致的工作，涉及的学科较多，同时要受到各种客观条件的制约。为了保证设计质量，设计前必须做好充分准备，包括熟悉设计任务书，收集设计基础资料，调查研究等几方面的工作。

1) 熟悉设计任务书

任务书的内容包括：拟建项目的要求、建筑面积、房间组成和面积分配；有关建设投资方面的问题；建设基地的范围，周围建筑、道路、环境和地图；外供电、给排水、采暖和空调设备方面的要求以及水源、电源等各种工程管网的接用许可文件；设计期限和项目建设进程要求等。

2) 收集设计基础资料

开始设计之前要搞清楚与工程设计有关的基本条件，掌握必要和足够的基础资料。这些资料包括国家和所在地区有关本设计项目的定额指标及标准；所在地的气温、湿度、日照、降雨量、积雪厚度、风向、风速以及土壤冻结深度等气象资料；基地地形及标高，地基种类及承载力；地下水位、水质及地震设防烈度等地形、地质、水文资料；基地地下的给水、排水、供热、煤气、通信等管线布置以及基地地上架空供电线路等设备管线资料。

3) 调查研究

应调研的主要内容有：拟建建筑物的使用要求；当地建筑传统经验和生活习惯；建材供应和结构施工等技术条件；并根据当地城市建设部门所划定的建筑红线做现场踏勘，了解基地和周围环境的现状，考虑拟建建筑物的位置与总平面图的可能方案。

2. 初步设计

初步设计是供建设单位选择的方案，也是主管部门审批项目的文件，还是技术设计和施工图设计的依据。初步设计的主要任务是提出设计方案，即根据设计任务书的要求和收集到的基础资料，结合基地环境，综合考虑技术经济条件和建筑艺术的要求，对建筑总体布置、空间组合进行可能与合理的安排，提出两个或多个方案供建设单位选择。在选定的方案基础上，进一步充分完善，综合成较理想的方案，并绘制成初步设计文件，供主管部门审批。

初步设计文件的深度应满足确定设计方案的比较及选择需要，确定概算总投资，可以作为主要设备和材料的订货依据，根据已确定的工程造价，编制施工图设计以及进行施工准备。

初步设计的图纸和文件包括：设计总说明，建筑总平面图（比例1∶500、1∶1 000），各层平面图、剖面图、立面图（比例1∶100、1∶200）及工程概算书。

3. 技术设计

初步设计经建设单位同意和主管部门批准后，对于大型复杂项目需要进行技术设计。

它是初步设计的深化阶段,主要任务是在初步设计的基础上协调解决各专业之间的技术问题。技术设计的图纸和文件与初步设计大致相同,但更详细些。

对于不太复杂的工程,技术设计阶段可以省略,把这个阶段的一部分工作纳入初步设计阶段,称为"扩大初步设计",另一部分工作则留待施工图设计阶段进行。

4. 施工图设计

施工图设计是建筑设计的最后阶段,是在上级主管部门审批同意的初步设计(或技术设计)基础上进行的,是提交施工单位进行施工的设计文件。施工图设计的主要任务是满足施工要求,即在初步设计或技术设计的基础上,综合建筑、结构、设备各专业,相互交底、确认核对,深入了解材料供应、施工技术、设备等条件,把满足工程施工的各项具体要求反映在图纸中,做到整套图纸齐全统一、准确无误。

施工图设计内容包括建筑、结构、水、电、采暖和空调通风等专业的设计图纸、工程说明书、结构及设备计算书和预算书。

2.2 建筑设计的要求和依据

2.2.1 建筑设计的要求

1. 满足建筑功能要求

满足建筑物的功能要求,为人们的生活和生产活动创造良好的环境,是建筑设计的首要任务。例如设计学校:首先要考虑满足教学活动的需要,教室设置应分班合理,采光通风良好;其次还要合理安排教师备课、办公、储藏和卫生间等房间,并配置良好的体育场和室外活动场地等。

2. 采用合理的技术措施

根据建筑空间组合的特点,选择合理的结构、施工方案,正确选用建筑材料,使房屋坚固耐久、建造方便。例如近年来,我国设计建造的一些覆盖面积较大的体育馆,由于屋顶采用钢网架空间结构和整体提升的施工方法,既节省了建筑物的用钢量,也缩短了工期。

3. 具有良好的经济效果

建造房屋是一个复杂的物质生产过程,需要大量人力、物力和资金,在房屋的设计和建造中,要因地制宜、就地取材,尽量做到节省劳动力,节约建筑材料和资金。设计和建造房屋要有周密的计划和预算,重视经济规律,讲究经济效益。房屋设计的使用要求和技术措施,要和相应的造价、建筑标准统一起来。

4. 考虑建筑美观要求

建筑物是社会的物质和文化财富,它在满足使用要求的同时,还需要考虑人们对建筑物在美观方面的要求,考虑建筑物所赋予人们在精神上的感受。建筑设计要努力创造具有我国时代精神的建筑空间组合与建筑形象。历史上创造的具有时代印记和特色的各种建筑形象，往往是一个国家、一个民族文化传统宝库中的重要组成部分。

5. 符合总体规划要求

单体建筑是总体规划中的组成部分，单体建筑应符合总体规划提出的要求、建筑物的设计，还要充分考虑和周围环境的关系，例如原有建筑的状况，道路的走向，基地面积大小以及绿化等方面和拟建建筑物的关系。新设计的单体建筑，应使所在基地形成协调的室外空间组合、良好的室外环境。

2.2.2 建筑设计的依据

1. 使用功能

1）人体尺度和人体活动所需的空间尺度

人体尺度和人体活动所需的空间尺度，是确定建筑空间的基本依据之一。我国中等人体地区成年男子和女子的平均高度分别为 1 670mm 和 1 560mm。随着近年生活水平的提高，我国人口平均身高正逐步增长，设计时应予以考虑。人体尺度和人体活动所占的空间尺度如图 2.1 所示。

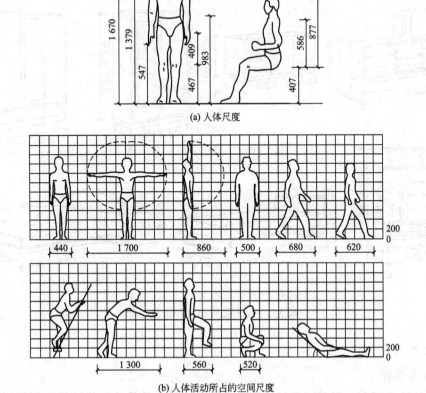

(a) 人体尺度

(b) 人体活动所占的空间尺度

图 2.1 人体尺度和人体活动所占的空间尺度

2) 家具、设备的尺寸和使用空间

家具、设备尺寸以及人们在使用家具和设备时必要的活动空间，是确定房间内部使用面积的重要依据。建筑中常用家具尺寸如图2.2所示。

图2.2 民用建筑中常用家具尺寸

2. 自然条件

1) 气象条件

建设地区的温度、湿度、日照、雨雪、风向、风速等是建筑设计的重要依据，对建筑设计有较大的影响。

2）地形、水文地质及地震烈度

基地地形、地质构造、土壤特性和地耐力的大小，对建筑物的平面组合、结构布置、建筑构造处理和建筑体型都有明显的影响。

水文条件是指地下水位的高低及地下水的性质，直接影响建筑物基础及地下室。一般应根据地下水位的高低及地下水性质确定是否对建筑采用相应的防水和防腐蚀措施。

地震烈度表示当地震发生时，地面及建筑物遭受破坏的程度，分1～12度。烈度在6度以下时，地震对建筑影响较小；9度以上地区，地震破坏力很大，一般应避免在此类地区建造房屋。因此，按GB 50011—2001《建筑抗震设计规范》及《中国地震烈度区规划图》的规定，地震烈度为6、7、8、9度地区均需进行抗震设计。

3. 建筑设计标准、规范、规程

建筑"标准"、"规范"、"规程"以及"通则"是以建筑科学技术和建筑实践经验的结合成果为基础，由国务院有关部门批准后颁发为"国家标准"，是必须遵守的准则和依据。常用的标准、规范如：GB 50352—2005《民用建筑设计通则》、GB 50096—1999《住宅设计规范》、GB 50016—2006《建筑设计防火规范》等。

4. 建筑模数

为了建筑设计、构件生产以及施工等方面的尺寸协调，从而提高建筑工业化的水平，降低造价并提高房屋设计和建造的质量和速度，建筑设计应遵守国家规定的建筑统一模数制。

建筑模数是选定的标准尺度单位，作为建筑物、建筑构配件、建筑制品以及有关设备尺寸相互间协调的基础。目前我国采用100mm为基本模数，即1M＝100mm。同时还采用3M（300mm）、6M（600mm）、12M（1 200mm）、15M（1 500mm）、30M（3 000mm）、60M（6 000mm）等扩大模数；M/10(10mm)、M/5(20mm)、M/2(50mm)等分模数。

基本模数主要用于门窗洞口、建筑物的层高、构配件断面尺寸；扩大模数主要用于建筑物的开间、进深、柱距、跨度、建筑物高度、层高、构件标志尺寸和门窗洞口尺寸；分模数主要用于缝宽、构造节点、构配件断面尺寸。

2.3 建筑平面设计

2.3.1 建筑平面设计的内容

民用建筑类型繁多，各类建筑房间的使用性质和组成类型也不相同。无论是何种类型的建筑，从组成平面各部分的使用性质来分析，主要可以归纳为使用部分和交通联系部分两类。

1. 使用部分

使用部分是指人们日常使用活动的空间，又分为主要使用活动空间和辅助使用活动空间，即各类建筑物中的使用房间和辅助房间。

（1）使用房间：人们经常使用活动的房间，是一幢建筑的主要功能房间。例如住宅中的起居室、卧室；学校中的教室、实验室；商店中的营业厅；剧院中的观众厅等。

（2）辅助房间：人们不经常使用，但又是生活活动必不可缺的房间，是一幢建筑辅助功能用房。例如住宅中的厨房、浴室、厕所；一些建筑物中的储藏室、厕所以及各种电气、水暖等设备用房。

2. 交通联系部分

交通联系部分是指建筑物中各个房间之间、楼层之间和房间内外之间联系通行的空间，即各类建筑物中的走廊、门厅、过厅、楼梯、坡道以及电梯和自动楼梯等。

2.3.2 使用部分的平面设计

1. 使用房间的面积、形状和尺寸

1) 房间的面积

使用房间面积的大小，主要是由房间内部活动特点、使用人数的多少、家具设备的多少等因素决定的，房间面积根据它的使用特点分为家具或设备所占面积，人们在室内的使用活动面积（包括使用家具及设备所需的面积），房间内部的交通面积，如图2.3所示。

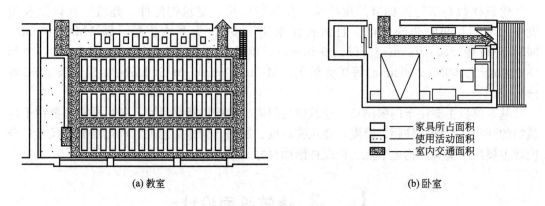

图 2.3 教室及卧室内使用面积分析示意

2) 房间的平面形状

初步确定了使用房间面积的大小以后，还需要进一步确定房间平面的形状和具体尺寸。房间平面的形状和尺寸，主要是由室内使用活动的特点，家具布置方式以及采光、通风、音响等要求所决定的。在满足使用要求的同时，构成房间的技术经济条件以及人们对室内空间的观感，也是确定房间平面形状和尺寸的重要因素。

民用建筑常见的房间形状有矩形、方形、多边形、圆形等。在具体设计中，应从使用要求、结构形式与结构布置、经济条件、美观等方面综合考虑，选择合适的房间形状。一般功能要求的民用建筑房间形状常采用矩形，这是由于矩形平面便于家具和设备的安排，房间的开间、进深易于统一，结构布置简单，便于施工。

当然，矩形平面也不是唯一的形式。就中小学教室而言，在满足视、听及其他要求的条件下，也可采用方形及六角形平面。方形教室的优点是进深加大，长度缩短，外墙减少，相应交通线路缩短，用地经济。同时，方形教室缩短了最后一排的视距，视听条件有所改善，但为了保证水平视角的要求，前排两侧均不能布置课桌椅。

对于一些有特殊功能和视听要求的房间如观众厅、杂技场、体育馆等房间，它的形状则首先应满足这类建筑的单个使用房间的功能要求。如杂技场常采用圆形平面以满足演马戏时动物跑弧线的需要。观众厅要满足良好的视听条件，既要看得清也要听得好。观众厅的平面形状一般有矩形、钟形、扇形、六角形、圆形，如图 2.4 所示。

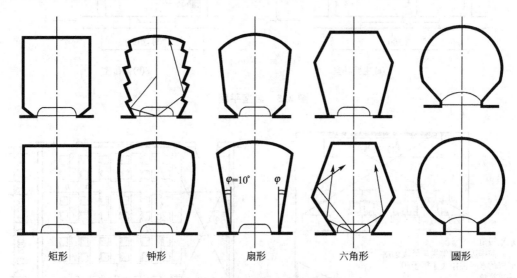

图 2.4　影剧院观众厅平面形状

房间形状的确定，不仅取决于功能、结构和施工条件，也要考虑房间的空间艺术效果，使其形状有一定的变化，具有独特的风格。

3）房间的平面尺寸

房间尺寸是指房间的面宽和进深，而面宽常常是由一个或多个开间组成。在初步确定了房间面积和形状之后，确定合适的房间尺寸便是一个重要问题了。房间平面尺寸一般应从以下几方面进行综合考虑。

(1) 满足家具设备布置及人们活动要求。如卧室的平面尺寸应考虑床的大小、家具的相互关系，提高床位布置的灵活性。主要卧室要求床能两个方向布置，因此开间尺寸应保证床横放以后剩余的墙面还能开一扇门，开间尺寸常取 3.30m，深度方向应考虑床位之外再加两个床头柜或衣柜，进深尺寸常取 3.90～4.50m。小卧室开间考虑床竖放以后能开一扇门，开间尺寸常取 2.70～3.00m，深度方向应考虑床位之外再加一个学习桌，进深尺寸常取 3.30～3.90m，如图 2.5 所示。

(2) 满足视听要求。有的房间如教室、会堂、观众厅等的平面尺寸除满足家具设备布置及人们活动要求外，还应保证有良好的视听条件。例如教室的平面尺寸应满足下列要求：为使前排两侧座位不致太偏，应做到第一排座位距黑板的距离必须不小于 2.00m，以保证垂直视角大于 45°，水平视角不小于 30°；要保证后面座位不致太远，应做到最后一排距黑板的距离不宜大于 8.50m，如图 2.6 所示。

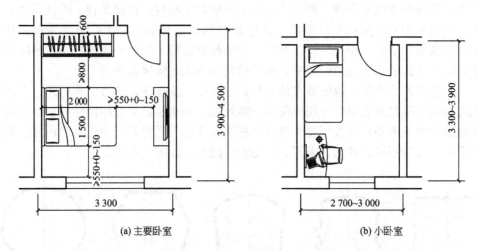

(a) 主要卧室　　　　　　(b) 小卧室

图 2.5　卧室平面

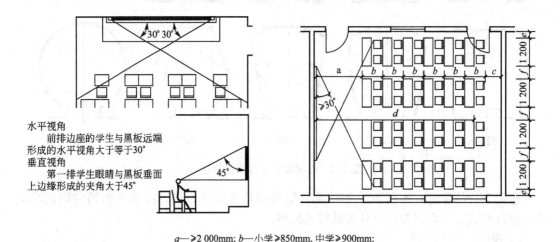

$a—\geqslant 2\ 000$mm；$b—$小学$\geqslant 850$mm，中学$\geqslant 900$mm；
$c—\geqslant 600$mm；$d—$小学$\leqslant 8\ 000$mm，中学$\leqslant 8\ 500$mm；
$e—\geqslant 120$mm；$f—\geqslant 550$mm

图 2.6　48 座矩形平面教室的布置

按照以上要求，并结合家具设备布置、学生活动要求、建筑模数协调统一标准的规定，中学教室平面尺寸常取 6.30m×9.00m、6.60m×9.00m、6.90m×9.00m 等。

（3）良好的天然采光。民用建筑除少数特殊要求的房间如演播室、观众厅等以外，均要求有良好的天然采光。一般房间多采用单侧或双侧采光，因此，房间的深度常受到采光的限制。为保证室内采光的要求，一般单侧采光时进深不大于窗上口至地面距离的 2 倍，双侧采光时进深可较单侧采光时增大一倍。图 2.7 所示为采光方式对房间进深的影响。

（4）经济合理的结构布置。房间的开间、进深尺寸应尽量使构件标准化，同时使梁板构件符合经济跨度要求，所以较经济的开间尺寸是不大于 4.00m，钢筋混凝土梁较经济的跨度是不大于 9.00m。对于由多个开间组成的大房间，如教室、会议室、餐厅等，应尽量统一开间尺寸，减少构件类型。

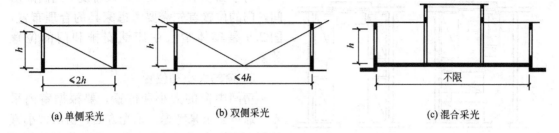

图 2.7 采光方式对房间进深的影响

(5) 符合建筑模数协调统一标准的要求。为提高建筑工业化水平，按照建筑模数协调统一标准的规定，房间的开间和进深一般以 300mm 为模数。如办公楼、宿舍、旅馆等以小空间为主的建筑，其开间尺寸常取 3.30～3.90m，住宅楼梯间的开间尺寸常取 2.70m 等。

2. 门窗在房间平面中的布置

房间的平面设计中，门窗的大小和数量是否恰当，它们的位置和开启方式是否合适，对房间的平面使用效果也有很大影响。同时，窗的形式和组合方式又和建筑立面设计的关系极为密切。

1) 门的宽度、数量和开启方式

房间平面中门的最小宽度，是由通过人流多少和搬进房间家具、设备的大小决定的。例如住宅中卧室、起居室等生活用房间，门的宽度常为 900mm 左右(一人携带物品通行)，而厕所、浴室、阳台的门，宽度 700mm 即可(一人通行)；对于室内面积较大、活动人数较多的房间，应相应增加门的宽度或数量，如办公室、教室门洞口宽度应不小于 1 000mm，当门宽大于 1 000mm 时，为了开启方便和少占使用面积，通常采用双扇门；对于一些人流大量集中的公共活动房间，如会场、观众厅等，考虑疏散要求，门的总宽度按每 100 人 600mm 宽计算，并应设置双扇的外开门。

房间平面中门的开启方式，主要根据房间内部的使用特点来考虑，例如医院病房常采用 1 200mm 的不等宽双扇门，平时出入可只开较宽的单扇门，当有病人的手推车通过或担架出入时，可以两扇门同时开启。又如商店的营业厅，进出人流连续频繁，有些地区门扇常采用双扇弹簧门，使用比较方便。

2) 房间平面中门的位置

房间平面中门的位置应考虑室内交通路线简捷和安全疏散的要求，门的位置还对室内使用面积能否充分利用、家具布置是否方便以及组织室内穿堂风等关系很大。

对于面积大、人流活动多的房间，门的位置主要考虑通行简捷和疏散安全。例如剧院观众厅一些门的位置，通常较均匀地分设，使观众能尽快到达室外，如图 2.8 所示。

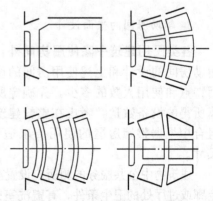

图 2.8 剧院观众厅中门的位置

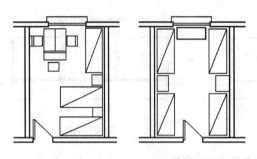

图 2.9 集体宿舍床铺安排和门的位置关系

对于面积小、人数少，只需设一扇门的房间，门的位置首先需要考虑家具的合理布置，图 2.9 是集体宿舍中床铺安排和门的位置关系。

3) 窗的大小和位置

房间中窗的大小和位置，要根据室内采光、通风要求来考虑。采光方面，窗的大小直接影响到室内照度是否足够，窗的位置关系到室内照度是否均匀。

窗的平面位置，主要影响到房间沿外墙(开间)方向来的照度是否均匀、有无暗角和眩光。如果房间的进深较大，同样面积的矩形窗户竖向设置，可使房间进深方向的照度比较均匀。中小学教室在一侧采光的条件下，窗户应位于学生左侧；窗间墙的宽度从照度均匀考虑，一般不宜过大；同时，窗户和挂黑板墙面之间的距离要适当，避免产生眩光和形成暗角，如图 2.10 所示。

建筑物室内的自然通风主要由门窗来组织，门窗在房间中的位置决定了气流的走向，影响到室内通风的范围。因此门窗的位置应尽量使气流通过活动区，加大通风范围，尽可能形成穿堂风，如图 2.11 所示。

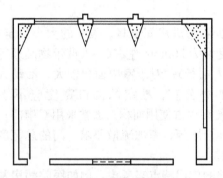

图 2.10 一侧采光的教室中窗在平面中的位置

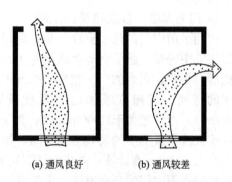

(a) 通风良好　　(b) 通风较差

图 2.11 窗相对位置对室内气流影响示意

3. 辅助房间的平面设计

各类民用建筑中除使用房间外，还有辅助房间的平面设计，如厕所、盥洗室等。辅助房间的设计和上述使用房间的设计分析方法基本相同，通常根据各种建筑物的使用特点和使用人数的多少，先确定所需设备的个数(可查阅相应的参考指标)。根据计算所得的设备数量，考虑在整幢建筑物中厕所、盥洗室的分间情况，最后在建筑平面组合中根据整幢房屋的使用要求适当调整并确定这些辅助房间的面积、平面形式和尺寸。

建筑物中公共服务的厕所应设置前室，这样使厕所较隐蔽，又有利于改善通向厕所的走廊或过厅处的卫生条件。有盥洗室的公共服务厕所，为了节省交通面积并使管道集中，通常采用套间布置，以节省前室所需的面积，图 2.12 所示为附有前室的男女厕所的平面图，图 2.13 所示是住宅中的厨房、卫生间等辅助用房的平面图。

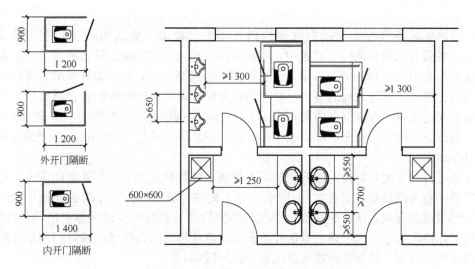

图 2.12　卫生间隔断及卫生间平面图

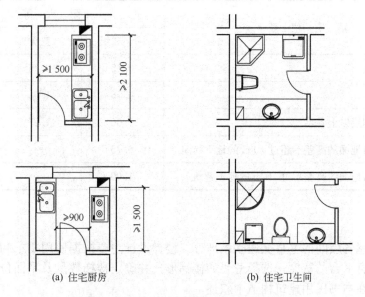

(a) 住宅厨房　　　　　(b) 住宅卫生间

图 2.13　住宅中的厨房、卫生间平面图

2.3.3　交通联系部分的平面设计

一幢建筑物除了有满足使用要求的各种房间外，还需要有交通联系部分把各个房间之间以及室内外之间联系起来。交通联系部分主要由走廊、楼梯、电梯和门厅等组成。

交通联系部分的设计要求路线简捷明确，联系通行方便，在满足使用和防火规范的前提下尽量减少交通面积。

1. 过道（走廊）

过道（走廊）连接各个房间、楼梯和门厅等各部分，以解决房屋中水平联系和疏散的问题。

过道的宽度应符合人流通畅和建筑防火要求，通常单股人流的通行宽度为550～600mm。在通行人数少的住宅过道中，考虑到两人相对通过和搬运家具的需要，过道的最小宽度也不宜小于1 100mm。在通行人数较多的公共建筑中，按各类建筑的使用特点、建筑平面组合要求、通过人流的多少及根据调查分析或参考设计资料确定过道宽度。公共建筑门扇开向过道时，过道宽度通常不小于1 500mm。例如中小学教学楼中过道宽度，根据过道连接教室的多少，外廊不应小于1 800mm，内廊不应小于2 100mm，办公部分不应小于1 500mm。

设计过道的宽度，应根据建筑物的耐火等级、层数和过道中通行人数的多少，进行防火要求最小宽度的校核，如表2-1所示。对于某些对走道有特殊要求的建筑：如医院门诊部分的过道兼有病人候诊的功能；学校教学楼的过道兼有学生课间休息活动的功能等；应根据实际情况适当增加过道的宽度和面积。过道从房间门到楼梯间或外门的最大距离以及袋形过道的长度，从安全疏散考虑也有一定的限制。

表2-1 疏散走道、安全出口、疏散楼梯和房间疏散门每100人的净宽度　　　m

楼层位置	耐火等级		
	一、二级	三级	四级
地上一、二层	0.65	0.75	1.00
地上三层	0.75	1.00	—
地上四层及四层以上各层	1.00	1.25	—
与地面出入口地面的高差不超过10 m的地下建筑	0.75	—	—
与地面出入口地面的高差超过10 m的地下建筑	1.00	—	—

2. 楼梯

楼梯是房屋各层间的垂直交通联系部分。楼梯设计主要根据使用要求和人流通行情况确定梯段和休息平台的宽度；选择适当的楼梯形式并确定楼梯数量及平面位置。有关楼梯的具体设计将在本书民用建筑构造中叙述。

楼梯的宽度，也是根据通行人数的多少和建筑防火要求决定的见图2.14。梯段的宽度和过道一样，考虑两人相对通过时，通常不小于1 100mm，考虑三人相对通过时，不小于1 500mm，如图2.14(b)、(c)所示。一些辅助楼梯，梯段的宽度应不小于900mm，如图2.14(a)所示。所有梯段宽度的尺寸，也都需要以防火要求的最小宽度进行校核，防火要求宽度的具体尺寸和对过道的要求相同(见表2-1)。楼梯平台的宽度，除了考虑人流通行外，还需要考虑搬运家具的方便，平台的宽度不应小于梯段的宽度，如图2.14(d)所示。

楼梯形式的选择，主要以房屋的使用要求为依据。两跑楼梯由于面积紧凑，使用方便，是一般民用建筑中最常采用的形式。楼梯的数量主要根据楼层人数多少和建筑防火要求来确定。一些公共建筑物，通常在主要出入口处相应的设置一个位置明显的主要楼梯；在次要出入口处或者房屋的转折和交接处，设置次要楼梯供疏散及服务用。

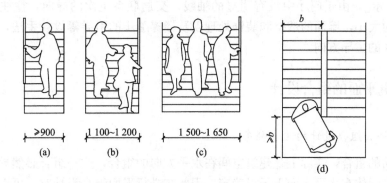

图 2.14 楼梯梯段和平台的通行宽度

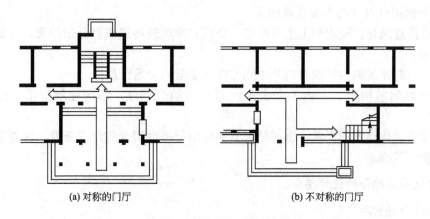

图 2.15 建筑中门厅平面示意

根据楼梯与走道的联系情况，楼梯间可分为开敞式、封闭式和防烟楼梯间 3 种。具体设计要求见《建筑设计防火规范》和《高层民用建筑设计防火规范》。

3. 门厅

门厅是建筑物主要出入口处的内外过渡、人流集散的交通枢纽。在一些公共建筑中，门厅除了交通联系外，还兼有适应建筑类型特点的其他功能要求，例如旅馆门厅中的服务台、问讯处，门诊所门厅中的挂号、取药、收费等部分，有的门厅还兼有展览、陈列等使用要求。

疏散出入安全也是门厅设计的一个重要内容。门厅对外出入口的总宽度，应不小于通向该门厅的过道、楼梯宽度的总和，人流比较集中的公共建筑物，门厅对外出入口的宽度，一般按每 100 人 600mm 计算。外门的开启方式应向外开启或采用弹簧门扇。

门厅的面积大小，主要根据建筑物的使用性质和规模确定，不同的建筑类型门厅面积都有一定指标可参考，例如中小学的门厅面积为每人 $0.06\sim0.08m^2$，甲等电影院的门厅面积，按每一观众不小于 $0.50m^2$ 计算，一些兼有其他功能的门厅面积，还应根据实际使用要求相应的增加。

导向性明确，避免交通路线过多的交叉和干扰，是门厅设计中的重要问题。门厅的布局通常有对称和不对称的两种。对称的门厅有明显的轴线，如果起主要交通联系作用的过道或主要楼梯沿轴线布置，主导方向较为明确［如图 2.15(a)所示］；不对称的门厅［如

图 2.15(b)所示]，由于门厅中没有明显的轴线，交通联系主次的导向，往往需要通过对走廊口门洞的大小，墙面的透空和装饰处理以及楼梯踏步的引导等设计手法，使人们易于辨别交通联系的主导方向。

2.3.4 建筑平面的组合设计

1. 建筑平面组合设计的主要任务

建筑平面的组合，实际上是建筑空间在水平方向的组合，这一组合必然导致建筑物内外空间和建筑形体在水平方向上予以确定，因此在进行平面组合设计时，可以及时勾画建筑物形体的立体草图，考虑这一建筑物在三度空间中可能出现的空间组合及其形象。

建筑平面组合设计的主要任务如下。

(1) 根据建筑物的使用和卫生等要求，合理安排建筑各组成部分的位置，并确定它们的相互关系。

(2) 组织好建筑物内部以及内外之间方便和安全的交通联系。

(3) 考虑到结构布置、施工方法和所用材料的合理性，掌握建筑标准，注意美观要求。

(4) 符合总体规划的要求，密切结合基地环境等平面组合的外在条件，注意节约用地和环境保护等问题。

2. 建筑平面组合的设计要求

1) 功能合理紧凑

合理的功能分区是将建筑物若干部分按不同的功能要求进行分类，将性质相近、联系紧密、大小接近的空间组合在一起，形成不同的功能分区，并根据它们之间的密切程度加以划分，使之分区明确，又联系方便。在分析功能关系时，常借助于功能分析图来形象地表示各类建筑的功能关系及联系顺序，如图 2.16 所示。

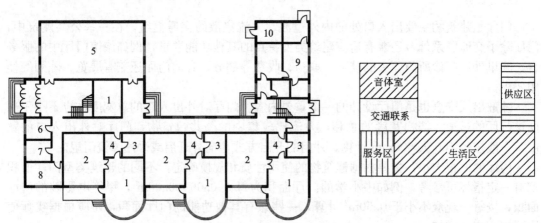

图 2.16 某六班幼儿园一层平面及功能示意

1—活动室；2—卧室；3—盥洗室；4—衣帽间；5—音体室；6—值班室；
7—办公室；8—医务室；9—厨房；10—洗衣间

具体设计时，可根据建筑物不同的功能特征，从以下4个方面进行分析。

(1) 各类房间的主次关系。一幢建筑物，根据它的功能特点，平面中各个房间相对来说总是有主有次，例如学校教学楼中的教室、实验室等应是主要的使用房间；住宅建筑中的起居室、卧室是主要房间。在进行平面组合时，要根据各个房间使用要求的主次关系，合理安排它们在平面中的位置，主要房间应考虑设置在朝向好、比较安静的位置，以取得较好的日照、采光、通风条件，如图2.17所示。

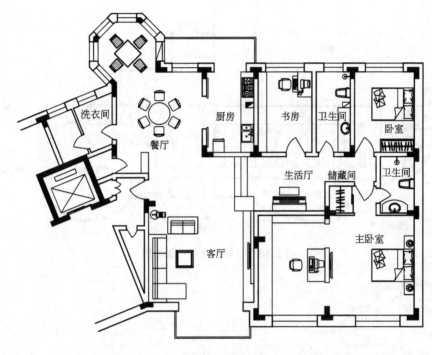

图 2.17　住宅平面

(2) 各类房间的内外关系。建筑物中各类房间或各个使用部分，有的对外来人流联系比较密切、频繁，例如商店的营业厅、门诊所的挂号(问询)处、食堂的餐厅等房间，它们的位置需要布置在靠近人流来往的地方或出入口处。有的主要是内部活动工作之间的联系，例如商店的行政办公、生活用房，食堂的更衣间、主副食加工间、库房等，这些房间主要考虑内部使用时和有关房间的联系，如图2.18所示。

在建筑平面组合中，分清各个房间使用上的主次、内外关系，有利于确定各个房间在平面中的具体位置。

(3) 功能分区以及它们的联系和分隔。当建筑物中房间较多，使用功能又比较复杂时，这些房间可以按照它们的使用性质以及联系的紧密程度，进行分组分区。通常借助于功能分析图，如图2.16所示，把使用性质相同或联系紧密的房间组合在一起，即先把平面分成几个大的功能区，然后具体分析各个房间或各区之间的联系，以确定平面组合中各个房间的合适位置。

例如学校建筑，可以分为教学活动、行政办公以及生活后勤等几部分，教学活动和行政办公部分既要分区明确，避免干扰，又要考虑分属两个部分的教室和教师办公室之间的联系方便，它们的平面位置应适当靠近一些；对于使用性质同样属于教学活动部分的普通教室和音乐教室，由于音乐教室上课时对普通教室有一定的声音干扰，它们虽属同一个功能区中，但是在平面组合中却又要求有一定的分隔，如图 2.19 所示。

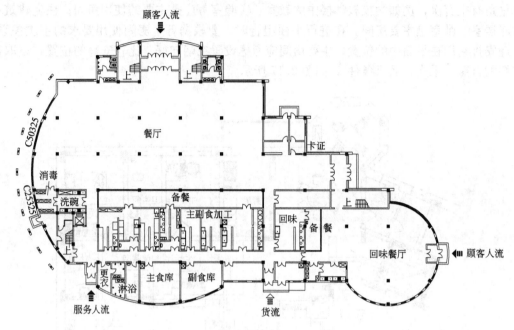

图 2.18 某学校食堂一层平面

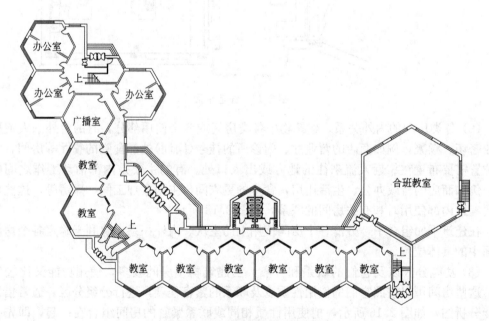

图 2.19 某学校教学楼一层平面

（4）房间的使用顺序和交通路线组织。建筑物中不同使用性质的房间或各个部分，在使用过程中通常有一定的先后顺序，例如门诊部分中从挂号、候诊、诊疗、记账或收费到取药的各个房间，平面组合时要很好地考虑这些前后顺序，如图 2.20 所示，尽量避免不必要的往返交叉或相互干扰。

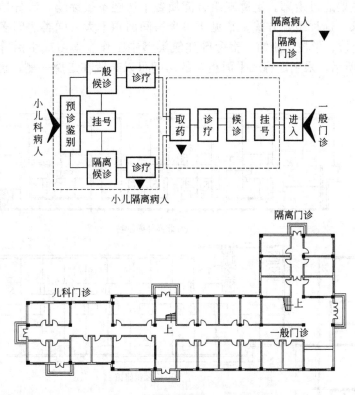

图 2.20　平面组合中房间的使用顺序

2) 结构经济合理

材料、结构和技术条件等是构成建筑空间形式的物质条件和手段，它为建筑空间的组成形式提供了多种形式，但同时对建筑空间又起到制约作用，结构的合理性还关系到建筑的经济性。因此，研究建筑空间的组成时要充分考虑结构的经济合理性。

3) 设备管线布置简捷集中

民用建筑中的设备管线主要包括给水排水、空气调节以及电气照明等所需的设备管线，它们都占有一定的空间。在满足使用要求的同时，应尽量将设备管线集中布置、上下对齐，方便使用，有利施工和节约管线。

4) 体型简洁、构图完整

建筑造型也影响到平面组合。当然，造型本身是离不开功能要求的，它一般是内部空间的直接反映。但是，简洁、完美的造型要求以及不同建筑的外部性格特征又会反过来影响到平面布局及平面形状。

3. 建筑平面组合的几种方式

建筑物的平面组合，是综合考虑房屋设计中内外多方面因素，经过反复推敲所得的结果。建筑功能分析和交通路线的组织，是形成各种平面组合方式内在的主要根据，通过功能分析初步形成的平面组合方式，大致可以归纳为以下几种。

1) 走廊式平面组合

走廊式平面组合是以走廊的一侧或两侧布置房间的组合方式，房间的相互联系和房屋的内外联系主要通过走廊。走廊式组合能使各个房间不被穿越，较好地满足各个房间单独使用的要求。这种组合方式，常见于单个房间面积不大、同类房间多次重复的平面组合，例如办公楼、学校、旅馆、宿舍等建筑类型中工作、学习或生活等使用房间的组合，如图2.21所示。采用走廊式平面组合的房间可以布置在走廊一侧，也可以布置在走廊两侧。

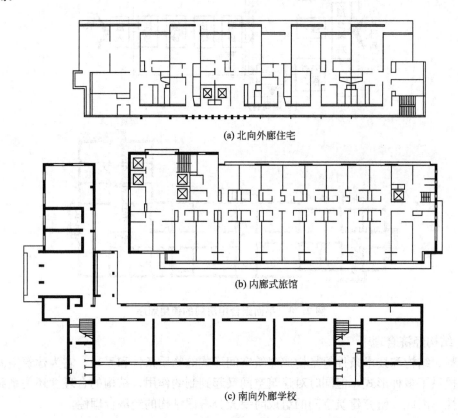

(a) 北向外廊住宅

(b) 内廊式旅馆

(c) 南向外廊学校

图 2.21　走廊式平面组合

2）套间式平面组合

套间式平面组合是指房间之间直接串通的组合方式。套间式平面组合的特点是房间之间的联系最为简捷，把房屋的交通联系面积和房间的使用面积结合起来，通常是在房间的使用顺序和连续性较强，使用房间不需要单独分隔的情况下形成的组合方式，如展览馆、车站、浴室等建筑类型中主要采用套间式组合，如图2.22所示；对于活动人数少，使用面积要求紧凑、联系简捷的住宅，在厨房、起居室、卧室之间也常采用套间布置。

3）大厅式平面组合

大厅式平面组合是在人流集中、厅内具有一定活动特点并需要较大空间时形成的组合方式。这种组合方式常以一个面积较大、活动人数较多、有一定的视听等使用特点的大厅为主，辅以其他的辅助房间。例如剧院、会场、体育馆等建筑类型的平面组合，如图2.23所示。大厅式平面组合中，交通路线组织问题比较突出，应使人流的通行通畅安全、导向明确。同时合理选择覆盖和围护大厅的结构布置方式也极为重要。

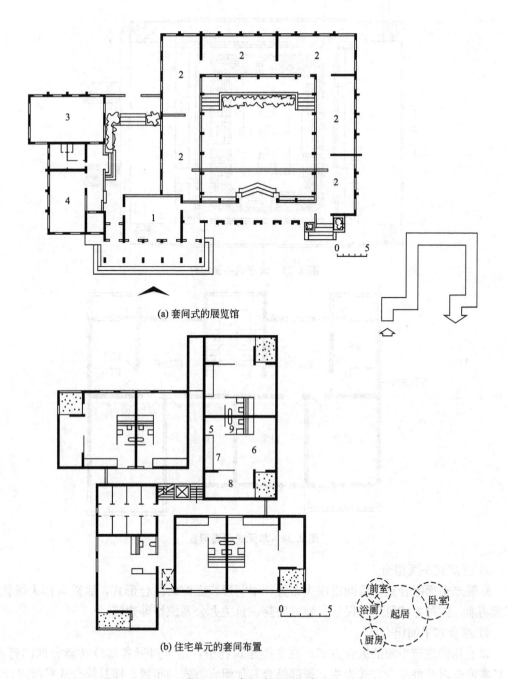

图 2.22 套间式平面组合
1—门厅；2—展览；3—大接待室；4—小接待室；5—前室；
6—起居室；7—厨房；8—卧室；9—厕浴

4) 单元式平面组合

单元式平面组合是以某些使用比较密切的房间，组合成相对独立的单元，用水平交通（走道）或垂直交通（楼梯、电梯）联系各个单元的组合形式，如图 2.24 所示。这种组合适用于住宅、托幼所等类型建筑。

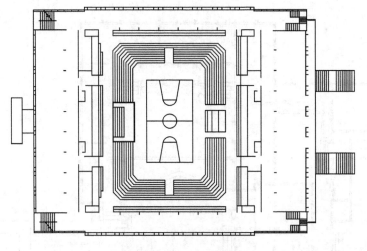

图 2.23　大厅式平面组合

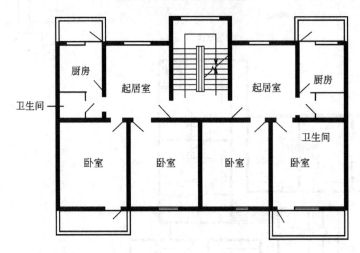

图 2.24　单元式平面组合

5) 庭院式平面组合

庭院式平面组合是指房间沿四周布置，中间形成庭院的组合形式，庭院可作为绿化或交通场地。这种方式可用于民居、地方医院、机关办公及旅馆等建筑。

6) 综合式平面组合

以上几种建筑平面的组合方式，在各类建筑物中，结合房屋各部分功能分区的特点，也经常形成以一种结合方式为主，局部结合其他组合方式的布置，即是综合式平面组合。

2.4　建筑剖面设计

建筑剖面图是表示建筑物在垂直方向房屋各部分的组合关系。建筑剖面设计主要分析建筑物各部分应有的高度、建筑层数、建筑空间的组合和利用以及建筑剖面中的结构、构造关系等。

2.4.1 房间的高度和剖面形状的确定

房间剖面的设计，首先需要确定室内的净高，即房间内楼地面到顶棚或其他构件底面的距离。室内净高和房间剖面形状的确定主要考虑以下几方面内容。

1. 室内使用性质和活动特点的要求

生活用的房间，如住宅的起居室、卧室等，由于室内人数少、房间面积小，室内净高可以低一些；宿舍的卧室由于室内人数稍多，又考虑到设置双层铺的可能性，因此房间所需的净高也比住宅的卧室稍高；学校的教室由于室内使用人数较多，房间面积较大，房间的净高也更高一些，如图 2.25 所示。

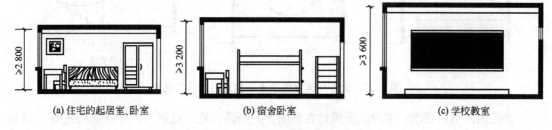

图 2.25 房间的使用要求和其净高的关系

一些室内人数较多、面积较大具有视听等使用特点的活动房间，如学校的阶梯教室、电影院、剧院的观众厅、会场等，这些房间的高度和剖面形状，需要综合考虑视线、音质等多方面的因素才能确定。

2. 采光、通风的要求

室内光线的强弱和照度是否均匀，除了和平面中窗户的宽度及位置有关外，还和窗户在剖面中的高低有关。房间里光线的照射深度，主要靠侧窗的高度来解决。进深越大，要求侧窗上沿的位置越高，即相应房间的净高也要高一些。当房间采用单侧采光时，通常窗户上沿离地的高度，应大于房间进深长度的一半，如图 2.26(a)所示；当房间允许两侧开窗时，房间的净高不小于总深度的 1/4，如图 2.26(b)所示。

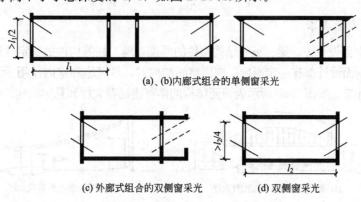

图 2.26 学校教室的采光方式

为了避免在房间顶部出现暗角，窗户上沿到房间顶棚底面的距离在满足构造要求的情况下，应尽可能留得小一些；同时为满足使用要求并避免房间深处太暗，窗台的高度常采用 900mm 左右，有特殊使用要求的房间窗台高度可以适当提高或降低，如幼儿园、展览馆及疗养建筑等。

单层房屋中进深较大的房间，从改善室内采光条件考虑，常在屋顶设置各种形式的天窗，使房间的剖面形状具有明显的特点，例如大型展览厅、室内游泳池等建筑物，如图 2.27 所示。

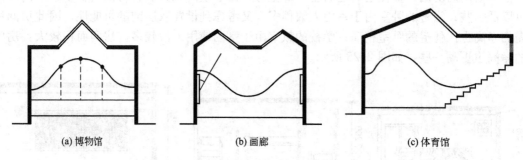

(a) 博物馆　　　　　　(b) 画廊　　　　　　(c) 体育馆

图 2.27　大厅中天窗的位置和室内照度分布关系

房间内的通风要求，室内进出风口在剖面上的高低位置，也对房间净高的确定有一定影响。温湿和炎热地区的民用房屋，经常利用空气的气压差，对室内组织穿堂风。如在内墙上开设高窗，或在门上设置亮子，使气流通过内外墙的窗户，组织室内通风，如图 2.28 所示。

一些房间，如食堂的厨房部分，室内高度应考虑到操作时散发大量的蒸汽和热量，这些房间的顶部常设置气楼，图 2.29 是设有气楼的厨房剖面形状和室内通风排气路线示意。

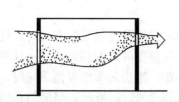 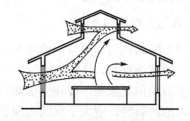

图 2.28　教室剖面中进出风口的位置和通风路线示意　　图 2.29　设有气楼的厨房剖面

3. 结构类型的要求

在房间的剖面设计中，梁、板等结构构件的厚度，墙、柱等构件的稳定性以及空间结构的形状、高度对剖面设计都有一定影响。选用空间结构时，尽可能和室内使用活动特点所要求的剖面形状结合起来。如图 2.30 所示为薄壳结构的体育馆比赛大厅和悬索结构的电影院观众厅。

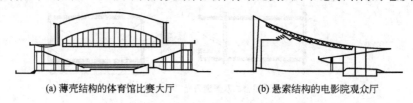

(a) 薄壳结构的体育馆比赛大厅　　　　　　(b) 悬索结构的电影院观众厅

图 2.30　剖面中结构选型和使用活动特点的结合

4. 设备设置的要求

在民用建筑中，对房间高度有一定影响的设备布置主要有顶棚部分嵌入或悬吊的灯具、顶棚内外的一些空调管道以及其他设备所占的空间地位。

5. 室内空间比例要求

室内空间长、宽、高的比例，常给人们精神上以一定的感受，宽而低的房间通常给人压抑的感觉，狭而高的房间又会使人感到拘谨。因此在确定房间净高的时候，要具有建筑空间观念，房间的高度除了要满足卫生条件和使用要求外，也要认真分析人们对建筑空间在视觉上、精神上的要求。

2.4.2 房屋其他部分高度的确定

建筑剖面中，除了各个房间室内的净高和剖面形状需要确定外，还需要分别确定房屋层高以及底层地坪、楼梯平台和房屋檐口等标高。

1. 层高的确定

层高是该层的地坪或楼板面到上层楼板面的距离，即该层房间的净高加上楼板层的结构厚度。在满足卫生和使用要求的前提下，适当降低房间的层高，从而降低整幢房屋的高度，对于减轻建筑物的自重、改善结构受力情况、节省投资和用地都有很大意义。

2. 底层地坪的标高

为了防止室外雨水流入室内，根据地基的承载能力和建筑物自重的情况，并考虑房屋建成后会有一定的沉降量，一般民用建筑常把室内地坪适当提高，如室内地坪高出室外地坪450mm左右。一些建筑物，为了使在同一空间内不同的功能分区明确，也常采用改变地坪标高的方法。

建筑设计常取底层室内地坪相对标高为±0.000，低于底层地坪为负值，高于底层地坪为正值，逐层累计。对于一些易于积水或需要经常冲洗的地方，如开敞的外廊、阳台以及厨房等，地坪标高应稍低一些(低20~50mm)，以免溢水。

有关楼梯平台和檐口等部分标高的确定，和这些部分的构造关系密切，可参阅本书有关章节内容。

2.4.3 房屋层数的确定及剖面的组合方式

1. 房屋层数的确定

影响确定房屋层数的因素很多，主要有房屋本身的使用要求、城市规划(包括节约用地)的要求、选用的结构类型以及建筑防火等。

建筑物的使用性质，对房屋的层数有一定要求，例如幼儿园、门诊所宜建造低层。城市总体规划从改善城市面貌和节约用地考虑，常对城市内各个地段、沿街部分或城市广场的新建房屋，明确规定建造的层数。建筑物的耐火等级不同，相应对建筑层数也有一定限制。此外房屋建造时所用材料、结构体系、施工条件以及房屋造价等因素，对建筑物层数的确定也有一定影响。

2. 剖面的组合方式

建筑剖面的组合方式，主要是由建筑物中各类房间的高度和剖面形状、房屋的使用要求和结构布置特点等因素决定的，剖面的组合方式大体上可以归纳为单层、多层和高层、错层和跃层3种。

（1）单层剖面便于房屋中各部分人流或物品和室外直接联系，它适应于覆盖面及跨度较大的结构布置，一些顶部要求自然采光和通风的房屋，也常采用单层的剖面组合方式，如食堂、会场、车站、展览大厅等建筑类型都有不少单层剖面的例子。单层剖面组合方式的缺点是用地很不经济。

（2）多层剖面的室内交通联系比较紧凑，适应于有较多相同高度房间的组合，垂直交通通过楼梯联系，如图2.31(a)所示。高层剖面能在占地面积较小的条件下，建造使用面积较多的房屋，这种组合方式有利于室外辅助设施和绿化等的布置。但高层建筑的垂直交通需用电梯联系，管道设备等设施也较为复杂，费用较高，如图2.31(b)所示。

（3）错层剖面是在建筑物纵向或横向剖面中房屋几部分之间的楼地面高低错开，它主要适应于结合坡地地形建造住宅、宿舍以及其他类型的房屋。跃层剖面的组合方式主要用于住宅建筑中，跃层住宅的特点是节约公共交通面积，各住户之间的干扰较少，通风条件好，但跃层房屋的结构布置和施工比较复杂，如图2.31(c)所示。

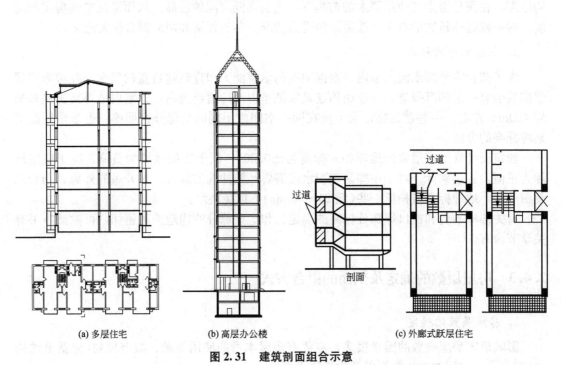

图2.31 建筑剖面组合示意

2.5 建筑体型和立面设计

建筑物的体型和立面，即房屋的外部形象，受内部使用功能和技术经济条件所制约，并受基地环境群体规划等外界因素的影响。建筑物体型的大小和高低，体型组合的简单或复杂，通常总是先以房屋内部使用空间的组合要求为依据，立面上门窗的开启和排列方式，墙面上构件的划分和安排，主要也是以使用要求、所用材料和结构布置为前提的。

建筑物的外部形象，必须符合建筑造型和立面构图方面的规律性，如均衡、韵律、对比、统一等，把适用、经济、美观三者有机地结合起来。

2.5.1 建筑体型

建筑体型反映建筑物总的体量大小、组合方式和比例尺度等，它对房屋外形的总体效果具有重要影响。根据建筑物规模大小、功能要求特点以及基地条件的不同，建筑物的体型有的比较简单，有的比较复杂，这些体型从组合方式来区分，大体上可以归纳为对称的和不对称的两类。

对称的体型有明确的中轴线，建筑物各部分组合体的主从关系分明，形体比较完整，容易取得端正、庄严的感觉；不对称的体型，它的特点是布局比较灵活自由，容易使建筑物取得舒展、活泼的造型效果，对功能关系复杂或不规则的基地形状较能适应。

建筑体型组合的造型要求，主要有以下几点。

1．完整均衡、比例恰当

建筑体型的组合，要求完整均衡，这对较为简单的几何形体和对称的体型，通常比较容易达到。对于较为复杂的不对称体型，为了达到完整均衡的要求，需要注意各组成部分体量的大小比例关系，使各部分的组合协调一致、有机联系，在不对称中取得均衡，如图2.32所示。

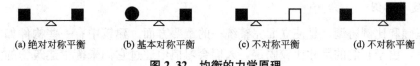

(a) 绝对对称平衡　　(b) 基本对称平衡　　(c) 不对称平衡　　(d) 不对称平衡

图 2.32　均衡的力学原理

2．主次分明、交接明确

建筑体型的组合，需要处理好各组成部分的连接关系，尽可能做到主次分明、交接明确。建筑物有几个形体组合时，应突出主要形体，通常可以由各部分体量之间的大小、高低、宽窄、形状的对比，平面位置的前后，以及突出入口等手法来强调主体部分。

各组合体之间的连接方式主要有：几个简单形体的直接连接或咬接，如图2.33(a)、(b)所示，以廊或连接体的连接，如图2.33(c)、(d)所示。形体之间的连接方式和房屋的结构构造布置、地区的气候条件、地震烈度以及基地环境的关系相当密切。

3．体型简洁、环境协调

简洁的建筑体型易于取得完整统一的造型效果，同时在结构布置和构造施工方面也比较经济合理。随着工业化构件生产和施工的日益发展，建筑体型也趋向于采用完整简洁的几何形体，或由这些形体的单元所组合，使建筑物的造型简洁而富有表现力。

建筑物的体型还需要注意与周围建筑、道路相呼应配合，考虑和地形、绿化等基地环境的协调一致，使建筑物在基地环境中显得完整统一、配置得当。

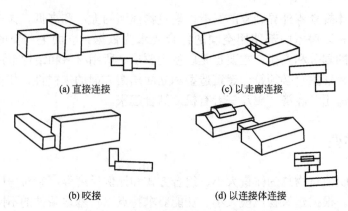

图 2.33　房屋各组合体之间的连接方式

2.5.2　建筑立面设计

建筑立面是表示房屋四周的外部形象。立面设计和建筑体型组合一样，也是在满足房屋使用要求和技术经济条件的前提下，运用建筑造型和立面构图的一些规律，紧密结合平面、剖面的内部空间组合下进行的。建筑立面设计的主要任务是：恰当地确定立面中建筑组成部分和构部件的比例和尺度，运用节奏韵律、虚实对比等规律，设计出体型完整、形式与内容统一的建筑立面。

从房屋的平、立、剖面来看，立面设计中涉及的造型和构图问题通常较为突出，因此本节将结合立面设计的内容，着重叙述有关建筑美观的一些问题。

1. 尺度和比例

尺度正确和比例协调，是使立面完整统一的重要方面。建筑中有一些构件如门扇、窗台或栏杆等，由于它们的尺寸比较固定，人们会习惯地通过它们来衡量建筑物的大小，一般都应该使它的实际大小与它给人印象的大小相符合，不要使人产生错觉，同时在进行立面设计时，还要仔细推敲建筑整体的比例及细部的比例，以达到建筑形象和谐统一。

2. 节奏感和虚实对比

节奏韵律和虚实对比，是使建筑立面富有表现力的重要设计手法。建筑立面上，相同构件或门窗作有规律的重复和变化，给人们在视觉上得到类似音乐诗歌中节奏韵律的感受效果。建筑立面的虚实对比，通常是指由于形体凹凸的光影效果所形成的比较强烈的明暗对比关系。例如墙面实体和门窗洞口、栏板和凹廊、柱墩和门廊之间的明暗对比关系等。不同的虚实对比，给人们以不同的感觉，如图 2.34 所示。

图 2.34　墙面虚实对比的造型效果

3. 立面的线条处理

墙面中构件的竖向或横向划分，也能够明显地表现立面的节奏感和方向感，例如柱和墙墩的竖向划分、通长的栏板、遮阳和飘板等的横向划分等。任何线条本身都具有一种特殊的表现力和多种造型的功能。从方向变化来看，垂直线具有挺拔、高耸、向上的气氛；水平线使人感到舒展与连续、宁静与亲切；斜线具有动态的感觉；网格线有丰富的图案效果，给人以生动、活泼而有秩序的感觉。从粗细、曲折变化来看，粗线条表现厚重、有力；细线条具有精致、柔和的效果；直线表现刚强、坚定；曲线则显得优雅、轻盈。

建筑立面上客观存在着各种线条，如立柱、墙垛、窗台、遮阳板、檐口、通长的栏板、窗间墙、分格线等。

4. 材料质感和色彩配置

一幢建筑物的体型和立面，最终是以它们的形状、材料质感和色彩等多方面的综合，给人们留下一个完整深刻的外观印象。材料质感和色彩的选择、配置是使建筑立面进一步取得丰富和生动效果的一个重要方面。根据不同建筑物的标准以及建筑物所在地区的基地环境和气候条件，在材料和色彩的选配上，也应有所区别。

不同色彩给人以不同的感受，如冷色调为立面形象的建筑让人感觉清晰、安定；暖色调使人联想到火焰、阳光等，以暖色调为立面形象的建筑让人感觉热烈、亲近；中间色调在建筑立面色调的处理上有着一套独特的互补程式。

5. 重点及细部处理

根据功能和造型需要，在建筑物某些局部位置进行重点和细部处理，可以突出主体，打破单调感。立面的重点处理常常是通过对比手法取得的。建筑物重点处理的部位主要有：建筑物的主要出入口及楼梯间、有明显特征或形体转角的部位。

在立面设计中，对于体量较小或人们接近时才能看得清的部分，如墙面勒脚、花格、漏窗、檐口细部、栏杆、雨篷、及其他细部装饰等的处理称为细部处理。细部处理必须从整体出发，接近人体的细部应充分发挥材料色泽、纹理、质感和光泽度的美感作用。对于位置较高的细部，一般应着重于总体轮廓和注意色彩、线条等大效果，而不宜刻画得过于细腻。

满足人们对建筑物的审美要求，除了在建筑体型和立面设计中需要深入考虑外，建筑物的内外空间组织，群体规划以及环境绿化等方面，都是重要的设计内容。体型、立面、空间组织和群体规划应该是有机联系的整体，需要综合地、通盘地考虑和设计，以创造满足人们生产和生活活动需要，具有完美形象的新型建筑。

背 景 知 识

某别墅建筑图

某城市别墅，建筑面积 368m^2，3 层建筑。一、二层层高 3m，三层为阁楼，室内外高差 0.45m。砌体结构，外墙为 370mm 厚煤矸石承重砌块外贴 XPS 保温板，内墙为 240mm 厚煤矸石承重砌块。外立面采用欧式造型处理，蓝色英红瓦坡屋顶，浅褐色外墙砖花贴墙面，白色装饰线脚，充分突出别墅建筑的古朴、温馨，如图 2.35 所示。

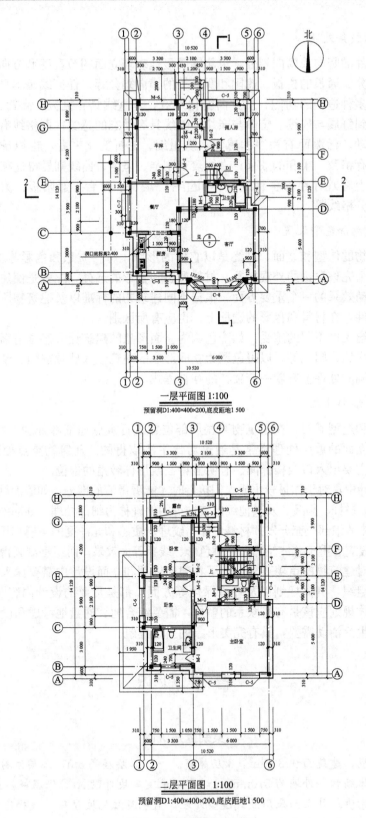

图 2.35 某别墅建筑图

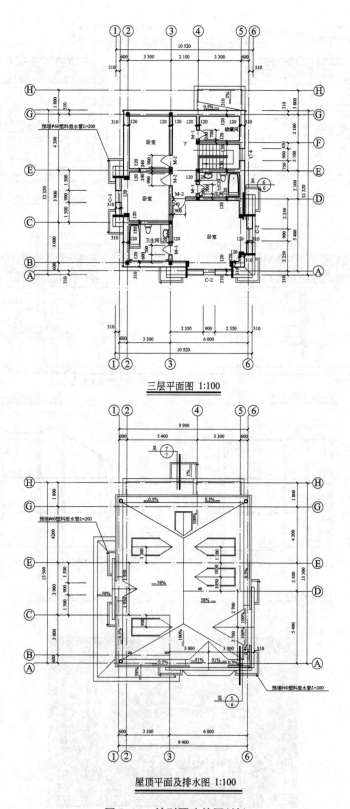

图 2.35 某别墅建筑图(续)

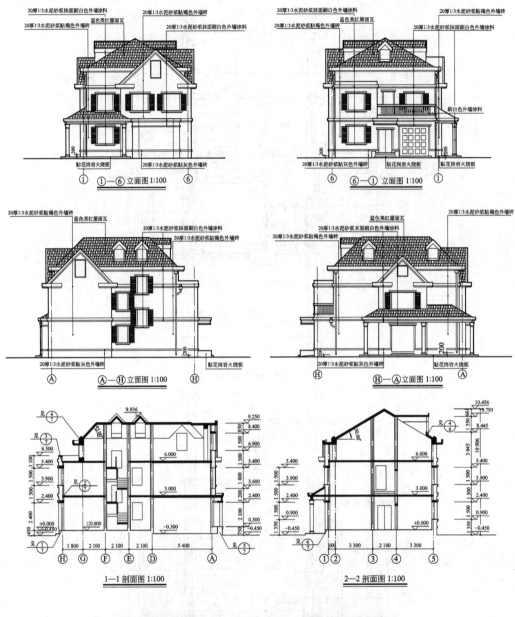

图 2.35 某别墅建筑图(续)

小　　结

（1）建筑工程设计一般包括建筑设计、结构设计、设备设计等几方面的内容，建筑设计由建筑师完成，建筑功能是龙头，常常处于主导地位。

（2）民用建筑的平面设计包括房间设计和平面组合设计两部分。各种类型的民用建筑，其平面组成均可归纳为使用部分和交通联系部分两个基本组成部分。

（3）使用部分包括主要使用房间和辅助使用房间。交通联系部分应满足疏散和消防要求。

（4）建筑平面组合设计时，满足不同类型建筑的功能需求是首要的原则，应做到功能分区合理、流线组织明确、平面布置紧凑、结构经济合理、设备管线布置集中。

（5）剖面设计包括剖面造型、层数、层高及各部分高度的确定等。

（6）建筑物层数的确定应考虑使用功能的要求、结构、材料和施工的影响，城市规划及基地环境的影响，建筑防火及经济等的要求。

（7）立面设计中应注意：立面比例尺度的处理，立面虚实与凹凸处理，立面的线条处理，立面的色彩与质感处理，立面的重点与细部处理。

习　　题

1. 建筑工程设计包括哪几方面的内容？各方面设计的主要内容是什么？
2. 施工图设计阶段的图纸及文件都有哪些？
3. 简要说明建筑设计的主要依据。
4. 确定房间面积大小时应考虑哪些因素？试举例说明。
5. 房间尺寸指的是什么？确定房间尺寸应考虑哪些因素？
6. 交通联系部分包括哪些内容？
7. 影响平面组合的因素有哪些？
8. 如何确定房间的剖面形状？试举例说明。
9. 室内外地面高差由什么因素确定？
10. 确定建筑物层数应考虑哪些因素？试举例说明。
11. 建筑体型组合有哪几种方式？并以图例进行分析。
12. 简要说明建筑立面的具体处理手法。

第3章 民用建筑构造

【教学目标与要求】
- 掌握房屋基本构件的组成及作用
- 熟悉民用建筑各部分构造原理及构造方法

3.1 概述

建筑构造是研究建筑物各组成部分的构造原理和构造方法的学科，是建筑设计不可分割的一部分。它具有实践性强和综合性强的特点，在内容上是对实践经验的高度概括，并且涉及建筑材料、建筑物理、建筑力学、建筑结构、建筑施工以及建筑经济等有关方面的知识。因此，建筑构造研究的主要任务在于根据建筑物的功能要求，提供符合适用、安全、经济、美观的构造方案，以作为建筑设计中综合解决技术问题及进行施工图设计、绘制大样图等的依据。

3.1.1 建筑物的组成

一幢民用建筑，一般是由基础、墙、楼板层、地坪、楼梯、屋顶和门窗等几大部分构成的，如图3.1所示。它们在不同的部位，发挥着各自的作用。

一座建筑物除上述基本组成构件外，对有不同使用功能的建筑，还有各种不同的构件和配件，如阳台、雨篷、烟囱、散水、垃圾井等。

3.1.2 影响建筑构造的因素

一座建筑物建成并投入使用后，要经受着自然界各种因素的检验。为了提高建筑物对外界各种影响的抵御能力，延长建筑物的使用寿命，以便更好地满足使用功能的要求，在进行建筑构造设计时，必须充分考虑到各种因素对它的影响，以便根据影响程度，来提供合理的构造方案。影响的因素很多，归纳起来大致可分为以下几方面。

1. 外力作用的影响

作用到建筑物上的外力称为荷载。荷载有静荷载（如建筑物的自重）和动荷载（如人流、家具、设备、风、雪以及地震荷载等）之分。荷载的大小是结构设计的主要依据，也是结构选型的重要基础，它决定着构件的尺度和用料，而构件的选材、尺寸、形状等又与构造密切相关。因此在确定建筑构造方案时，必须考虑外力的影响。

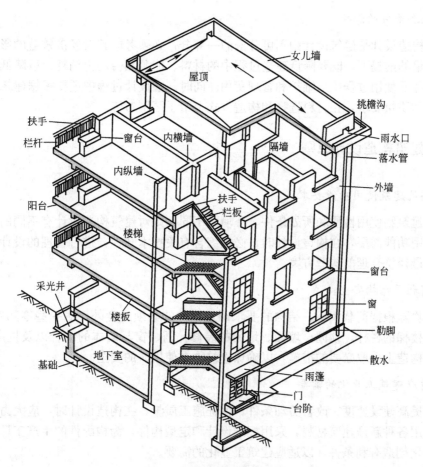

图 3.1　建筑物的基本组成

2. 自然气候的影响

为防止由于大自然条件的变化而造成建筑物构件的破坏和保证建筑物的正常使用，往往在建筑构造设计时，针对所受影响的性质与程度，对各有关部位采取必要的防范措施，如防潮、防水、保温、隔热、设变形缝、设隔蒸汽层等，以防患于未然。

3. 人为因素和其他因素的影响

人们所从事的生产和生活的活动，往往会造成对建筑物的影响，如机械振动、化学腐蚀、战争、爆炸、火灾、噪声等，都属于人为因素的影响。因此，在进行建筑构造设计时，必须针对各种可能的因素，从构造上采取隔振、防腐、防爆、防火、隔声等相应的措施，以避免建筑物和使用功能遭受不应有的损失和影响。

4. 物质技术条件的影响

建筑材料、结构、设备和施工技术等物质技术条件是构成建筑的基本要素之一，建筑构造受其影响和制约。随着建筑事业的发展，新材料、新技术和新工艺的不断出现，建筑构造要解决的问题越来越多、越来越复杂。建筑工业化的发展也要求构造技术与之相适应。

5. 经济条件的影响

建筑构造设计是建筑设计中不可分割的一部分，必须考虑其对经济效益的影响。在确保工程质量的前提下，既要降低建造过程中的材料、能源和劳动力消耗，以降低造价，又要有利于降低使用过程中的维护和管理费用。同时，在设计过程中还要根据建筑物的不同使用年限和质量要求，在材料选择和构造方式上给予区别对待。

3.1.3 建筑构造设计原则

1. 满足建筑使用功能要求

由于建筑物使用性质和所处条件、环境的不同，则对建筑构造设计有不同的要求。为了满足使用功能需要，在构造设计时，必须综合有关技术知识，进行合理的设计，以便选择、确定最经济合理的构造方案。

2. 有利于结构安全

建筑物除根据荷载大小、结构的要求确定构件的必须尺度外，对一些零部件的设计，如阳台、楼梯的栏杆，顶棚、墙面、地面的装修，门、窗与墙体的结合以及抗震加固等，都必须在构造上采取必要的措施，以确保建筑物在使用时的安全。

3. 适应建筑工业化的需要

为了提高建设速度，改善劳动条件，保证施工质量，在构造设计时，应大力推广先进技术，选用各种新型建筑材料，采用标准设计和定型构件，为构配件的生产工厂化、现场施工机械化创造有利条件，以适应建筑工业化的需要。

4. 讲求建筑经济的综合效益

在构造设计中，应该注意整体建筑物的经济效益问题，既要注意降低建筑造价，减少材料的能源消耗；又要有利于降低经常运行、维修和管理的费用，考虑其综合的经济效益。

5. 美观大方

构造方案的处理还要考虑其造型、尺度、质感、色彩等艺术和美观问题。如有不当往往会影响建筑物的整体设计的效果。因此，亦需事先周密考虑。

总之，在构造设计中，全面考虑坚固适用、技术先进、经济合理、美观大方是最基本的原则。

3.2 基础及地下室

在建筑工程中，建筑物与土层直接接触的部分称为基础，支承建筑物重量的土层称为地基。基础是建筑物的组成部分，它承受着建筑物的全部荷载，并将其传给地基。而地基则不是建筑物的组成部分，它只是承受建筑物荷载的土壤层。其中，具有一定的地耐力，直接支承基础，持有一定承载能力的土层称为持力层；持力层以下的土层称为下卧层。地基土层在荷载作用下产生的变形，随着土层深度的增加而减少，到了一定深度则可忽略不计，如图3.2所示。

3.2.1 基础的作用和地基土的分类

基础是建筑物的主要承重构件，承受着建筑物的全部荷载，并将其传给地基。

地基按土层性质不同，分为天然地基和人工地基两大类。

凡具有足够的承载力，不需经过人工改良或加固，可直接在其上建造房屋的天然土层称为天然地基。天然地基根据土质的不同可分为岩石、碎石土、砂土、粉土、黏性土和人工填土等六大类。

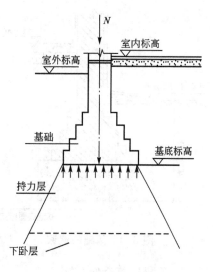

图 3.2　基础与地基

当建筑物上部的荷载较大或地基土层的承载能力较弱，缺乏足够的稳定性时，须预先对土壤进行人工加固后才能在上面建造房屋，此类土层称为人工地基。人工加固地基通常采用压实法、换土法、化学加固法和打桩法。

3.2.2 地基与基础的设计要求

1. 基础应具有足够的强度和耐久性

基础处于建筑物的底部，是建筑物的重要组成部分，对建筑物的安全起着根本性作用，因此基础本身应具有足够的强度和刚度来支承和传递整个建筑物的荷载。

2. 地基应具有足够的强度和均匀程度

地基直接支承着整个建筑，对建筑物的安全使用起着保证作用，因此地基应具有足够的强度和均匀程度。建筑物应尽量选择地基承载力较高而且均匀的地段，如岩石、碎石等。

3. 造价经济

基础工程占建筑总造价的10%～40%，因此选择土质好的地段，降低地基处理的费用，可以减少建筑的总投资。需要特殊处理的地基，也要尽量选用地方材料及合理的构造形式。

3.2.3 基础的埋置深度

室外设计地面至基础底面的垂直距离称为基础的埋置深度，简称基础的埋深，如图3.3所示。基础有深基础、浅基础和不埋基础之分。一般埋深大于或等于4m的基础称为深基础；埋深小于4m的称为浅基础；当基础直接做在地表面上的称为不埋基

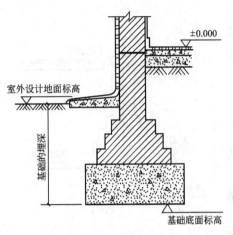

图 3.3 基础的埋深

础。在保证安全使用的前提下，应优先选用浅基础，可降低工程造价。基础的埋置深度不宜小于 0.5m。

3.2.4 影响基础的埋置深度的因素

影响基础的埋置深度的因素有很多，主要考虑下列条件。

1. 建筑物上部荷载的大小和建筑物的性质及用途

建筑基础的埋置深度应满足地基承载力、变形和稳定性要求。当建筑物设置地下室、设备基础或地下设施时，基础埋深应满足其使用要求。

2. 工程地质条件

基础应建造在坚实可靠的地基上，基础底面应尽量选在常年未经扰动而且坚实平坦的土层或岩石上。基础埋深与地质构造密切相关，在选择埋深时应根据建筑物的大小、特点、体型、刚度、地基土的特性、土层分布等情况区别对待。

3. 地下水位的影响

地下水对地基和基础的影响很大。为了避免地下水位变化对地基承载力的影响，地下水对基础施工带来的麻烦和有侵蚀性的地下水对基础的腐蚀，一般将基础埋置在地下最高水位之上。当地下水位较高，基础不能埋置在地下水位以上时，应采取地基土在施工时不受扰动的措施，将基础底面埋置在最低地下水位以下不小于 200mm 处。

4. 地基土壤冻胀深度的影响

应根据当地的气候条件了解土层的冻结深度，一般将基础的垫层部分做在土层冻结深度以下。冻结土与非冻结土的分界线，称为土的冰冻线。土的冻结深度主要取决于当地的气候条件，气温越低和低温持续时间越长，冻结深度越大。一般要求将基础埋置在冰冻线以下 200mm 处。

5. 相邻建筑物基础的影响

在原有建筑物附近建造房屋，为保证原有建筑物的安全和正常使用，新建建筑物的基础埋深不宜大于原有建筑物的基础。当新建建筑物基础埋深大于原有建筑基础时，两基础间应保持一定净距，其数值应根据原有建筑荷载大小，基础形式和土质情况确定。一般两基础之间的水平距离取两基础底面高差的 1~2 倍，基础埋深与相邻基础的关系如图 3.4 所示。

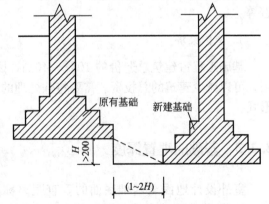

图 3.4 基础埋深与相邻基础的关系

3.2.5 基础的类型

1. 按材料及受力特点分类

1) 无筋扩展基础

由刚性材料制作的基础称无筋扩展基础,也称刚性基础。所谓刚性材料,一般指抗压强度高,抗拉、抗剪强度低的材料。在常用材料中,砖、毛石、混凝土、毛石混凝土、灰土、三合土等均属刚性材料。

根据试验得知,上部结构(墙或柱)在基础中传递压力是沿一定角度分布的,这个传力角度称压力分布角,或称刚性角,以 α 表示,如图 3.5(a)所示。由于刚性材料抗压能力强,抗拉能力差,因此,压力分布角只能在材料的抗压范围内控制。如果基础底面宽度超过控制范围,基础会因受拉而破坏,如图 3.5(b)所示。所以,刚性基础底面宽度的增大要受到刚性角的限制。

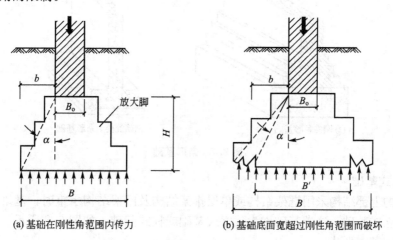

(a) 基础在刚性角范围内传力　　(b) 基础底面宽超过刚性角范围而破坏

图 3.5　刚性基础的受力、传力特点

2) 扩展基础

扩展基础是指柱下钢筋混凝土独立基础和墙下钢筋混凝土条形基础。

当建筑物的荷载较大而地基承载能力较小时,基础底面 B 必须加宽,如果仍采用刚性材料做基础,势必加大基础的深度,如图 3.6(a)所示。如果在混凝土基础的底部配以钢

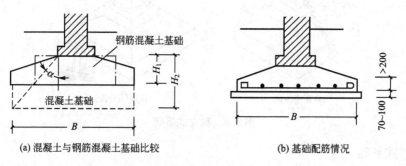

(a) 混凝土与钢筋混凝土基础比较　　(b) 基础配筋情况

图 3.6　扩展基础

筋，利用钢筋来承受拉应力，则基础宽度的加大不受刚性角的限制，故称钢筋混凝土基础为扩展基础(也称非刚性基础或柔性基础)，如图 3.6(b)所示。

2. 按构造形式分类

基础构造形式的确定随建筑物上部结构形式、荷载大小及地基土质情况而定。常见基础有以下几种。

1) 条形基础

条形基础呈连续的带形，又称带形基础。

当建筑物上部为混合结构，在承重墙下往往做成通长的条形基础。如一般中小型建筑常选用砖、石、混凝土、灰土和三合土等材料的刚性条形基础，如图 3.7(a)所示。当上部是钢筋混凝土墙，或地基很差、荷载较大时，承重墙下也可用钢筋混凝土条形基础，如图 3.7(b)所示。

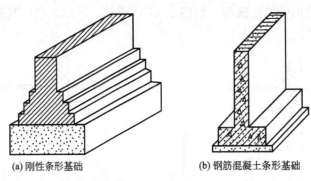

(a) 刚性条形基础　　(b) 钢筋混凝土条形基础

图 3.7　条形基础

2) 独立式基础

当建筑物上部结构采用框架结构或单层排架结构及门架结构承重时，基础常采用方形或矩形的独立式基础，这类基础称为独立式基础或柱式基础，如图 3.8 所示。独立式基础是柱下基础的基本形式。

当柱采用预制构件时，则基础做成杯口形，然后将柱子插入并嵌固在杯口内，故称杯形基础，如图 3.8(b)所示。

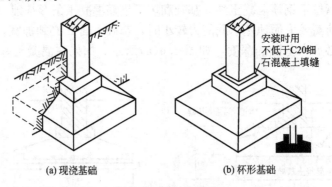

(a) 现浇基础　　(b) 杯形基础

图 3.8　独立式基础

3) 井格式基础

当框架结构处在地基条件较差的情况时，为了提高建筑物的整体性，防止柱子之间产生不均匀沉降，常将柱下基础沿纵横两个方向扩展连接起来，做成十字交叉的井格式基础，又称十字带形基础，如图3.9所示。

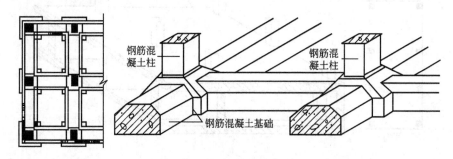

图3.9 井格式基础

4）筏形基础

当建筑物上部荷载较大，而所在地的地基承载能力又比较弱，这时采用简单的条形基础或井格基础已不能适应地基变形的需要，通常将墙或柱下基础连成一片，使整个建筑物的荷载承受在一块整板上成为筏形基础，这种地基大大减少了土方工作量。筏形基础整体性好，可跨越基础下的局部弱土，常用于地基软弱的多层砌体结构、框架结构、剪力墙结构的建筑以及上部结构荷载较大的建筑。图3.10所示为梁板式筏形基础。

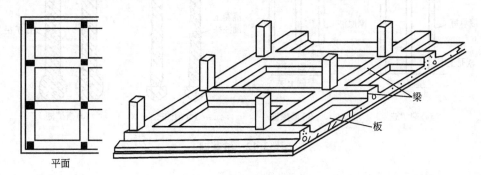

图3.10 梁板式筏形基础

5）箱形基础

当板式基础做得很深时，常将基础改做成箱形基础。箱形基础是由钢筋混凝土底板、顶板和若干纵横隔墙组成的空心箱体的整体结构，共同承受上部结构荷载，如图3.11所示。基础的中空部分可用作地下室（单层或多层的）或地下停车库。箱形基础整体空间刚度大，整体性强，能抵抗地基的不均匀沉降，较适用于高层建筑或在软弱地基上建造的重型建筑物。

6）桩基础

当建筑物上部荷载较大，而且地基的软弱土层较厚，地基承载力不能满足要求，做人工地基又不具备条件或不经济时，可采用桩基础，使基础上的荷载通过桩柱传给地基土层，以保证建筑物的均匀沉降或安全使用。桩基础由设置于岩土中的桩柱和连接于桩顶端的承台两部分组成。承台是在桩柱顶现浇的钢筋混凝土板或梁。桩按材料可以分为木桩、钢筋混凝土桩、钢桩等；桩按的入土方法可以分为打入桩、振入桩、压入桩及灌注桩等；桩按受力性能又可以分为端承桩与摩擦桩，如图3.12所示。

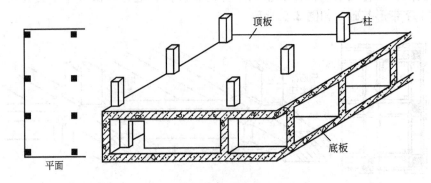

图 3.11 箱形基础

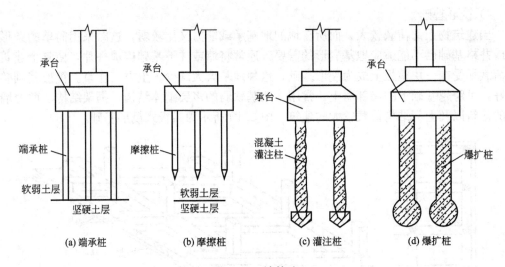

图 3.12 桩基础

3.2.6 地下室的分类

1. 按埋入地下深度分类

按埋入地下深度的不同,可分为以下两类。
(1) 全地下室:是指地下室地面低于室外地坪的高度超过该房间净高的1/2。
(2) 半地下室:是指地下室地面低于室外地坪的高度为该房间净高的1/3~1/2。

2. 按使用功能分类

按使用功能不同,可分为以下两类。
(1) 普通地下室:一般用作高层建筑的地下停车库、设备用房;根据用途及结构需要可做成一层或二、三层、多层地下室,如图 3.13 所示。
(2) 人防地下室:结合人防要求设置的地下空间,用以应付战时情况下人员的隐蔽和疏散,并有具备保障人身安全的各项技术措施。

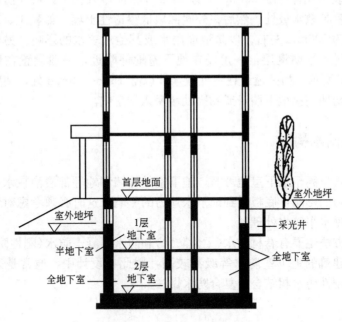

图 3.13 地下室示意图

3.2.7 地下室防潮构造

当地下水的常年水位和最高水位都在地下室地坪标高以下时,如图 3.14(a)所示,地下水不能直接侵入室内,墙和地坪仅受到土层中地潮的影响,这时地下室只需做防潮处理,即在地下室外墙外面设垂直防潮层。其做法是墙体必须采用水泥砂浆砌筑,灰缝必须

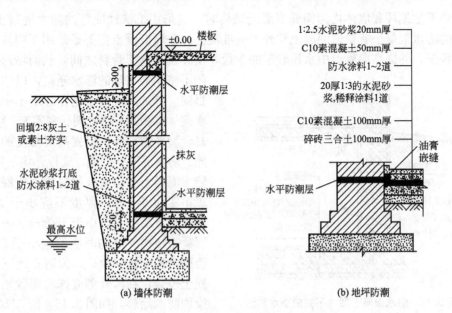

(a) 墙体防潮　　　　　　　　　(b) 地坪防潮

图 3.14 地下室的防潮处理

保满；在墙体外表面先抹一层20mm厚的1：2.5水泥砂浆找平，再涂防水涂料1～2遍；防潮层需涂刷至室外散水坡处。然后在外侧回填低渗透性土壤，如黏土、灰土等，并逐层夯实，土层宽度为500mm左右，以防地面雨水或其他地表水的影响。另外，地下室的所有墙体都应设两道水平防潮层，一道设在地下室地坪附近，一般设置在地坪的结构层之间，如图3.14(b)所示。另一道设在室外散水坡以上150～200mm处，使整个地下室防潮层连成整体，以防地潮沿地下墙身或勒脚处墙身入侵室内。

3.2.8 地下室防水构造

当最高地下水位高于地下室地坪时，地下室的外墙和地坪都浸泡在水中，地下室外墙受到地下水侧压力的影响，底板受到地下水浮力的影响。这时必须考虑对地下室外墙做垂直防水和对地坪做水平防水处理。

地下室防水方法主要有卷材防水（柔性防水）和防水混凝土防水（刚性防水）两大类。由于绝大多数民用建筑的地下室防水等级都较高，因此在设计中，通常是采用将柔性防水（或涂料防水）与刚性防水相结合的复合防水做法。

1. 卷材防水

卷材防水按防水层铺贴位置的不同，有外防水和内防水之分。

外防水是将防水层贴在地下室外墙的外表面，这对防水有利，但维修困难。卷材防水应选用高聚物改性沥青类或合成高分子类防水卷材，如三元乙丙橡胶卷材就是耐久性极好的弹性卷材。

内防水是将防水层贴在地下室外墙的内表面，这样施工方便，容易维修，但对防水不利，故常用于修缮工程。

2. 防水混凝土防水

当地下室地坪和墙体均为钢筋混凝土结构时，应采用抗渗性能好的防水混凝土材料，常采用的防水混凝土有普通混凝土和外加剂混凝土。普通混凝土主要是采用不同粒径的骨料进行级配，并提高混凝土中水泥砂浆的含量，使砂浆充满于骨料之间，从而堵塞因骨料间不密实而出现的渗水通路，以达到防水目的。外加剂混凝土是在混凝土中掺入减水剂、膨胀剂、防水剂、密实剂、引气剂、复合型外加剂等，以提高混凝土的抗渗性能。防水混凝土外墙、底板，均不宜太薄。防水混凝土结构底板的混凝土垫层强度等级不应小于C15，厚度不应小于100mm，在软弱土层中不应小于150mm。一般防水混凝土结构的结构厚度不应小于250mm，否则会影响抗渗效果。为防止地下水对混凝土侵袭，在墙外侧应抹水泥砂浆，然后涂刷防水涂料，如图3.15、图3.16所示。

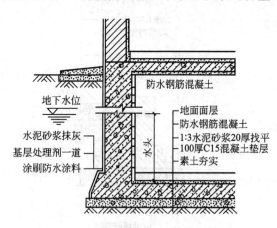

图3.15 防水混凝土做地下室的防水构造

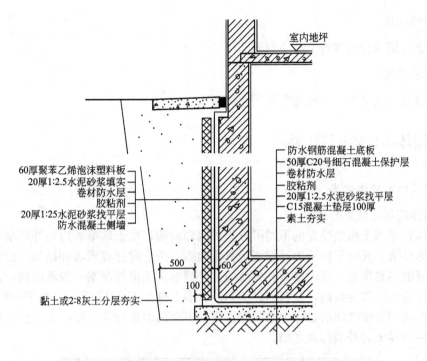

图 3.16　防水混凝土及外包柔性防水做地下室的防水构造

3. 涂料防水

涂料防水一般用于地下室的防潮，在防水构造中一般不单独使用。通常在新建防水钢筋混凝土结构中，涂料防水应做在迎水面作为附加防水层，加强防水和防腐能力。对已建防水、防潮建筑，涂料防水可做在外围护结构的内侧，作为补漏措施。如聚氨酯涂膜防水材料，有利于形成完整的防水涂层，对在建筑内有管道、转折和高差等特殊部位的防水处理极为有利。

此外，还有水泥砂浆防水、塑料防水板防水、金属防水等地下室防水方法。

3.3　墙　　体

墙体是建筑物的重要组成部分，占建筑物总量的30%~45%，造价比重大，在工程设计中，合理地选择墙体材料、结构方案及构造做法十分重要。

墙体在建筑物中的作用主要有4个方面。

1. 承重作用

墙体既承受建筑物自重和人及设备等荷载，又承受风和地震作用。

2. 围护作用

外墙抵御自然界风、雨、雪等的侵袭，防止太阳辐射、冷热空气侵入和噪声的干扰等。

3. 分隔作用

内墙把建筑物分隔成若干个小空间。

4. 环境作用

装修墙面,满足室内外装饰和使用功能要求。

3.3.1 墙体的分类及设计要求

1. 建筑物的墙体分类

1) 墙体按所在位置分类

按墙体在平面上所处位置的不同可分为外墙和内墙,位于房屋周边与外环境直接接触的墙统称为外墙;凡位于房屋内部的墙统称为内墙。按方向分有横墙和纵墙,沿建筑物短轴方向布置的墙称横墙,有内横墙和外横墙,外横墙位于房屋两端一般称山墙;沿建筑物长轴方向布置的墙称为纵墙,又有内纵墙和外纵墙之分如图3.17所示。对于一面墙来说,窗与窗之间或门与窗之间的墙称为窗间墙,窗台下面的墙称为窗下墙,上下窗之间的墙称窗槛墙,突出屋面的外墙称女儿墙。

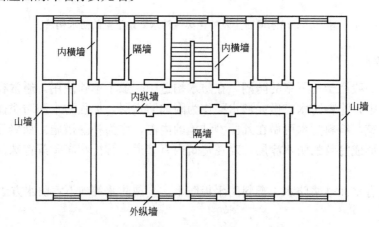

图 3.17 墙体名称

2) 墙体按受力情况分类

墙体按结构竖向受力情况分为两种:承重墙和非承重墙。凡直接承受屋顶、楼板等上部结构传来荷载,并将荷载传给下层的墙或基础的墙称为承重墙;凡不承受上部荷载的墙称为非承重墙。非承重墙又可分为:自承重墙、隔墙、框架填充墙和幕墙。

3) 墙体按材料分类

墙体所用材料种类很多,有利用黏土和工业废料制作各种砖和砌块砌筑的砌块墙;利用混凝土现浇或预制的钢筋混凝土墙;钢结构中采用压型钢板墙体及加气混凝土板等墙体;用石块和砂浆砌筑的墙为石墙。此外,还有用土坯和黏土砂浆砌筑的墙或在模板内填充黏土夯实而成的土墙等。

4) 按构造方式分类

按构造方式不同分实体墙、空体墙和复合墙3种。

5) 按施工方法分类

按施工方法不同有叠砌墙、板筑墙和装配式板材墙 3 种。

2. 墙体的设计要求

1) 结构及抗震要求

(1) 强度要求：强度是指墙体承受荷载的能力。承重墙应有足够的强度来承受楼板及屋顶的竖向荷载。

(2) 刚度要求：墙体作为承重构件，应满足一定的刚度要求。一方面构件自身应具有稳定性，另一方面地震区还应考虑地震作用下对墙体稳定性的影响。

2) 功能方面的要求

(1) 外墙保温与隔热：北方寒冷地区要求围护结构具有较好的保温能力，以减少室内热损失。同时还要防止在围护结构内表面及保温材料内部出现凝结水现象。

炎热地区的外墙应具有足够的隔热能力。可以选用热阻大、质量大的材料作外墙，也可以选用光滑、平整、浅色的材料，以增加对太阳的反射能力。

(2) 隔声要求：为保证建筑的室内使用要求，不同类型的建筑应具有相应的噪声控制标准。

(3) 应满足防火要求：墙体材料及墙身厚度都应符合防火规范中相应燃烧性能和耐火极限所规定的要求。

此外，作为墙体还应考虑防潮、防水以及经济、美观等方面的要求。

3.3.2 砖墙

用胶结材料将块材按一定技术要求砌筑而成的墙称砌体墙，如砖墙、石墙以及各种砌块墙，也可以简称为砌体。砌体墙取材容易、制造简单，既能承重，又具有一定的保温、隔热、隔声、防火性能。砌体墙按所用材料分砖墙和砌块墙两种。本节主要介绍砖墙，砌块墙将在下一节介绍。

1. 砖墙材料

砖墙由砖和砂浆两种材料组成。

1) 砖

砖的种类很多，主要有普通的黏土砖和烧结多孔砖等。

砖的强度以强度等级表示，分别为 MU30、MU25、MU20、MU15、MU10 和 MU7.5 这 6 个级别。

普通砖和蒸压砖的规格为 240mm×115mm×53mm，砖长∶宽∶厚＝4∶2∶1（包括 10mm 宽灰缝）。墙体厚度以 60mm（1/4 砖）进级，即 120（115）mm、180（178）mm、240mm、370（365）mm、490mm、括号内为实际尺寸。

2) 胶结材料

块材需要粘结材料将其胶结成为整体，并将块材之间的空隙填平、密实，同时便于使上层块材所承受的荷载能逐层均匀地传至下层块材，以保证砌体的强度。常用的砌筑砂浆有水泥砂浆、混合砂浆、石灰砂浆和黏土砂浆。

砂浆强度等级有 M15、M10、M7.5、M5、M2.5 共 5 个级别。常用的砌筑砂浆是 M5 或 M7.5 砂浆。

2. 砖墙的砌筑原则

为了保证墙体的强度，砖砌体的灰缝必须横平竖直，错缝搭接，灰缝砂浆必须饱满，厚薄均匀，宽度一般为10mm，且不小于8mm，也不大于12mm。常用的错缝方法是将顶砖和顺砖上下皮交错砌筑。常见的砖墙砌式有以下几种，如图3.18所示。

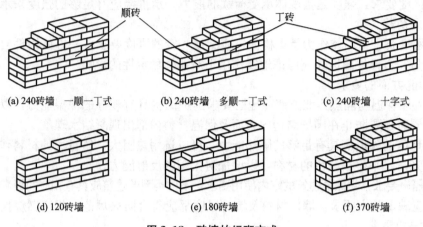

图 3.18 砖墙的组砌方式

3. 砖墙细部构造

砖墙细部构造一般指在墙身上的细部做法，其中包括散水、勒脚、防潮层、窗台、门窗过梁等内容。

1）散水

为了迅速排除从屋檐下滴的雨水，防止因积水渗入地基而造成建筑物的下沉，常在外墙四周将地面作成倾斜的坡面，以便将雨水散至远处，这一坡面即为散水。散水做法很多（见图3.19），有砖砌、块石、碎石、水泥砂浆、混凝土等。宽度一般为600～1 000mm。当屋面为自由落水时，散水宽度比屋面檐口宽200mm左右。散水坡度一般在3％～5％，外缘高出室外地坪20～50mm较好。由于建筑物的沉降、勒脚与散水施工时间的差异，在散水与外墙间应留有缝隙，缝宽10mm，散水整体面层纵向距离每隔6m做一道伸缩

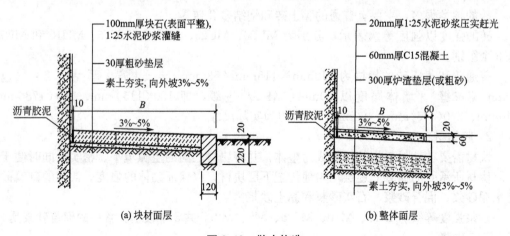

图 3.19 散水构造

缝，缝宽20mm。缝内填沥青胶泥，以防渗水。散水下如设防冻胀层，做法按工程设计如图3.19(b)所示。

2) 勒脚

勒脚是墙身接近室外地面的部分，其高度一般指室内地坪与室外地面之间的高差部分，也有将底层窗台至室外地面的高度视为勒脚。它起着保护墙身和增加建筑物立面美观的作用。勒脚应选用耐久性高，防水性能好的材料，并在构造上采取防护措施。其具体做法有下列几种。

（1）石砌勒脚：对勒脚容易遭到破坏的部分采用石块或石条等坚固的材料进行砌筑，高度可砌至室内地坪或按设计，如图3.20(a)所示。

（2）抹灰勒脚：为防止室外雨水对勒脚部位的侵蚀，在勒脚的外表面做水泥砂浆抹面，如图3.20(b)所示，或其他有效的抹面处理，如水刷石、干粘石、剁斧石等。为防止水泥砂浆抹灰起壳、脱落，抹灰中增加咬口可起加固作用，如图3.20(c)所示。

（3）贴面勒脚：可以用人工石材或天然石材贴面，如陶瓷面砖、花岗岩、火烧板等。贴面勒脚耐久性强，装饰效果好，多用于标准较高的建筑，如图3.20(d)所示。

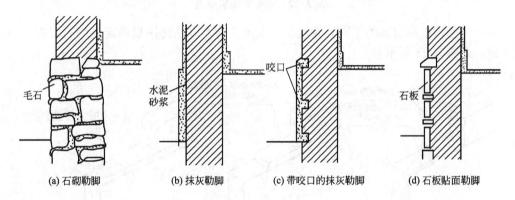

图 3.20 勒脚构造

3) 墙身防潮层

墙体底部接近土壤部分易受土壤中水分的影响而受潮，从而影响墙体，如图3.21所示。为了隔绝室外雨雪水及地潮对墙身侵袭的不良影响，增加墙体的耐久性，在靠近室内地面处需设防潮层，有水平防潮和垂直防潮两种。

（1）水平防潮层：是指建筑物内外墙靠近室内地坪沿水平方向设置的防潮层，以隔绝地潮等对墙身的影响。

水平防潮层应设置在距室外地面150mm以上的勒脚墙体中，以防地表水溅渗。同时，考虑到建筑物室内地坪层下填土或垫层的毛细作用。故一般将水平防潮层设置在底层地坪混凝土结构层之间的砖缝中，如图3.22所示，使其能更有效地起到防潮作用。如采用混凝土或石砌勒脚时，可以不设水平防潮层，还

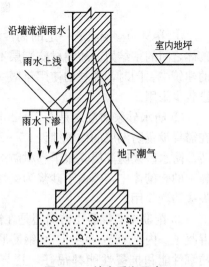

图 3.21 墙身受潮示意

可以将地圈梁提高到室内地坪以下来代替水平防潮层。防潮层以下墙体采用普通砖。

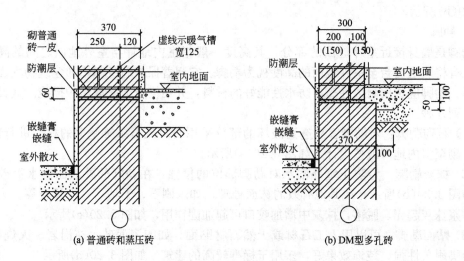

图 3.22 水平防潮层位置

水平防潮层根据材料的不同,有卷材防潮层、防水砂浆防潮层和配筋细石混凝土防潮层 3 种,如图 3.23 所示。

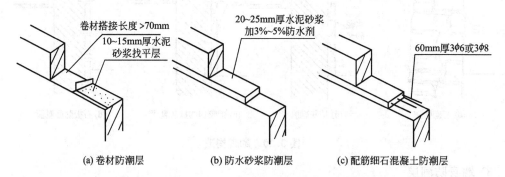

图 3.23 墙身水平防潮层

① 卷材防潮层具有一定的韧性、延伸性和良好的防潮性能。因卷材层降低了上下砖砌体之间的粘结力,故卷材防潮层不宜用于下端按固定端考虑的砖砌体和有抗震设防要求的建筑中。同时,卷材的使用年限一般只有 20 年左右,长期使用将失去防潮作用,目前已较少采用。

② 防水砂浆防潮层是在 1∶2 水泥砂浆中掺入水泥用量的 3%～5%防水剂配制而成,在需要设置防潮层的位置铺设 20～25mm 厚的防水砂浆层,也可用防水砂浆砌筑 1～2 皮砖。防水砂浆防潮层克服了卷材防潮层的缺点,故特别适用于抗震地区、独立砖柱和振动较大的砖砌体中。但由于砂浆为脆性易开裂材料,在地基发生不均匀沉降时会断裂,从而失去防潮作用。

③ 配筋细石混凝土防潮层是在需要设置防潮层的位置铺设 60mm 厚 C15 或 C20 细石混凝土,内配 $\phi6 \sim \phi8@\leqslant120$ 钢筋形成防潮带,或结合地圈梁的设置形成防潮层。由于它防潮性能和抗裂性能都很好,且与砖砌体结合紧密,故适用于整体刚度要求较高的建

筑中。

(2) 垂直防潮层：当室内地坪出现高差或室内地坪低于室外地面时，应在不同标高的室内地坪处设置水平防潮层，为避免室内地坪较高一侧土壤或室外地面回填土中的水分侵入墙身，对于高差部分的垂直墙面，在填土一侧沿墙设置垂直防潮层。其做法是在高地坪一侧房间位于两边水平防潮层之间的垂直墙面上，先用水泥砂浆抹灰15～20mm厚，再涂冷底子油一道，刷热沥青两道或采用防水砂浆抹灰防潮处理。而在低地坪一边的墙面上采用水泥砂浆抹面。

4) 窗台

窗洞口的下部应设置窗台。窗台根据窗的安装位置可形成内窗台和外窗台。外窗台是为了防止在窗洞底部积水，并流向室内。内窗台则是为了排除窗上的凝结水，以保护室内墙面及存放东西、摆放花盆等。

外窗台应向外形成一定坡度，底面檐口处应做成锐角形或半圆凹槽（俗称"滴水"），便于排水，以免污染墙面。外窗台有悬挑窗台和不悬挑窗台两种。悬挑窗台常采用顶砌一皮砖或将一砖侧砌并悬挑60mm，也可预制混凝土窗台。窗台表面用1∶3水泥砂浆抹面做出坡度，挑砖下抹出滴水，以防止雨水沿滴水槽口下落。由于悬挑窗台下部容易积灰，在风雨作用下很容易污染窗台下的墙面，影响建筑物的美观。因此，在当今设计中，大部分建筑物都设计为不悬挑窗台，利用雨水的冲刷洗去积灰，如图3.24所示。图中尺寸100用于DM型多孔砖，120用于普通砖和蒸压砖。

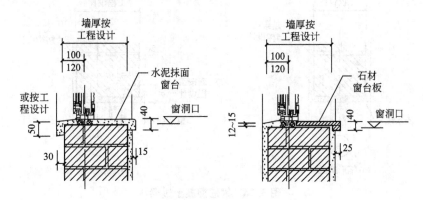

图 3.24 窗台形式

内窗台可采用水泥砂浆抹面、预制水磨石、石材、木材等制作。

5) 门窗过梁

当墙体上开设门窗洞口时，为了支承洞口上部砌体传来的各种荷载，并把这些荷载传给洞口两侧的墙体，常在门窗洞口上设置横梁，即门窗过梁。过梁的形式较多，常见的有砖拱过梁、钢筋砖过梁和钢筋混凝土过梁3种。

(1) 砖拱过梁：有平拱和弧拱半圆砖拱等构造，如图3.25所示，是我国传统做法。砖拱过梁节约钢材和水泥，但施工麻烦，整体性较差，不宜用于有集中荷载、振动较大、地基承载力不均匀以及地震区的建筑。

(2) 钢筋砖过梁：钢筋砖过梁是在砖缝里配置钢筋，形成可以承受荷载的钢筋砖砌体。钢筋砖过梁适用于跨度不大于2m，上部无集中荷载的洞口上。钢筋砖过梁整体性差，对抗震设防地区和有较大振动的建筑不应使用。

图 3.25 砖拱过梁

(3) 钢筋混凝土过梁：当门窗洞口较大或洞口上部有集中荷载时，常采用钢筋混凝土过梁，它坚固耐用，施工简便，目前被广泛采用。钢筋混凝土过梁有现浇和预制两种。为了施工方便，梁高应与砖的皮数相适应，以方便墙体连续砌筑，故常见梁高为60、120、180、240mm，即60mm的整倍数。梁宽一般同墙厚，梁两端支承在墙上的长度每边不少于240mm，以保证足够的承压面积。

过梁断面形式有矩形和L形，如图3.26所示，矩形多用于内墙和复合墙。在寒冷地区，为了防止过梁内壁产生冷凝水，外墙常采用L形过梁或组合式过梁。为简化构造、节约材料，可将过梁与圈梁、悬挑雨篷、窗楣板或遮阳板等结合起来设计。

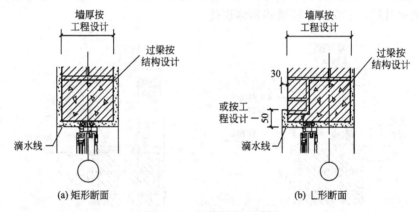

图 3.26 钢筋混凝土过梁

4. 墙身的加固

由于墙身承受集中荷载，开设门窗洞口及地震等因素的影响，使墙体的稳定性受到影响，须在墙身采取加固措施。

1) 增加壁柱和门垛

当墙体的窗间墙上出现集中荷载而墙厚又不足以承担其荷载，或当墙体的长度和高度超过一定限度并影响到墙体稳定性时，常在墙身局部适当位置增设凸出墙面的壁柱，（见图3.27）以提高墙体刚度。壁柱突出墙面的尺寸一般为120mm×370mm、240mm×370mm、240mm×490mm，或根据结构计算确定。

当在墙体上开设门洞且门洞开在纵横墙交接处时，为便于门框的安置和保证墙体的稳定性，须在门靠墙转角的一边设置门垛（见图3.28），门垛凸出墙面不少于120mm，宽度同墙厚。

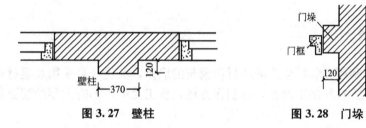

图 3.27 壁柱　　　　　　图 3.28 门垛

2）设置圈梁

圈梁是沿外墙四周及部分内墙设置在同一水平面上的连续闭合交圈的梁。圈梁配合楼板共同作用可提高建筑物的空间刚度及整体性，增加墙体的稳定性，减少由于地基不均匀沉降而引起的墙身开裂。对于抗震设防地区，设置圈梁与构造柱形成内部骨架可大大提高墙体抗震能力。

圈梁有钢筋砖圈梁和钢筋混凝土圈梁两种。钢筋砖圈梁、做法是在楼层标高以下的墙身上，在砌体灰缝中加入钢筋，梁高 4~6 皮砖，钢筋不宜少于 6φ6，分上下两层布置，水平间距不宜大于 120mm，砂浆强度等级不宜低于 M5。

钢筋混凝土圈梁，高度一般不小于 120mm，常见的高度为 180、240mm，构造上宽度值与墙同厚，当墙厚为 240mm 以上时，其宽度可为墙厚的 2/3。钢筋混凝土圈梁在墙身的位置，外墙圈梁一般与楼板相平，内墙圈梁一般在板下。

3）构造柱

钢筋混凝土构造柱是从构造角度考虑设置在墙身中的钢筋混凝土柱，其位置一般设在建筑物的四角、内外墙交接处、楼梯间和电梯间四角以及较长的墙体中部，较大洞口两侧。作用是与圈梁及墙体紧密连接，形成空间骨架，增强建筑物的刚度。提高墙体的应变能力，使墙体由脆性变为延性较好的结构，做到裂而不倒，如图 3.29 所示。

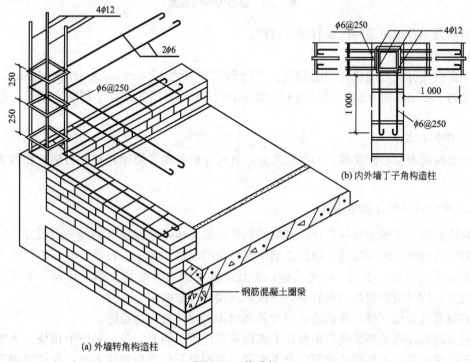

(a) 外墙转角构造柱　　(b) 内外墙丁子角构造柱

图 3.29 构造柱

3.3.3 砌块墙

砌块墙是指利用预制厂生产的块材所砌筑的墙体,其优点是采用胶凝材料并能充分利用工业废料和地方材料加工制作,且制作方便,施工简单,不需大型的起重运输设备,具有较大的灵活性。

1. 砌块类型

砌块的材料有混凝土、加气混凝土、各种工业废料、粉煤灰、煤矸石、石碴等。规格、类型不统一,但使用以中、小型砌块和空心砌块居多,如图 3.30 所示。在选择砌块规格时,首先必须符合《建筑统一模数制》的规定;其次是砌块的型号愈少愈好;另外砌块的尺度应考虑生产工艺条件,施工和起吊的能力以及砌筑时错缝、搭接的可能性;最后,要考虑砌体的强度、稳定性和墙体的热工性能等。

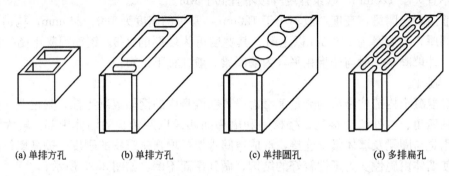

(a) 单排方孔　　(b) 单排方孔　　(c) 单排圆孔　　(d) 多排扁孔

图 3.30 空心砌块的形式

目前我国各地采用的砌块有如下两种。

1) 小型砌块

小型砌块分实心砌块和空心砌块,其外形尺寸多为 190mm×190mm×390mm,辅助块尺寸为 90mm×190mm×190mm 和 190mm×190mm×190mm,小型空心砌块一般为单排孔。

2) 中型砌块

中型砌块有空心砌块和实心砌块之分,其尺寸由各地区使用材料的力学性能和成型工艺确定。

2. 砌块的组合与砌体构造

砌块的组合是根据建筑设计作砌块的初步试排工作,即按建筑物的平面尺寸、层高对墙体进行合理的分块和搭接,以便正确选定砌块的规格、尺寸。在设计时,不仅要考虑到大面积墙面的错缝、搭接、避免通缝,而且还要考虑内外墙的交接、咬砌,使其排列有致。此外,应尽量多使用主要砌块,并使其占砌块总数的 70% 以上。

砌块墙和砖墙一样,在构造上应增强其墙体的整体性与稳定性。

过梁既起连系梁和承受门窗洞孔上部荷载的作用,同时又是一种调节砌块。为加强砌块建筑的整体性,多层砌块建筑应设置圈梁。当圈梁与过梁位置接近时,往往将圈梁和过梁一并考虑。圈梁有现浇和预制两种，现浇圈梁整体性强，如图 3.31 所示。

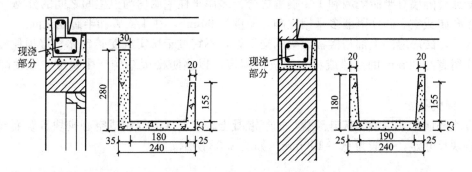

图 3.31　砌块现浇圈梁

为加强砌块建筑的整体刚度和变形能力，常在外墙转角和必要的内外墙交接处设置构造柱。构造柱多利用空心砌块上下孔洞对齐，在孔中配置不小于 2ϕ12 钢筋分层插入，并用 C20 细石混凝土分层填实，如图 3.32 所示。构造柱与圈梁、基础须有可靠的连接，这对提高墙体的抗震能力十分有利。

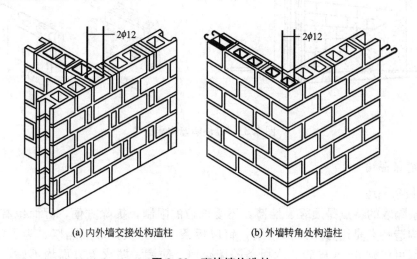

(a) 内外墙交接处构造柱　　　　　　(b) 外墙转角处构造柱

图 3.32　砌块墙构造柱

3.3.4　隔墙

建筑中不承重，只起分隔室内空间作用的墙体称为隔墙。通常人们把到顶板下皮的隔断墙称为隔墙；不到顶、只有半截的称为隔断。隔墙是分隔建筑物内部空间的非承重构件，本身质量由楼板或梁来承担。设计要求隔墙自重轻，厚度薄，要有足够的稳定性，有隔声和防火性能，便于拆卸，浴室、厕所的隔墙能防潮、防水。

常用隔墙有块材隔墙、轻骨架隔墙和轻质条板内隔墙等三大类。

1. 块材隔墙

块材隔墙是用普通砖、空心砖、各种砌块等块材砌筑而成。

1）普通砖隔墙

普通砖隔墙有半砖隔墙和1/4隔墙之分。多用于住宅厨房与卫生间之间的分隔。

多孔砖或空心砖作隔墙多采用立砌，厚度为90mm，在1/4砖和半砖墙之间。

此外，砖隔墙的上部与楼板或梁的交接处，不宜过于填实或使砖砌体直接顶住楼板或梁。应留有约30mm的空隙或将上两皮砖斜砌，以预防楼板结构产生挠度，致使隔墙被压坏。

2）砌块隔墙

砌块隔墙常采用粉煤灰硅酸盐、加气混凝土、水泥煤渣等制成空心砌块砌筑而成。墙厚由砌块尺寸定，一般为90～190mm，如图3.33所示。

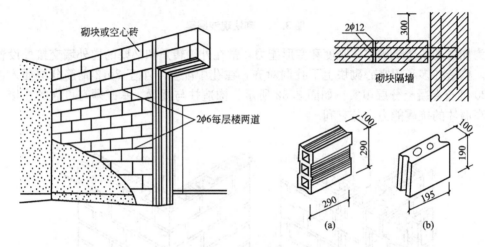

图3.33 砌块隔墙构造图

2．轻骨架隔墙

1）木板条隔墙

木板条隔墙的特点是质轻、墙薄，不受部位的限制，拆除方便，因而也有较大的灵活性。其构造特点是用方木组成框架，钉以板条，再抹灰，形成隔墙。为了防潮防水，下槛的下部可先砌3～5皮砖。木板条隔墙隔声、防潮、防火等方面均不好，现已较少采用。

2）轻钢龙骨隔墙

轻钢龙骨隔墙指用轻钢龙骨作为内隔墙面板的支撑，外铺钉面板而制成的隔墙，如图3.34所示。轻钢龙骨是以镀锌钢板为原料，采用冷弯工艺生产的薄壁型钢。常用轻钢龙骨隔墙面板有：纸面石膏板、纤维水泥加压板、加压低收缩性硅酸钙板、纤维石膏板、粉石英硅酸钙板等。轻钢龙骨隔墙具有节约木材、质量轻、强度高、刚度大、结构整体性强及拆装方便等特点。为提高施工速度，可采用预制轻钢龙骨内隔墙。

3．轻质条板内隔墙

增强水泥条板、增强石膏条板、轻质混凝土条板、植物纤维复合条板、粉煤灰泡沫水泥条板、硅镁加气水泥条板等条板具有质量轻、强度高、防火、隔声、可加工、施工方便等优点，是今后隔墙的发展方向。条板内隔墙构造如图3.35所示。

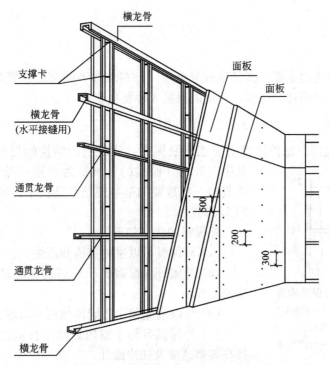

图3.34 有贯通龙骨体系的轻钢龙骨隔墙

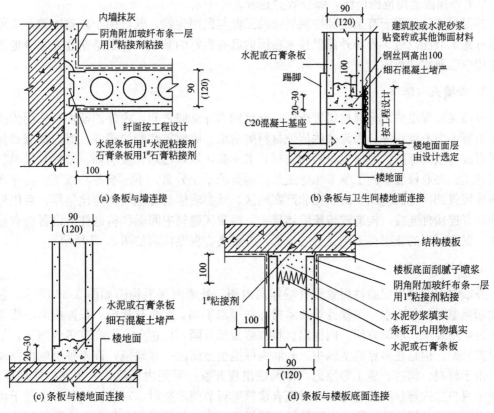

图3.35 条板内隔墙构造

3.3.5 复合墙

目前,墙体节能的主要方式是采取复合墙,即在墙体不同部位设置高效保温隔热层,形成外墙外保温、外墙夹心保温、外墙内保温3种复合墙体。

1. 外墙外保温

由于对节约能源与保护环境的需求不断提高,建筑围护结构的保温也在日益加强,其中以外墙外保温的发展最为迅速。外墙外保温正在成为我国一项重要的基本建筑节能技术。外墙外保温构造如图 3.36 所示。

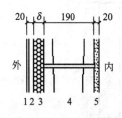

图 3.36 外墙外保温构造
1—外涂料装饰面;2—聚合物砂浆加强面层;3—聚苯板;4—190 混凝土小砌块;5—内抹灰层

外保温的优点如下。
(1)外保温可以避免热桥的产生。
(2)外墙外保温有利于建筑物冬暖夏凉,能创造出舒适的热环境。
(3)外保温能使主体墙体使用寿命延长。
(4)外保温有利于室内装修进行重物钉挂,并有利于提高装修速度及住户搬迁。
(5)外保温增加了立面装饰效果。
(6)外保温适用范围广泛,综合效益显著。

外保温墙体适用于有采暖和空调要求的工业与民用建筑,既可用于新建建筑,又可用于已有建筑节能改造。外墙外保温技术在国内已有良好的基础,特别是在北方寒冷地区推广应用中已取得了成效。

2. 外墙夹心保温

外墙夹心保温是用保温材料置于同一外墙的内外侧墙之间,内外侧墙均可采用传统的砖、混凝土空心砌块等。因为这些传统材料的防水、耐候等性能均较好,对内侧墙和保温材料形成有效的保护,对保温材料的选材要求不高,聚苯乙烯、玻璃棉、岩棉等保温材料均可使用。夹心保温墙施工季节和施工条件的要求不十分高,不影响冬期施工。近年来在严寒地区得到一定的应用。由于在非严寒地区,此类墙体与传统墙体相比偏厚,且内外侧墙间需有连接件连接,构造较传统墙体复杂,地震区建筑中圈梁和构造柱的设置尚有热桥存在,保温材料的效率得不到充分的发挥。外墙夹心保温构造如图 3.37 所示。

3. 外墙内保温

外墙内保温是用保温材料置于外墙体的内侧,外墙内保温构造如图 3.38 所示。它对饰面和保温材料的防水、耐候性等技术指标的要求不高,纸面石膏板、石膏抹面砂浆等均可满足使用要求,取材方便。内保温材料被楼板所分隔,仅在一个层高范围内施工,不需搭设脚手架。但是在多年的实践中,外墙内保温也显露出一些缺陷:许多种类的内保温做法,由于材料、构造、施工等原因,饰面层出现开裂;采用内保温,占用室内使用面积,不便于用户二次装修和吊挂饰物;对既有建筑进行节能改造时,对居民的日常生活干扰较大;由于圈梁、楼构造柱等会引起热桥,热损失较大。如果采用内保温,主墙体越薄,保温层越厚，热桥的问题就越趋于严重。在寒冷的冬季，热桥不仅会造成额外的热损失，还可能使外墙内表面潮湿、结露，甚至发霉和淌水。

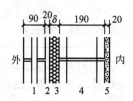

图 3.37 外墙夹心保温构造
1—90装饰混凝土小砌块；2—空气层；3—聚苯板；4—190混凝土小砌块；5—内抹灰层

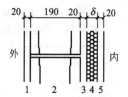

图 3.38 外墙内保温构造
1—水泥砂浆；2—190混凝土小砌块；3—空气层；4—聚苯板；5—石膏饰面层

3.3.6 墙面装修

1. 墙面装修的作用

1) 保护作用

通过抹灰、油漆等饰面装修进行处理，可使墙体结构免遭风雨的直接袭击，提高墙体防潮、抗风化的能力，从而增强了墙体的坚固性和耐久性。

2) 改善环境条件，满足房屋的使用功能要求

对墙面进行装修处理，可改善室内外清洁、卫生条件，改善墙体热工性，增加室内光线的反射，提高室内照度、对有吸声要求的房间的墙体进行吸声处理后，还可改善室内音质效果。

3) 美观作用

通过对空间、体型、比例、色彩及尺度等设计手法和装饰处理的运用，使墙面装修对室内外环境具有美化和装饰作用，可创造出优美、和谐、统一、丰富的空间环境，满足人们观感上对美的需求。

2. 墙面装修的分类

按照墙体饰面所处的位置，可分为外墙面装修和内墙面装修。

按照材料和施工方式的不同，常见的墙体装修可分为抹灰类、贴面类、涂料类、裱糊类和铺钉类等5类，如表3-1所示。

表 3-1 墙面装修分类

类 型	室外装修	室内装修
抹灰类	水泥砂浆、混合砂浆、聚合物水泥砂浆、拉毛、斩假石、拉假石、假面砖、喷涂、滚涂等	纸筋灰、麻刀灰粉、石膏粉面、膨胀珍珠岩灰浆、混合砂浆、拉毛、拉条等
贴面类	外墙面砖、陶瓷锦砖、玻璃锦砖、人造石板、天然石板等	釉面砖、人造石板、天然石板等

(续)

类 型	室外装修	室内装修
涂料类	石灰浆、水泥浆、溶剂型涂料、乳液涂料、彩色胶砂涂料、彩色弹涂等	大白浆、石灰浆、油漆、乳胶漆、水溶性涂料、弹涂等
裱糊类		塑料墙纸、金属面墙纸、木纹壁纸、花纹玻璃纤维布、纺织面墙纸及锦缎等
铺钉类	各种金属饰面板、石棉水泥板、玻璃等	各种木夹板、木纤维板、石膏板及各种装饰面板等

3. 墙面装修构造

1) 抹灰类墙面装修

抹灰又称粉刷，是由水泥、石灰为胶结料加入砂或石碴，与水拌和成砂浆或石碴浆，然后抹到墙体上的一种操作工艺。

墙体抹灰应有一定厚度，外墙一般为 20～25mm；内墙为 15～20mm。为避免抹灰出现裂缝，保证抹灰与基层粘结牢固，墙体抹灰层不宜太厚，而且需分层施工，构造层次如图 3.39 所示。普通标准的装修，抹灰由底层和面层组成。高级标准的抹灰装修，在面层和底层之间，设一层或多层中间层。

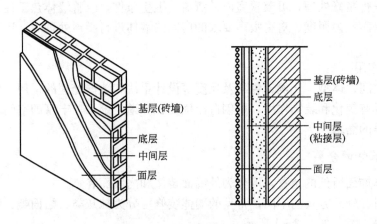

图 3.39 墙体抹灰构造层次

底层抹灰具有使装修层与墙体粘结和初步找平的作用，又称找平层或打底层，施工中俗称刮糙。面层抹灰又称罩面，对墙体的美观有重要影响。作为面层，要求表面平整，无裂痕、颜色均匀。面层抹灰按所处部位和装修质量要求可用纸筋灰、麻刀灰、砂浆或石碴浆等材料罩面。中间层用作进一步找平，减少底层砂浆干缩导致面层开裂的可能，同时作为底层与面层之间的粘接层。

根据面层材料的不同，常见的抹灰装修构造，包括分层厚度、用料比例以及适用范围，如表 3-2 所示。

表 3-2　常用抹灰做法举例

抹灰名称	构造及材料配合比	适用范围
纸筋(麻刀)灰	12~17厚1:2~1:2.5石灰砂浆(加草筋)打底 2~3厚纸筋(麻刀)灰粉面	普通内墙抹灰
混合砂浆	12~15厚1:1:6(水泥、石灰膏、砂)混合砂浆打底 5~10厚1:1:6(水泥、石灰膏、砂)混合砂浆粉面	外墙、内墙均可
水泥砂浆	15厚1:3水泥砂浆打底 10厚1:2~1:2.5水泥砂浆粉面	多用于外墙或内墙易受潮湿侵蚀部位
水刷石	15厚1:3水泥砂浆打底 10厚1:1.2~1:1.4水泥石碴抹面后水刷	用于外墙
干粘石	10~12厚1:3水泥砂浆打底 7~8厚1:0.5:2外5%107胶的混合砂浆粘接层 3~5厚彩色石碴面层(用喷或甩方式进行)	用于外墙
斩假石	15厚1:3水泥砂浆打底 刷素水泥浆一道 8~10厚水泥石碴粉面 用剁斧斩去表面层水泥浆和石尖部分使其显出凿纹	用于外墙或局部内墙
水磨石	15厚1:3水泥砂浆打底 10厚1:1.5水泥石碴粉面,磨光、打蜡	多用于室内潮湿部位
膨胀珍珠岩	12厚1:3水泥砂浆打底 9厚1:16膨胀珍珠岩灰浆粉面(面层分2次操作)	多用于有室内保温或有吸声要求的房间

对经常易受碰撞的内墙凸出的转角处或门洞的两侧,常用1:2水泥砂浆抹1.5m高,以素水泥浆对小圆角进行处理,俗称护角,如图3.40所示。

此外,在外墙抹灰中,由于墙面抹灰面积较大,为避免面层产生裂纹和方便施工操作以及立面处理的需要,常对抹灰面层作分格处理,俗称引条线。为防止雨水通过引条线渗透到室内,必须做好防水处理,通常利用防水砂浆或其他防水材料作勾缝处理,其构造如图3.41所示。

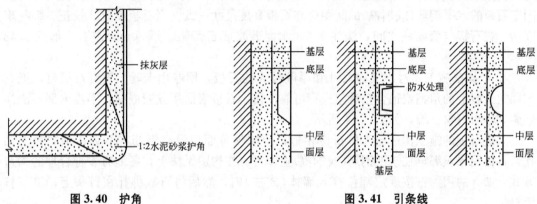

图 3.40　护角　　　　　　图 3.41　引条线

2）贴面类墙体饰面

贴面类饰面，是利用各种天然或人造石板、石块对墙体进行装修处理。这类装修具有耐久性强、施工方便、质量高、装饰效果好等优点；而缺点是个别块材脱落后难以修复，常见的贴面材料包括锦砖、陶瓷面砖、玻璃锦砖和预制水泥石、水磨石板以及花岗岩、大理石等天然石板。

（1）陶瓷面砖、锦砖饰面：陶瓷面砖、锦砖饰面材料包括陶瓷面砖、陶土无釉面砖、瓷土釉面砖、瓷土无釉砖、玻璃锦砖（又称玻璃马赛克）等。

陶、瓷砖作为外墙面装修，其构造多采用 10～15mm 厚 1∶3 水泥砂浆打底，5mm 厚 1∶1 水泥砂浆粘结层，粘贴各类面砖材料。在外墙面砖之间粘贴时留出约 13mm 缝隙，以增加材料的透气性，如图 3.42(a)所示。

作为内墙面装修，其构造多采用 10～15mm 厚 1∶3 水泥砂浆或 1∶3∶9 水泥、石灰膏、砂浆打底，8～10mm 厚 1∶0.3∶3 水泥、石灰膏砂浆粘结层，外贴瓷砖，如图 3.42(b)所示。

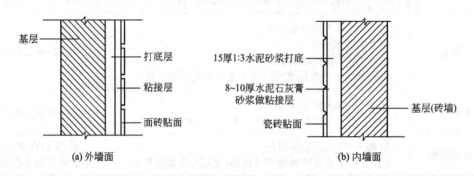

图 3.42 陶瓷砖贴面构造

（2）天然石板、人造石贴面：用于墙面装修的天然石板有大理石板和花岗岩板，属于高级墙体饰面装修。

石材的种类有大理石、花岗岩、人造石板（常见的有人造大理石、水磨石板）等。

石材饰面的构造做法有以下两种。

① 挂贴法施工：对于平面尺寸不大、厚度较薄的石板，先在墙面或柱面上固定钢筋网，再用钢丝或镀锌铅丝穿过事先在石板上钻好的孔眼，将石板绑扎在钢筋网上。因此，固定石板的水平钢筋（或钢箍）的间距应与石板高度尺寸一致。当石板就位、校正、绑扎牢固后，在石板与墙或柱之间，浇注 1∶3 水泥砂浆或石膏浆，厚 30mm 左右，如图 3.43 所示。

② 干挂法施工：对于平面尺寸和厚度较大的石板，用专用卡具、射钉或螺钉，把它与固定于墙上的角钢或铝合金骨架进行可靠连接，石板表面用硅胶嵌缝，不需内部再浇注砂浆，称为石材幕墙，如图 3.44 所示。

人造石板的施工构造与天然石材相似，预制板背面埋设有钢筋，不必在预制板上钻孔，将板用铅丝绑牢在水平钢筋（或钢箍）上即可。在构造做法上，各地有多种合理的构造方式，如有的用射钉按规定部位打入墙体（或柱）内，然后将石板绑扎在钉头上，以节省钢材。

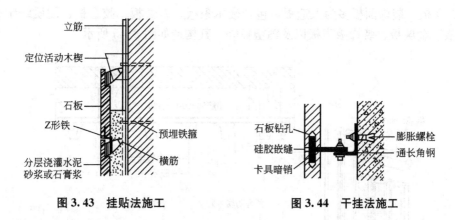

图 3.43 挂贴法施工　　图 3.44 干挂法施工

3) 涂料类墙体饰面

涂料是指涂敷于物体表面后，能与基层很好地粘接，从而形成完整而牢固的保护膜的面层物质、这种物质对被涂物体有保护、装饰作用。

涂料作为墙面装修材料，与贴面装修相比具有材料来源广、装饰效果好、造价低、操作简单、工期短、工效高、自重轻、维修和更新方便等特点。因此，是当今最有发展前途的装修材料。

建筑涂料按其主要成膜物的不同可分为有机涂料、无机涂料及有机和无机复合涂料三大类。

（1）无机涂料：无机涂料是历史上最早的一种涂料。传统的无机涂料有石灰浆、大白浆和可赛银等。是以生石灰、碳酸钙、滑石粉等为主要原料，适量加入动物胶而配制的内墙涂刷材料。但这类涂料由于涂膜质地疏松、易起粉，且耐水性差，已逐步被合成树脂为基料的各类涂料所代替。无机涂料具有资源丰富、生产工艺简单、价格便宜、节约能源、减少环境污染等特点，是一种有发展前途的建筑涂料。

（2）有机涂料：随着高分子材料在建筑上的应用，建筑涂料有极大发展。有机涂料依其主要成膜物质和稀释剂的不同又可分为溶剂型涂料、水溶型涂料、乳胶涂料 3 类。

（3）无机和有机复合涂料：有机涂料或无机涂料虽各有特点，但在单独作用时，存在着各种问题。为取长补短，故研究出了有机和无机相结合的复合涂料。如早期的聚乙烯醇水玻璃内墙涂料，就比单纯地使用聚乙烯醇涂料的耐水性有所提高。另外以硅溶液、丙烯酸系列复合的外墙涂料在涂膜的柔韧性及耐候性方面能更适应大气温度性的变化。

总之，无机、有机或无机与有机的复合建筑涂料的研制，为墙面装修提供了新型、经济的新材料。

4) 铺钉类墙体饰面

铺钉类装修是指利用天然木板或各种人造薄板借助于钉、胶等固定方式对场墙面进行的装修处理，属于干作业范畴。铺钉类装修因所用材料质感细腻、美观大方，装饰效果好，给人以亲切感。同时材料多是薄板结构或多孔性材料，对改善室内音质效果有一定作用。但防潮、防火性能欠佳，一般多用作宾馆、大型公共建筑大厅如候机室、候车室以及商场等处的墙面或墙裙的装修。铺钉类装修和隔墙构造相似，由骨架和面板两部分组成。

（1）骨架：骨架有木骨架和金属骨架之分。木骨架由墙筋和横挡组成，借预埋在墙上的木砖固定到墙身上。金属骨架采用冷轧薄钢构成槽形截面，截面尺寸与木质骨架相近。

(2)面板：装饰面板多为人造板，包括硬木条板、石膏板、胶合板、硬质纤维板、软质纤维板、金属板、装饰吸声板以及钙塑板等，其构造如图3.45所示。

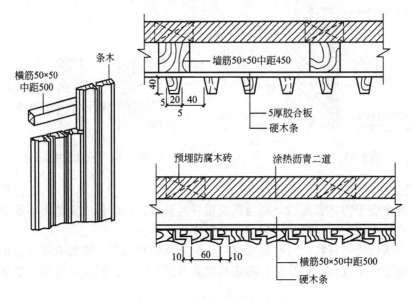

图3.45 木质面板墙面构造

5）裱糊类墙体饰面

裱糊类装修是将墙纸、墙布等卷材类的装饰材料裱糊在墙面上的一种装修饰面。

(1)墙纸：墙纸又称壁纸。国内外生产的各种新型复合墙纸，种类不下千余种，依其构成材料和生产方式不同墙纸可有以下几类。

① PVC塑料墙纸：塑料墙纸是当今流行的室内墙面装饰材料之一。它除具有色彩艳丽、图案雅致等艺术特征外，在使用上还有不怕水、抗油污、耐擦洗、易清洁等优点，是理想的室内装修材料。

② 纺织物面墙纸：纺织物面墙纸系采用各种动、植物纤维（如羊毛、兔毛、棉、麻、丝等纺织物）以及人造纤维等纺织物作面料复合于纸质衬底而制成的墙纸。由于纺织面料质感细腻、古朴典雅、清新秀丽，故多用作高级房间装修之用。

③ 金属面墙纸：金属面墙纸也由面层和底层组成。面层系以铝箔、金粉、金银线等为原料，制成各种花纹、图案，并同用以衬托金属效果的漆面（或油墨）相间配制而成，然后将面层与纸质补底复合压制而成墙纸，防酸、防油污。因此多用于高级宾馆、餐厅、酒吧以及住宅建筑的厅堂之中。

④ 天然木纹面墙纸：这类墙纸是采用名贵木材剥出极薄的木皮，贴于布质衬底上面制成的墙纸。它类似胶合板，色调沉着、雅致，富有人性味、亲切感，具有特殊的装饰效果。

(2)墙布：墙布是指以纤维织物直接作为墙面装饰材料的总称。它包括玻璃纤维装饰墙布和织锦等材料。

① 玻璃纤维装饰墙布：玻璃纤维装饰墙布是以玻璃纤维织物为基材，表面涂布合成树脂，经印花而成的一种装饰材料。

② 织锦：织锦墙面装修是采用锦缎裱糊于墙面的一种装饰材料。锦缎是丝绸织物，

颜色艳丽，色调柔和，古朴雅致，且对室内吸声有利，故仅用作高级装修。由于锦缎软易变形，可以先裱糊在人造板上再进行装配，施工较烦，且价格昂贵，一般少用。

墙纸与墙布的粘贴主要在抹灰的基层上进行，亦可在其他基层上粘贴，抹灰以混合砂浆面层为好。它要求基底平整、致密，对不平的基层需用腻子刮平。粘贴墙纸、墙布，一般采用墙纸、墙布胶结剂，胶结剂包括多种胶料、粉料。在具体施工时需根据墙纸、墙布的特点分别予以选用。

6) 清水墙装饰

清水墙装饰是指墙体砌筑成型后，墙面不加其他覆盖性装饰面层，利用原墙体结构的机理效果进行处理而成的一种墙体装饰方法，可分为清水砖墙和清水混凝土。其可达到淡雅、朴实、浑厚、粗犷等艺术效果，且耐久性好、不易变色、不易污染，也没有明显的褪色和风化现象。

3.4 楼 地 层

楼地层包括楼板层和地坪层，是水平方向分隔房屋空间的承重构件，楼板层分隔上下楼层空间，地坪层分隔底层空间并与土壤直接相连。由于它们均是供人们在上面活动的，因而有相同的面层；但由于它们所处位置及受力情况不同，因而结构层有所不同。楼板层的结构层为楼板，楼板将所承受的上部荷载及自重传递给墙或柱，并由墙、柱传给基础，楼板层有隔声等功能要求；地坪层的结构层为垫层，垫层将所承受的荷载及自重均匀地传给夯实的地基。

3.4.1 楼板层

1. 楼板的组成

楼板层一般由面层、结构层、附加层和顶棚层组成，如图 3.46 所示。

1) 面层

面层位于楼板层的最上层，起着保护楼板层、分布荷载和绝缘的作用，同时对室内起美化装饰作用。

2) 结构层

结构层主要功能在于承受楼板层上的全部荷载，并将这些荷载传给墙或柱；同时还对墙身起水平支撑作用，以加强建筑物的整体刚度。

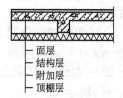

图 3.46 楼板层的构造组成

3) 附加层

附加层又称功能层，根据楼板层的具体要求而设置，主要作用是隔声、隔热、保温、防水、防潮、防腐蚀、防静电等。根据需要，有时和面层合二为一，有时和吊顶合为一体。

4) 顶棚层

顶棚层位于楼板层最下层，主要作用是保护楼板、安装灯具、遮挡各种水平管线，改善使用功能、装饰美化室内空间。

2. 楼板的类型和设计要求

1) 楼板的类型

根据所用材料不同，楼板可分为木楼板、钢筋混凝土楼板和压型钢板组合楼板等多种类型，如图3.47所示。

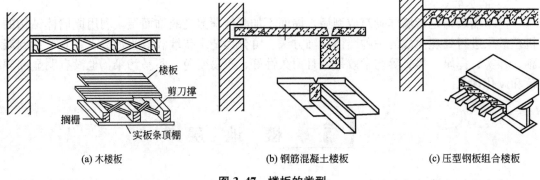

(a) 木楼板　　　　　　　(b) 钢筋混凝土楼板　　　　　　(c) 压型钢板组合楼板

图3.47　楼板的类型

2) 楼板层的设计要求

(1) 具有足够的强度和刚度：强度要求是指楼板层应保证在自重和活荷载作用下安全可靠，不发生任何破坏。

(2) 具有一定的隔声能力：不同使用性质的房间对隔声的要求不同。楼板主要是隔绝固体传声，防止固体传声可采取以下措施。

① 在楼板表面铺设地毯、橡胶、塑料毡等柔性材料。

② 在楼板与面层之间加弹性垫层以降低楼板的振动，即"浮筑式楼板"。

③ 在楼板下加设吊顶，使固体噪声不直接传入下层空间。

(3) 具有一定的防火能力：保证在火灾发生时，在耐火极限时间内不至于因楼板塌陷而给生命和财产带来损失。

(4) 具有防潮、防水能力：对有水侵蚀的房间，楼板层、墙身应采取有效的防潮、防水措施。

① 楼面排水：为便于排水，楼面需有一定坡度，设置地漏并引导水流入地漏。排水坡度一般为1‰~1.5‰。为防止室内积水外溢，有水房间的地面或楼面应比其他房间或走廊低20~30mm；如两地面标高相平，则可做一高出地面20~30mm的门槛，如图3.48(a)、(b)所示。

② 楼板、墙身的防水处理：楼板防水要考虑多种情况及多方面的因素。通常需解决以下问题。

(a) 楼板防水。对有水侵袭的楼板应以现浇为佳。对防水质量要求较高的地方，可在楼板与面层之间设置防水层一道，然后再做面层。常见的防水材料有卷材防水、防水砂浆防水层或涂料防水层，以防止水的渗透。有水房间地面常采用水泥地面、水磨石地面、马赛克地面、地砖地面或缸砖地面等。为防止水沿房间四周侵入墙身，应将防水层沿着房间四周墙边向上深入踢脚线内100~150mm，如图3.48(c)所示。当遇到开门处，其防水层应铺出门外至少250mm。

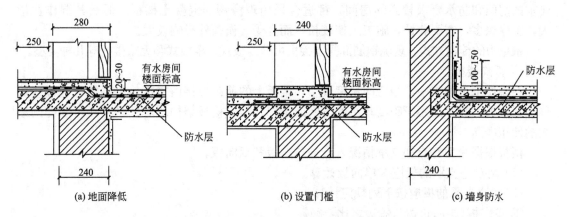

图 3.48　有水房间楼板层的防水处理

(b) 穿楼板立管的防水处理。一般采用两种办法：一种是在管道穿过的周围用C20级干硬性细石混凝土捣固密实，再以防水涂料作密封处理，如图3.49(a)所示；二是对某些暖气管、热水管穿过楼板层时，为防止由于温度变化出现胀缩变形，致使管周围漏水，常在楼板走管的位置埋设一个比热水管直径稍大的管套，以保证热水管能自由伸缩而不致影响混凝土开裂，套管比楼面高出30mm左右，如图3.49(b)所示。

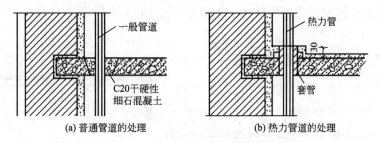

图 3.49　管道穿过楼板时的处理

(5) 满足各种管线的设置：楼板设计应满足现代建筑的"智能化"要求，须合理安排各种设备管线的走向。

此外，楼板设计应尽量为工业化施工创造条件，提高建筑质量和施工速度，并应满足建筑经济的要求。

3.4.2　钢筋混凝土楼板构造

钢筋混凝土楼板具有强度高、刚度好、不燃烧、耐久性好、有利于工业化生产等优点，是建筑物广泛采用的一种楼板形式。根据其施工工艺不同，有现浇整体式钢筋混凝土楼板、预制装配式钢筋混凝土楼板和装配整体式钢筋混凝土楼板3种类型。

1. 现浇整体式钢筋混凝土楼板

现浇整体式钢筋混凝土楼板，是在施工现场经过支模、绑扎钢筋、浇灌混凝土、养护、拆模等施工程序而形成的楼板。这种楼板整体性好，特别适用于有抗震设防要求和对整体性要求较高的建筑物。有管道穿过的房间、平面形状不规整的房间、尺度不符合模数要求的房间和防水要求较高的房间,都适合采用现浇钢筋混凝土楼板。但是其湿作业量大,工序繁多,需要养护,施工工期较长,而且受气候条件影响较大。

根据力的传递方式,现浇钢筋混凝土楼板可分为板式、梁板式和无梁楼板等几种类型。

1) 板式楼板

在墙体承重建筑中,当房间尺度较小,楼板上的荷载直接由楼板传给墙体,这种楼板称板式楼板。它多适用于跨度较小的房间或走廊。板式楼板结构层底部平整,可以得到最大的使用净高。

楼板根据受力特点和支承情况,分为单向板和双向板。

(1) 两对边支承的板应按单向板计算。

(2) 4 边支承的板应按下列规定计算。

① 单向板(板的长边与短边之比≥3)。

② 双向板(板的长边与短边之比≤2)。

注意:当长边与短边长度之比为 2～3 时,宜按双向板计算;当按沿短边方向受力的单向板计算时,应沿长边方向布置足够数量的构造钢筋。

2) 梁板式楼板

当房间的空间尺度较大,为使楼板结构的受力与传力较为合理,常在楼板下设梁以增加板的支点,从而减小了板的跨度。这样楼板上的荷载是先由板传给梁,再由梁传给墙或柱。这种楼板结构称梁板式楼板结构,如图 3.50、图 3.51 所示。

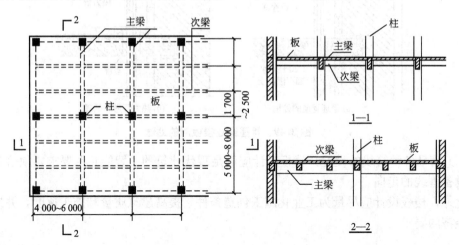

图 3.50 梁板式楼板布置图

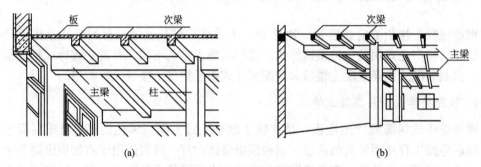

图 3.51 梁板式楼板透视图

梁板式楼板板底的梁也可以两个方向交叉布置成井格状，无主次梁之分，称为井格式楼板，如图3.52所示。井式楼板适用于长宽比不大于1.5的矩形平面，楼板底部的井格整齐，很有韵律，稍加处理就可形成艺术效果很好的顶棚。

3）无梁楼板

无梁楼板（见图3.53）为等厚的平板直接支承在柱上，分为有柱帽和无柱帽两种。无梁楼板的柱可设计成方形、矩形、多边形和圆形。无梁楼板的柱网一般布置为正方形或矩形，间跨一般不超过6m。

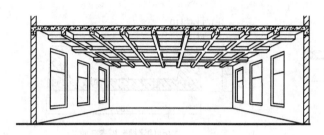

图3.52 井格式楼板透视图

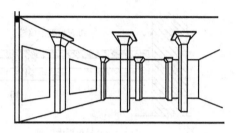

图3.53 无梁楼板透视图

2. 预制装配式钢筋混凝土楼板

预制装配式钢筋混凝土楼板是把楼板分成若干构件，在预制加工厂或施工现场外预先制作，然后运到施工现场进行安装的钢筋混凝土楼板。预制装配式钢筋混凝土楼板可节省模板用量，提高劳动生产率，提高施工速度，施工不受季节限制，有利于实现建筑的工业化；缺点是楼板的整体性较差，不宜用于抗震要求较高的地区和建筑中。

预制楼板可分为预应力和非预应力两种。采用预应力楼板，可推迟裂缝的出现和限制裂缝的开展，从而提高构件的抗裂度和刚度。预应力与非预应力楼板相比较，可节省钢材30%～50%、混凝土10%～30%，从而减轻自重，降低造价。

预制钢筋混凝土楼板常用类型有：实心平板、槽形板、空心板3种。

1）实心平板

实心平板的板跨一般不大于2.4m，常用于过道和小房间、卫生间、厨房的楼板，也可作架空搁扳、管沟盖板等。

2）槽形板

槽形板是一种梁板结合的预制构件，由板和肋组成，在实心板的两侧设有纵肋。作用在板上的荷载主要由纵肋来承担，因此板的厚度较薄，跨度较大。槽形板自重轻，材料省，可在板上临时开洞，但隔声能力较差。

槽形板的搁置有正置与倒置两种；正置板受力合理，但板底不平，多作吊顶；倒置板受力不太合理，板底平整，但需另作面层，可利用其肋间空隙填充保温或隔声材料，如图3.54所示。

3）空心板

空心板也是一种梁板结合的预制构件，其结构计算理论与槽形板相似，两者的材料消耗也相近，但空心板上下板面平整，且隔声效果优于槽形板。其抽空方式以圆孔为主，还有方形孔和椭圆形孔（如图3.55所示）。

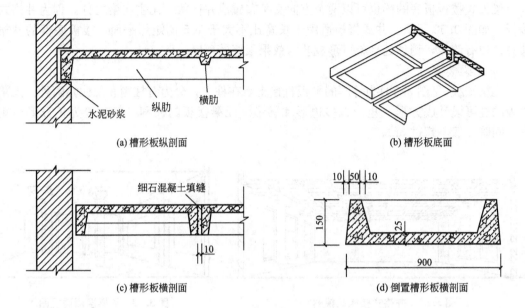

图 3.54 槽型板

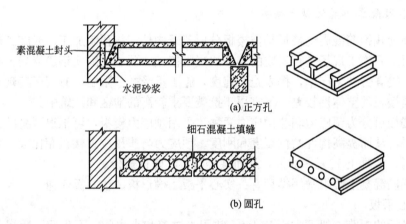

图 3.55 空心板

4）细部构造

（1）板在梁上的搁置：在使用预制板作为楼层结构构件时，为减小结构的高度，可把结构梁的截面做成花篮形或十字形，如图 3.56 所示。根据不同的需要，预制梁的截面形式有矩形、T 形、倒 T 形，十字形、花篮形等。

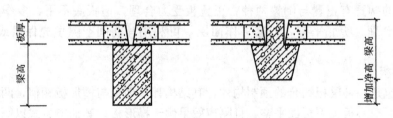

图 3.56 板在梁上的搁置

为了保证板与墙或梁有很好的连接,首先应使板有足够的搁置长度。板在墙上的搁置长度外墙不应小于 120mm,内墙不应小于 100mm,板在梁上的搁置长度一般不应小于 80mm。同时,必须在墙或梁上铺约 20mm 厚的水泥砂浆(俗称坐浆);此外,用锚固钢筋(又称拉结钢筋)将板与板以及板与墙、梁锚固在一起,以增强房屋的整体刚度。

(2) 板缝处理:预制板的接缝有端缝和侧缝两种,板端缝一般需将板缝内灌以砂浆或细石混凝土。为了增强板的整体性和抗震能力,可将板端露出的钢筋交错搭接在一起,或加钢筋网片,然后灌细石混凝土。

预制板的侧缝一般有 3 种形式:V 形缝、U 形缝和凹槽缝,如图 3.57 所示。其中以凹槽缝对楼板的受力最好。

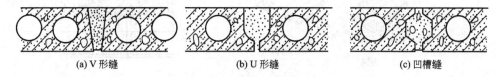

(a) V 形缝　　　　　　　(b) U 形缝　　　　　　　(c) 凹槽缝

图 3.57　预制板的侧缝形式

(3) 预制装配式钢筋混凝土楼板的抗震构造:圈梁应紧贴预制楼板板底设置,外墙则应设缺口圈梁(L 形梁),将预制板箍在圈梁内。当板的跨度大于 4.8m 并与外墙平行时,靠外墙的预制板边应设拉结筋与圈梁拉结。

注:2008 年 5 月 12 日在四川省汶川县发生的 8.0 级地震中,很多预制楼板的建筑物都发生坍塌,虽然有诸多原因,但这提示工程设计与建造者们,在抗震设防要求较高的地区,一般不宜选用预制板。

3. 装配整体式钢筋混凝土楼板

装配整体式钢筋混凝土楼板是一种预制装配和现浇相结合的楼板类型,兼有现浇与预制的双重优越性,目前常用的是预制薄板叠合楼板。

1) 预制薄板叠合楼板

预制薄板与现浇混凝土面层叠合而成的装配整体式楼板,简称叠合楼板。这种楼板以预制混凝土薄板为永久模板而承受施工荷载,板面现浇混凝土叠合层。预制薄板一般采用预应力钢筋混凝土薄板。

为了保证预制薄板与叠合层有较好的连接,薄板上表面需做处理。常见的有两种方式:一是在上表面作刻槽处理,刻槽直径 50mm,深 20mm,间距 150mm;另一种是在薄板表面露出较规则的三角形的结合钢筋,如图 3.58 所示。

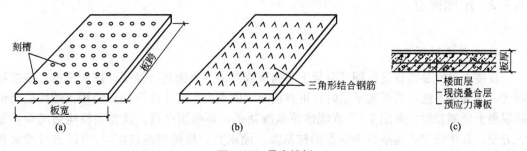

图 3.58　叠合楼板

2) 压型钢板组合楼板

压型钢板组合楼板是一种钢与混凝土组合的楼板，是利用压型钢板作衬板（简称钢衬板）与现浇混凝土浇筑在一起，支撑在钢梁上构成的整体式楼板结构，主要适用于大空间、高层民用建筑及大跨工业厂房中，目前在国际上已普遍采用，如图3.59(a)所示。

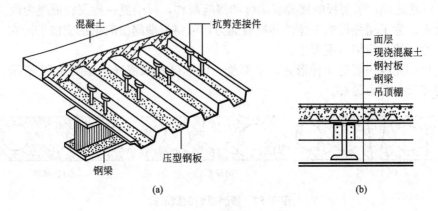

图3.59 压型钢板组合楼板

压型钢板两面镀锌，冷压成梯形截面。钢衬板有单层钢衬板和双层孔格式钢衬板之分，如图3.60所示。

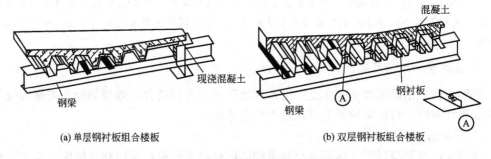

(a) 单层钢衬板组合楼板　　　　　　(b) 双层钢衬板组合楼板

图3.60 单层钢衬板组合楼板

钢衬板起着模板和受拉钢筋的双重作用，同时还可利用压型钢板肋间的空隙敷设室内电力管线，亦可在钢衬板底部焊接悬吊管道、通风管和吊顶的支托，从而充分利用了楼板结构中的空间。

3.4.3 顶棚构造

1. 直接式顶棚

直接式顶棚是指直接在钢筋混凝土屋面板或楼板下表面直接喷浆、抹灰或粘贴装修材料的一种构造方法。当板底平整时，可直接喷、刷大白浆或106涂料；当楼板结构层为钢筋混凝土预制板时，可用1:3水泥砂浆填缝刮平，再喷刷涂料。这类顶棚构造简单，施工方便，具体做法和构造与内墙面的抹灰类、涂刷类、裱糊类基本相同（可以参考墙面装修的做法），常用于装饰要求不高的一般建筑。

2. 悬吊式顶棚

悬吊式顶棚又称"吊顶",它离开屋顶或楼板的下表面有一定的距离,通过悬挂物与主体结构联结在一起。

1) 吊顶的类型

(1) 根据结构构造形式的不同,吊顶可分为整体式吊顶、活动式装配吊顶、隐蔽式装配吊顶和开敞式吊顶等。

(2) 根据材料的不同,吊顶可分为板材吊顶、轻钢龙骨吊顶、金属吊顶等。

2) 吊顶的构造组成

(1) 吊顶龙骨:吊顶龙骨分为主龙骨与次龙骨,主龙骨是吊顶的承重结构,次龙骨则是吊顶的基层。主龙骨通过吊筋或吊件固定在楼板结构层上,次龙骨用同样的方法固定在主龙骨上。龙骨可用木材、轻钢、铝合金等材料制作,其断面大小视其材料品种、是否上人和面层构造做法等因素而定。次龙骨间距视面层材料而定,间距一般不超过600mm。吊顶构造如图3.61、图3.62所示。

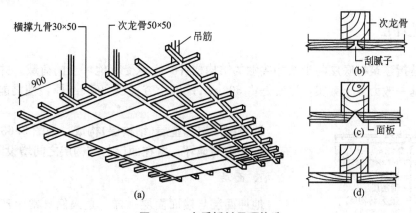

图 3.61 木质板材吊顶构造

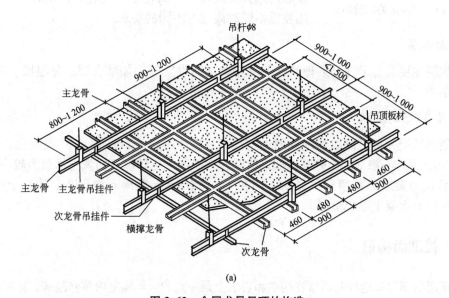

(a)

图 3.62 金属龙骨吊顶的构造

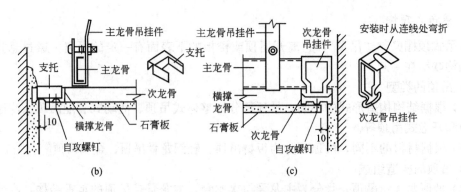

图 3.62 金属龙骨吊顶的构造(续)

(2) 吊顶面层：吊顶面层分为抹灰面层和板材面层两大类。抹灰面层为湿作业施工，费工费时；板材面层，既可加快施工速度，又容易保证施工质量。板材吊顶有植物板材、矿物板材和金属板材等。

3.4.4 地坪层

地坪是指建筑物底层与土壤相接触的结构构件，它承受着地坪上的荷载，并均匀传给地基。地基一般为素土夯实，通常是将 300mm 厚的土夯实成 200mm 厚，使之能均匀承受荷载。

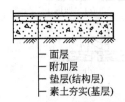

图 3.63 地坪层的构造组成

地坪由面层和垫层(结构层)构成，如图 3.63 所示。对有特殊要求的地坪，常在面层与结构层之间增设附加层。

1. 面层

地坪面层与楼面面层一样，是人们日常生产生活直接接触的地方，起着保护结构层和美化室内的作用，根据使用性质不同对面层有不同的要求。

2. 附加层

附加层主要是为了满足某种特殊的使用要求而设置的，如结合层、保温层、防水层、埋管线层等。

3. 垫层(结构层)

垫层是承受并传递荷载给地基的结构层，一般为 60～80mm 厚 C10 混凝土，亦可用 80～100mm 厚碎石灌 M2.5 砂浆。如果荷载较大或回填土较深且回填土承载力较小，达不到地面承载力要求，可用双层做法，即在 100～150mm 厚碎石灌 M2.5 砂浆上做 60～80mm 厚 C10 混凝土形成垫层。

3.4.5 楼地面构造

楼板层的面层和地坪的面层在构造和要求上是一致的，均属室内装修范畴，称楼地面。

1. 楼地面的设计要求

楼地面是人们日常生活、工作、生产、学习时必须接触的部分,也是建筑中直接承受荷载、经常受到摩擦、清扫和冲洗的部分,因此,对它应有一定的要求。

(1) 具有足够的坚固性:要求楼地面在外力作用下不易被磨损、破坏,且表面平整、光洁,易清洁和不起灰。

(2) 面层的保温性能要好:要求楼地面材料的导热系数小,给人以温暖舒适的感觉,冬季走在上面不致感到寒冷。

(3) 面层应具有一定弹性:当人们行走时不致有过硬的感觉,同时,有弹性的地面对防撞击声有利。

(4) 有特殊用途的楼地面则应有如下要求:对有水作用的房间,要求楼地面能抗潮湿,不透水;对有火源的房间,要求楼地面防火、耐燃;对有酸、碱腐蚀的房间,则要求楼地面具有防腐蚀的能力。

总之,在设计楼地面时应根据房间使用功能的要求,选择有针对性的材料,提出适宜的构造措施。

2. 楼地面的类型

按面层所用材料和施工方式不同,常见楼地面做法可分为以下几类。

(1) 整体面层楼地面:水泥砂浆楼地面、细石混凝土楼地面、水磨石楼地面、彩色耐磨混凝土楼地面等。

(2) 块材面层楼地面:面砖、缸砖及陶瓷锦砖、人造石材、天然石材楼地面等。

(3) 木材面层楼地面:常采用条木楼地面和拼花木楼地面等。

(4) 粘贴面层楼地面:聚氯乙烯板楼地面、橡胶板楼地面、无纺织地毯楼地面等。

(5) 涂料面层楼地面:丙烯酸涂料楼地面、环氧涂料楼地面、聚氨酯彩色楼地面等。

3. 楼地面构造

1) 整体面层楼地面

(1) 水泥砂浆楼地面:水泥砂浆楼地面构造简单,坚固耐磨,防潮防水,造价低廉,是目前使用最普遍的一种低档地面。水泥砂浆地面导热系数大,对不采暖的建筑,在严寒的冬季走上去会感到寒冷;再加上它的吸水性差,容易返潮;此外它还具有易起灰,不易清洁等问题。其常见构造做法如表 3-3 所示。

表 3-3 水泥砂浆楼地面构造

重量/ kN/m²	厚度/ mm	简 图	构 造	
			地 面	楼 面
0.40	D80 L20	地面　楼面	(1) 1:2.5 水泥砂浆 20 厚 (2) 水泥浆一道(内掺建筑胶) (3) C10 混凝土垫层 60 厚 (4) 夯实土	(3) 现浇钢筋混凝土楼板或预制楼板之现浇叠合层

(续)

重量/ kN/m²	厚度/ mm	简 图	构 造	
			地 面	楼 面
1.25	D230 L80	地面 楼面	(1) 1：2.5 水泥砂浆 20 厚 (2) 刷水泥浆一道（内掺建筑胶）	
			(3) C10 混凝土垫层 60 厚 (4) 碎石夯入土中 150 厚	(3) CL7.5 轻集料混凝土 60 厚 (4) 现浇钢筋混凝土楼板或预制楼板之现浇叠合层

(2) 水磨石楼地面：水磨石楼地面是一种现浇整体式楼地面，表面光洁、美观，不易起灰，造价较水泥地面高，常用作公共建筑的大厅、走廊、楼梯以及卫生间的地面。为防止楼地面开裂、方便施工、美观及日后维修，常需设分格条，分格条一般高 10mm，用 1：1 水泥砂浆固定，如表 3-4、图 3.64 所示。

表 3-4 水磨石楼地面构造

重量/ kN/m²	厚度/ mm	简 图	构 造	
			地 面	楼 面
1.50	D240 L90	地面 楼面	(1) 1：2.5 水泥彩色石子地面 10 厚，表面磨光打蜡 (2) 1：3 水泥砂浆结合层 20 厚	
			(3) 刷水泥浆一道（内掺建筑胶）	
			(4) C10 混凝土垫层 60 厚 (5) 5~32 卵石灌 M2.5 混合砂浆，振捣密实或 3：7 灰土 150 厚 (6) 夯实土	(3) 1：6 水泥焦渣填充层 60 厚 (4) 现浇钢筋混凝土楼板或预制楼板之现浇叠合层

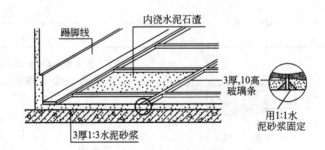

图 3.64 水磨石楼地面分格条构造

2) 块材楼地面

块材楼地面是利用各种人造或天然的预制块材、板材镶铺在基层上面。常见的有以下几种。

(1) 缸砖、陶瓷锦砖及地面砖楼地面：缸砖是陶土加矿物颜料烧制而成的一种无釉砖块，主要有红棕色和深米黄色两种，缸砖质地细密坚硬，强度较高，耐磨、耐水、耐油、耐酸碱，易于清洁，不起灰，施工简单，因此广泛应用于卫生间、盥洗室、浴室、厨房、实验室及有腐蚀性液体的房间楼地面。

陶瓷锦砖质楼地坚硬，经久耐用，色泽多样，耐磨、防水、耐腐蚀、易清洁，适用于有水、有腐蚀的楼地面。

地面砖的各项性能都优于缸砖，且色彩图案丰富，装饰效果好，造价也较高，多用于高档楼地面装修。彩色釉面砖楼地面构造如表3-5所示。

表3-5 彩色釉面砖楼地面

重量/ kN/m²	厚度/ mm	简 图	构 造	
			地 面	楼 面
1.45	D240 L90		(1) 彩色釉面砖8～10厚，干水泥擦缝 (2) 1:3干硬性水泥砂浆结合层20厚，表面撒水泥粉	
			(3) 刷水泥浆一道（内掺建筑胶） (4) C10混凝土垫层60厚 (5) 碎石夯入土中150厚	(3) CL7.5轻集料混凝土60厚 (4) 现浇钢筋混凝土楼板或预制楼板之现浇叠合层

(2) 天然（人造）石板楼地面：常用的天然石板指大理石和花岗石板，由于它们质楼地坚硬，色泽丰富艳丽，属高档楼地面装饰材料，一般多用于高级宾馆、会堂、公共建筑的大厅、门厅等处。磨光大理石板楼地面构造如表3-6所示。

表3-6 磨光大理石板楼地面构造

重量/ kN/m²	厚度/ mm	简 图	构 造	
			地 面	楼 面
1.80	D250 L100		(1) 磨光大理石板20厚，水泥浆擦缝 (2) 1:3干硬性水泥砂浆结合层20厚，表面撒水泥粉	
			(3) 水泥浆一道（内掺建筑胶） (4) C10混凝土垫层60厚 (5) 5～32卵石灌M2.5混合砂浆，振捣密实或3:7灰土150厚 (6) 夯实土	(3) 1:6水泥焦渣填充层60厚 (4) 现浇钢筋混凝土楼板或预制楼板之现浇叠合层

3）木楼地面

木楼地面具有弹性好，导热系数小，不起尘，易清洁等特点，是理想的楼地面材料。常见的单层长条硬木楼地面是将木楼地板直接铺设在木龙骨上。木龙骨为50mm×50mm@400mm的方木。可在搁栅及楼地板背面满涂防腐剂。近些年，国内强化复合木楼地板产品种类繁多，花色较多且耐磨性很强，亦较多采用。强化复合木楼地面构造如表3-7所示。

表3-7 强化复合木楼地面构造

重量/ kN/m²	厚度/ mm	简 图	构 造	
			地 面	楼 面
1.30	D250 L100	地面　楼面	（1）8厚企口强化复合木地板，板缝用胶粘剂粘铺 （2）3～5厚泡沫塑料衬垫 （3）1:2.5水泥砂浆20厚 （4）水泥浆一道（内掺建筑胶）	
			（5）C15混凝土垫层60厚 （6）碎石夯入土中150厚	（5）CL7.5轻集料混凝土60厚 （6）现浇钢筋混凝土楼板或预制楼板之现浇叠合层

4）粘贴面层楼地面

这类人造的块材和卷材产品近些年发展的也较快，它可以加工成多种色彩及表面纹理，施工也很简便，有的产品还可以通过热熔接的方法使单片制品之间施工后没有缝隙，方便清扫，所以大量用作商场、医院展示空间及其他公共场所的楼地面材料。如聚氯乙烯板楼地面、橡胶板楼地面、无纺织地毯楼地面等。橡胶楼地面构造如表3-8所示。

表3-8 橡胶楼地面构造

重量/ kN/m²	厚度/ mm	简 图	构 造	
			地 面	楼 面
1.30	D240 L90	地面　楼面	（1）橡胶板3厚，用专用胶粘剂粘贴 （2）1:2.5水泥砂浆20厚，压实抹光 （3）水泥浆一道（内掺建筑胶）	
			（4）C10混凝土垫层60厚 （5）5～32卵石灌M2.5混合砂浆，振捣密实或3:7灰土150厚 （6）夯实土	（4）1:6水泥焦渣填充层60厚 （5）现浇钢筋混凝土楼板或预制楼板之现浇叠合层

5）涂料楼地面

涂料楼地面耐磨性好，耐腐蚀、耐水防潮，整体性好，易清洁，不起灰，弥补了水泥砂浆和混凝土楼地面的缺陷，同时价格低廉，易于推广。

多种涂料楼地面，要求水泥楼地面坚实、平整；涂料与面层粘结牢固，不得有掉粉、脱皮、开裂等现象。同时，涂层的色彩要均匀，表面要光滑，洁净，给人以舒适、明净、美观的感觉。环氧涂料楼地面构造如表3-9所示。

表3-9 环氧涂料楼地面构造

重量/ kN/m²	厚度/ mm	简 图	构 造	
			地 面	楼 面
1.90	D250 L100	地面　楼面	(1) C20 细石混凝土40厚，随打随磨光，表面涂环氧 $200\mu m$ (2) 刷水泥浆一道（内掺建筑胶）	
			(3) C10 混凝土垫层60厚 (4) 碎石夯入土中150厚	(3) CL7.5 轻集料混凝土60厚 (4) 现浇钢筋混凝土楼板或预制楼板之现浇叠合层

在楼地面与墙面交接处，通常按楼地面做法进行处理，即作为楼地面的延伸部分，这部分称踢脚线，也有的称踢脚板。踢脚线的主要功能是保护墙面，以防止墙面因受外界的碰撞而损坏，或在清洗楼地面时脏污墙面。

踢脚线的高度一般为100~150mm，其材料基本与楼地面一致，构造亦按分层制作，通常比墙面抹灰突出4~6mm。踢脚线构造如图3.65所示。

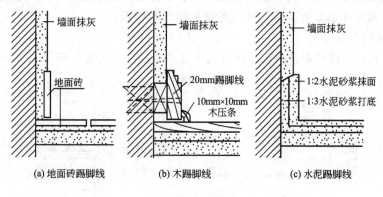

(a) 地面砖踢脚线　(b) 木踢脚线　(c) 水泥踢脚线

图3.65 踢脚线

3.4.6 阳台与雨篷

阳台是连接室内的室外平台，给居住在建筑里的人们提供一个舒适的室外活动空间，是多层住宅、高层住宅和旅馆等建筑中不可缺少的一部分。

雨篷位于建筑物出入口的上方，用来遮挡雨雪，保护外门免受侵蚀，给人们提供一个从室外到室内的过渡空间，并起到保护门和丰富建筑立面的作用。

1. 阳台

1）阳台的类型

阳台类型和设计要求阳台按其与外墙面的关系分为挑阳台、凹阳台、半挑半凹阳台，如图3.66所示；按其在建筑中所处的位置可分为中间阳台和转角阳台。

阳台按使用功能不同又可分为生活阳台（靠近卧室或客厅）和服务阳台（靠近厨房）。

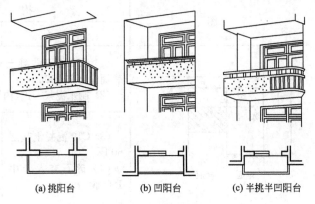

图3.66 阳台类型

悬挑阳台的挑出长度不宜过大，应保证在荷载作用下不发生倾覆现象，以1.2~1.8m为宜。低层、多层住宅阳台栏杆净高不低于1.05m，中高层住宅阳台栏杆（栏板）净高不低于1.1m。阳台栏杆形式应防坠落（垂直栏杆间净距不应大于110mm）、防攀爬（不设水平栏杆），放置花盆处应采取防坠落措施。阳台所用材料应经久耐用，金属构件应做防锈处理，表面装修应注意色彩的耐久性和抗污染性。阳台栏杆（栏板）应结合地区气候特点和风俗习惯，满足使用及立面造型的要求，还应考虑地区气候特点。

2）阳台结构布置方式

(1) 挑板式：挑板式阳台悬挑长度一般为1.2m左右，如图3.67(a)、(b)所示。

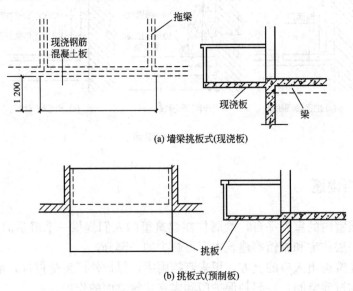

图3.67 阳台结构形式

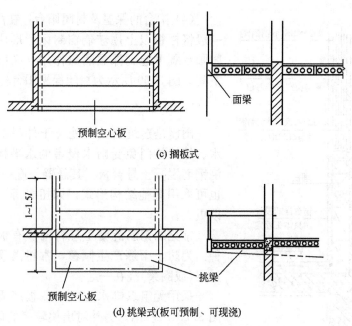

图 3.67 阳台结构形式(续)

(2) 搁板式：将阳台板直接搁置在承重墙上，这种阳台结构布置多用于凹阳台，如图 3.67(c)所示。

(3) 挑梁式：从横墙内外伸挑梁，其上搁置预制楼板，这种结构布置简单、传力直接明确、阳台长度与房间开间一致，如图 3.67(d)所示。

3) 阳台细部构造

(1) 阳台栏杆：栏杆的形式有实体、空花式和混合式。按材料可分为砖砌、钢筋混凝土和金属栏杆。扶手有金属和钢筋混凝土两种。

(2) 阳台隔板：阳台隔板用于连接双阳台，有砖砌和钢筋混凝土隔板两种。

(3) 阳台排水：阳台排水有外排水和内排水两种，如图 3.68 所示。

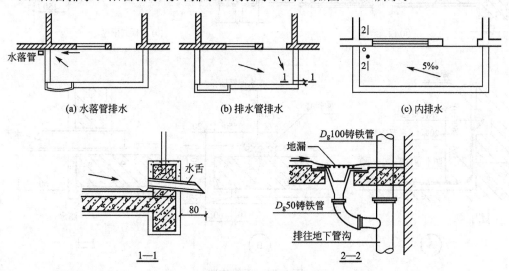

图 3.68 阳台排水构造

(4) 阳台的保温及封闭阳台：在严寒、寒冷地区一般将栏板以上用玻璃窗封闭，形成封闭阳台。封闭阳台既可起到保温隔热作用，又可增大室内使用空间。图 3.69 所示为封闭保温阳台构造。

2. 雨篷

雨篷是建筑物入口处位于外门上部用以遮挡雨水、保护外门免受雨水侵害的水平构件，多采用现浇钢筋混凝土悬臂板，其悬臂长度一般为 1~1.5m；也可采用其他结构形式，如扭壳等，其伸出尺度可以更大。

常见的钢筋混凝土悬臂雨篷有板式和梁板式两种。为防止雨篷产生倾覆，常将雨篷与入口处门上过梁（或圈梁）浇在一起。

采用无组织排水方式，在板底周边设滴水，如图 3.70(a) 所示。另外对出挑较多的雨篷，多做梁板式雨篷，为了美观，同时也为了防止周边滴水，常将周边梁向上翻起成反梁式。为防止水舌阻塞而在上部积水并出现渗漏，在雨篷顶部及四周则须做防水砂浆粉面，形成泛水，如图 3.70(b) 所示。

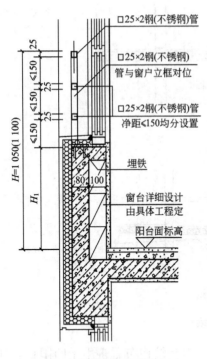

图 3.69　低窗台封闭保温阳台

注：H_1 及封闭窗按个体工程设计

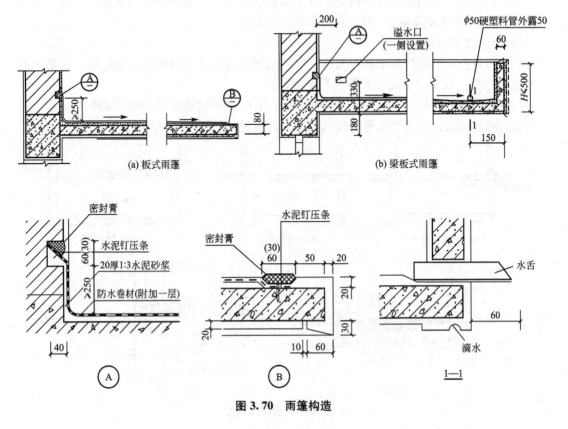

图 3.70　雨篷构造

3.5 楼梯及其他垂直交通设施

建筑物各个不同楼层之间的联系，需要有垂直交通设施，该项设施有楼梯、电梯、自动扶梯、台阶、坡道以及爬梯等。

楼梯作为垂直交通和人员紧急疏散的主要交通设施，使用最为广泛。楼梯设计要求：坚固、耐久、安全、防火；做到上下通行方便，能搬运必要的家具物品，有足够的通行和疏散能力。另外，楼梯尚应有一定的美观要求。楼梯坡度大于45°时，称爬梯，爬梯主要用于屋面及设备检修。

电梯用于层数较多或有特殊需要的建筑物中，即使以电梯或自动扶梯为主要交通设施的建筑物，也必须同时设置楼梯，以便紧急疏散时使用。

在建筑物入口处，因室内外地面的高差而设置的踏步段，称为台阶。为方便车辆，轮椅通行，也可增设坡道。坡道也可用于多层车库及医疗建筑中的无障碍交通设施。

3.5.1 楼梯的组成、类型及尺度

1. 楼梯的组成

楼梯一般由楼梯段、平台及栏杆（或栏板）三部分组成，如图3.71所示。

1）楼梯段

楼梯段又称楼梯跑，是楼梯的主要使用和承重部分。它由若干个踏步组成。为减少人们上下楼梯时的疲劳和适应人行的习惯，一个楼梯段的踏步数要求最多不超过18级，最少不少于3级。

2）平台

平台是指两楼梯段之间的水平板，有楼层平台、中间平台之分。其主要作用在于缓解疲劳，让人们在连续上楼时可在平台上稍加休息，故又称休息平台。同时，平台还是梯段之间转换方向的连接处。

3）栏杆（或栏板）

栏杆是楼梯段的安全设施，一般设置在梯段的边缘和平台临空的一边，要求它必须坚固可靠，并保证有足够的安全高度。

2. 楼梯的类型

（1）按位置不同分，楼梯有室内与室外两种。

（2）按使用性质分，室内有主要楼梯、辅助楼梯；室外有安全楼梯、防火楼梯等。

（3）按材料分，有木质、钢筋混凝土、钢质、

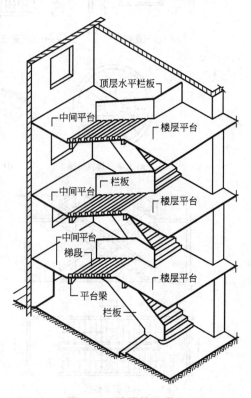

图3.71 楼梯的组成

混合式及金属楼梯。

按楼梯的平面形式不同，则可分为如图 3.72 所示的多种，其中最简单的是直跑楼梯。直跑楼梯又分为单跑和多跑几种。楼梯中最常见的是双跑并列成对折关系的楼梯，称其为双跑楼梯或折角式楼梯。另外，剪刀式楼梯、圆弧形楼梯、内径较小的螺旋形楼梯、带扇步的楼梯以及各种坡度比较陡的爬梯也都是楼梯的常用形式。

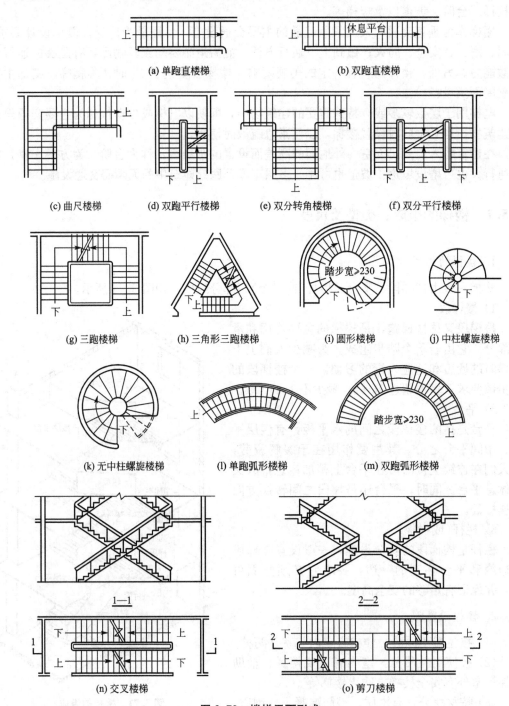

图 3.72 楼梯平面形式

3. 楼梯的设计要求

（1）作为主要楼梯，应与主要出入口邻近，且位置明显；同时还应避免垂直交通与水平交通在交接处拥挤、堵塞等问题的出现。

（2）必须满足防火要求，楼梯间除允许直接对外开窗采光外，不得向室内任何房间开窗；楼梯间四周墙壁必须为防火墙；对防火要求高的建筑物，特别是高层建筑，应设计成封闭式楼梯或防烟楼梯。

（3）楼梯间必须有良好的自然采光。

4. 楼梯的尺度

1）楼梯的坡度与踏步尺寸

楼梯的坡度是指梯段中各级踏步前缘的假定连线与水平面形成的夹角。楼梯的坡度大小应适中，坡度过大，行走易疲劳；坡度过小，楼梯占用的建筑面积增加，不经济。楼梯的坡度范围应为25°～45°，最适宜的坡度为1：2左右。坡度较小时（小于10°），可将楼梯改为坡道，坡度大于45°时为爬梯。楼梯、爬梯、坡道等的坡度范围如图3.73所示。楼梯坡度应根据使用要求和行走舒适性等方面来确定。公共建筑的楼梯，一般人流较多，坡度应较平缓，常在26°34′（1：2）左右。住宅中的公用楼梯通常人流较少，坡度可稍陡些，多为1：2～1：1.5，楼梯坡度一般不宜超过38°。

踏步是由踏面（b）和踢面（h）组成，如图3.74所示。为了适应人们上下楼时脚的活动情况，踏面（踏步宽度）宜适当宽一些，常用260～320mm，一般不宜小于260mm。在不改变梯段长度的情况下，为加宽踏面，可将踏步的前缘挑出，形成突缘，挑出长度一般为20～25mm，也可将踏面做成倾斜面如图3.74(b)、(c)所示。踢面（踏步高度）一般宜为140～175mm，各级踏步高度均应相同。在通常情况下，踏步尺寸可根据经验公式求出。

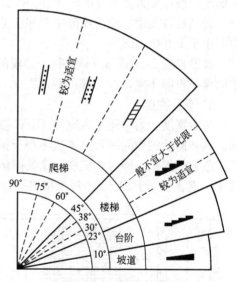

图3.73 楼梯常用坡度

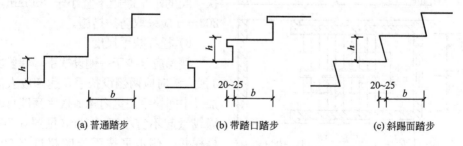

(a) 普通踏步　　(b) 带踏口踏步　　(c) 斜踢面踏步

图3.74 踏步形式

$b+2h=600～620$mm，600～620mm为成人的平均步距，室内楼梯选用低值，室外台阶选用高值。

常用踏步宽度和高度以及最小宽度和最大高度可以从表3-10中找到较为适合的数据。

表3-10 楼梯踏步最小宽度和最大高度　　　　　　　单位：mm

楼 梯 类 别	最小宽度 b	最大高度 h
住宅公用楼梯	260	175
幼儿园、小学校楼梯	260	150
电影院、剧场、体育场、商场、医院、旅馆、大中学校等楼梯	280	160
其他建筑楼梯	260	170
专用疏散楼梯	250	180
服务楼梯、住宅套内楼梯	220	200

注：无中柱螺旋楼梯和弧形楼梯离内侧扶手中心0.25m处的踏步宽度不应小于0.22m。

2) 梯段尺度

梯段尺度分为梯段宽度和梯段长度。梯段宽度根据紧急疏散时要求通过的人流股数多少确定。按每股人流为 $[0.55+(0\sim0.15)]$m 的人流股数确定，并不应少于两股人流。同时，需满足各类建筑设计规范中对梯段宽度的限定，如住宅中不小于1 100mm，商店建筑中不小于1 400mm等。

梯段长度 L（见图3.74）是每一梯段的水平投影长度，其值为 $L=b(N-1)$，其中 b 为踏面水平投影步宽，N 为梯段踢面数。

3) 平台宽度

平台宽度分为中间平台宽度 D_1 和楼层平台宽度 D_2，对于平行和折行多跑等类型楼梯，其转向后的中间平台宽度应不小于梯段宽度，且不小于1 200mm，以保证可通行与梯段同股数的人流。同时，应便于家具搬运。对于直行多跑楼梯，其中间平台宽度可等于梯段宽，或者不小于 $2b+h$。对于楼层平台宽度，则应比中间平台更宽松一点，以利人流分配和停留。

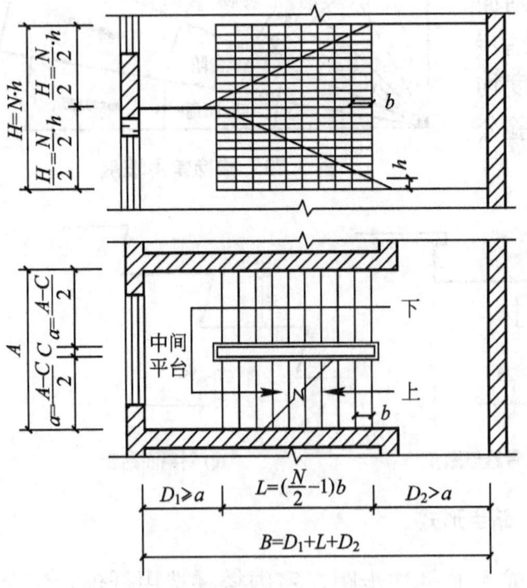

4) 梯井宽度

所谓梯井是指梯段之间形成的空当，此空当从顶层到底层贯通，如图3.75中"C"段。公共建筑的室内疏散楼梯两梯段扶手间的水平净距不宜小于150mm，超过200mm应采取防护措施。

5) 栏杆扶手尺度

楼梯应至少于一侧设扶手，梯段净宽达3股人流时应两侧设扶手，达四股人流时宜加设中间扶手。室内楼梯扶手高度自踏步前缘线量起不宜小于0.90m（见图3.76）。靠楼梯井一侧水平扶手长度超过0.50m时，其高度不应小于1.05m。供儿童使用的楼梯应在500～600mm高度增设扶手。托儿所、幼儿园、中小学及少年儿童专用活动

图3.75 楼梯尺寸计算

场所的楼梯，梯井净宽大于 0.20m 时，必须采取防止少年儿童攀滑的措施，楼梯栏杆应采取不易攀登的构造，当采用垂直杆件做栏杆时，其杆件净距不应大于 0.11m。

6）楼梯的净空高度

楼梯各部位的净空高度应保证人流通行和家具搬运，楼梯平台上部及下部过道处的净高不应小于 2m，梯段净高不宜小于 2.20m，如图 3.77 所示。

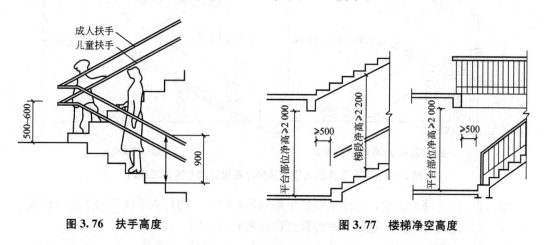

图 3.76　扶手高度　　　　　　　　图 3.77　楼梯净空高度

注：梯段净高为自踏步前缘（包括最低和最高一级踏步前缘线以外 0.30m 范围内）量至上方突出物下缘间的垂直高度。

当在平行双跑楼梯底层中间平台下需设置通道时，为保证平台下净高满足通行要求，一般净高不小于 2 000mm，可通过以下方式解决，如图 3.78 所示。

（1）底层采用长短跑梯段。起步第一跑设为长跑，以提高中间平台标高。

（2）局部降低底层中间平台下地坪标高，使其低于底层室内地坪标高±0.000，以满足净空高度要求。

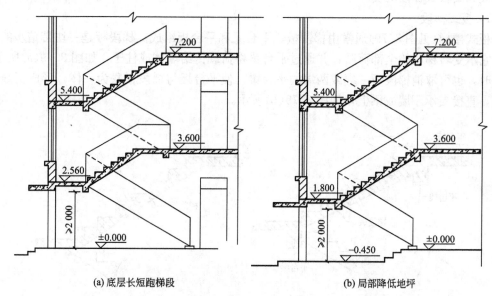

(a) 底层长短跑梯段　　　　　(b) 局部降低地坪

图 3.78　平台下作出入口时楼梯净高设计的几种方式

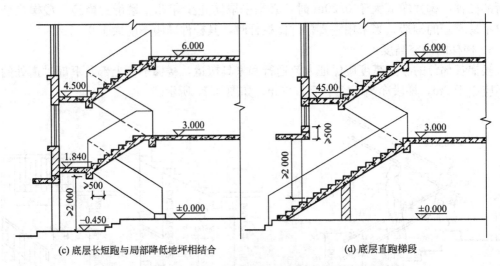

(c) 底层长短跑与局部降低地坪相结合　　　　(d) 底层直跑梯段

图 3.78　平台下作出入口时楼梯净高设计的几种方式(续)

(3) 综合以上两种方式，底层采取长短跑梯段的同时，再降低中间平台下地坪标高。

(4) 底层用直行单跑或直行双跑楼梯直接从室外上二层。

3.5.2　楼梯构造

1. 现浇钢筋混凝土楼梯

现浇钢筋混凝土楼梯的整体性能好，刚度大，特别适用于抗震要求高及楼梯形式和尺寸变化多的建筑物，但模板耗费大，施工周期长。现浇楼梯根据梯段的传力方式不同有板式梯段和梁板式梯段两类。

1) 板式梯段

板式楼梯(见图 3.79)通常由梯段板、平台梁和平台板组成。梯段板是一块带踏步的斜板，它承受着梯段的全部荷载，并通过平台梁将荷载传给墙体或柱子，如图 3.79(a)所示。必要时，也可取消梯段板一端或两端的平台梁，使平台板与梯段板联为一体，形成折线形的板，直接支承于墙或梁上，如图 3.79(b)所示。

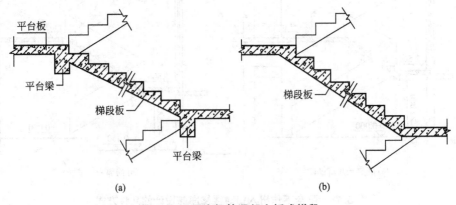

图 3.79　现浇钢筋混凝土板式梯段

2) 梁板式楼梯段

当梯段较宽或楼梯负载较大时，采用板式梯段往往不经济，须增加梯段斜梁(简称梯梁)以承受板的荷载，并将荷载传给平台梁，这种梯段称梁板式梯段。

梯梁在板下部的称正梁式梯段，如图 3.80(a)所示；梯梁在上面称反梁式梯段，如图 3.80(b)所示。正梁式梯段踏步可以从侧面看到称"明步"，反梁式梯段侧面看不到踏步称"暗步"。

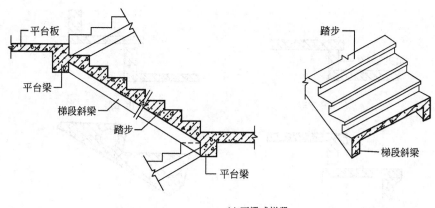

(a) 正梁式梯段

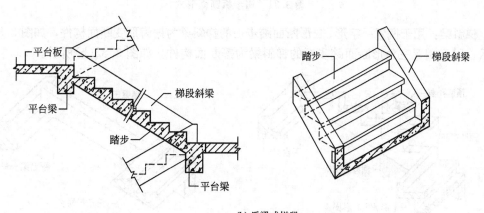

(b) 反梁式梯段

图 3.80 现浇钢筋混凝土梁板式楼梯段

2. 预制装配式楼梯

预制装配式钢筋混凝土楼梯按其构造方式可分为梁承式、墙承式和墙悬臂式等类型。

1) 预制装配梁承式钢筋混凝土楼梯

预制装配梁承式钢筋混凝土楼梯是指梯段由平台梁支承的楼梯构造方式。预制构件可按梯段(板式或梁板式梯段)、平台梁、平台板 3 部分进行划分。

(1) 梯段。

① 梁板式梯段：梁板式梯段由梯斜梁和踏步板组成。一般在踏步板两端各设一根梯斜梁，踏步板支承在梯斜梁上。由于构件小型化，不需大型起重设备即可安装，故施工简便。

踏步板（见图3.81）：踏步板断面形式有一字形、L形、三角形等断面，厚度根据受力情况为40～80mm。一字形踏步板断面制作简单，踢面可漏空或用砖填充，但其受力不太合理，仅用于简易楼梯、室外楼梯等。L形与倒L形断面踏步板为平板带肋形式构件，较一字形断面踏步板受力合理、用料省、自重轻；其缺点是底面呈折线形，不平整。三角形断面踏步板使梯段底面平整、简洁，解决了前几种踏步板底面不平整的问题。为了减轻自重，常将三角形断面踏步板抽孔，形成空心构件。

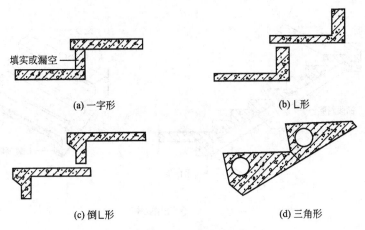

图3.81 踏步板断面形式

梯斜梁：用于搁置一字形、L形断面踏步板的梯斜梁为锯齿形变断面构件，如图3.82(a)所示。用于搁置三角形断面踏步板的梯斜梁为等断面构件，如图3.82(b)所示。

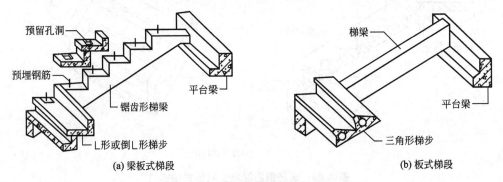

图3.82 预制梯段梯斜梁的形式

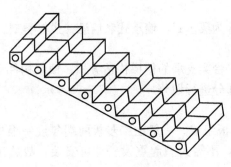

图3.83 板式梯段

② 板式梯段：板式梯段如图3.83所示，为带踏步的钢筋混凝土锯齿形板，其上下端直接支承在平台梁上。由于没有斜梁，梯段底面平整，结构厚度小，其有效断面厚度可按板跨1/30～1/12估算。由于梯段板厚度小，且无斜梁，使平梁截面高度相应减小，从而增大了平台下净空高度。

为了减轻梯段板自重，也可将梯段板做成空心构件，有横向抽孔和纵向抽孔两种方式，横向抽孔较纵向抽孔合理易行，较为常用。

(2) 平台梁。为了便于支承梯斜梁或梯段板，以及平衡梯段水平分力并减少平台梁所占结构空间，一般将平台梁做成L形断面，其构造高度按$L/12$估算（L为平台梁跨度）。

(3) 平台板。平台板可根据需要采用钢筋混凝土空心板、槽板或平板。需要注意的是，在平台上有管道井处，不宜布置空心板。平台板一般平行于平台梁布置，以利于加强楼梯间整体刚度，如图3.84(a)所示。当垂直于平台梁布置时，常用小块平台板，如图3.84(b)所示。

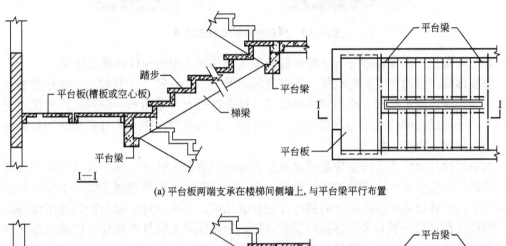

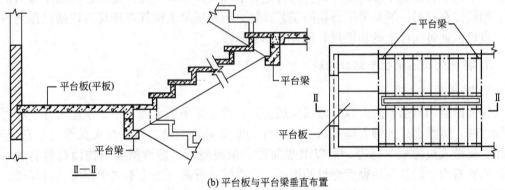

图 3.84　梁承式梯段与平台的结构布置

2) 预制装配墙承式钢筋混凝土楼梯

预制装配墙承式钢筋混凝土楼梯是指预制钢筋混凝土踏步板直接搁置在墙上的一种楼梯形式，其踏步板一般采用上面提到的一字形、L形断面。

这种楼梯由于在梯段之间有墙，搬运家具不方便，也阻挡视线，上下人流易相撞。通常在中间墙上开设观察口，以使上下人流视线流通。也可将中间墙两端靠平台部分局部收进，以使空间通透，有利于改善视线和搬运家具物品。但这种方式对抗震不利，施工也较麻烦，现已较少采用。

3) 预制装配墙悬臂式钢筋混凝土楼梯

预制装配墙悬臂式钢筋混凝土楼梯是指预制钢筋混凝土踏步板一端嵌固于楼梯间侧墙上，另一端凌空悬挑的楼梯形式，如图3.85所示。

图 3.85 预制装配墙悬臂式楼梯

装配式楼梯按照构件划分有小型构件装配式楼梯和大中型构件装配式楼梯。

以楼梯踏步板为主要装配构件,安装在梯段梁上。构件尺寸一般较小,数量较多,故称为小型构件装配式楼梯。小型构件装配式楼梯在选材上可采用单一材料;亦可使用混合材料,一般均结合楼梯造型与建筑饰面一同考虑。其构件的连接方式可根据选用材料的特点,采用焊接、套接、拴接等。

大中型构件装配式楼梯主要是钢筋混凝土楼梯和重型钢楼梯。其中大型构件主要是以整个梯段以及整个平台为单独的构件单元,在工厂预制好后运到现场安装。中型构件主要是沿着平行于梯段或平台跨度方向将构件划分成几块,以减少对大型运输和起吊设备的要求。钢构件在现场一般是采用焊接的工艺拼装。钢筋混凝土构件在现场可以通过预埋件焊接,也可以通过构件上的预埋件和预埋孔相互套接。

3. 楼梯的面层及扶手栏杆构造

1) 踏步的踏面

楼梯面层的构造做法大致与楼板面层相同,面层常采用水泥砂浆、水磨石等,亦可采用铺缸砖、铺釉面砖或铺大理石板。楼梯作为竖向垂直交通工具,在火灾等灾害发生时,往往是疏散人流的唯一通道,所以踏步面层一定要防滑。防滑措施与饰面材料有关,例如,水磨石面层以及其他表面光滑的面层,常在踏步近踏口处用不同于面层的材料做出略高于踏面的防滑条或用带有槽口的陶土块或金属板包住踏面口,如图 3.86 所示。

2) 栏杆、栏板与扶手

栏杆和栏板位于梯段或平台临空一侧,是重要的安全设施,也是装饰性较强的构件。栏杆和扶手组合后应有一定的强度,能够经受住一定的冲击力。

(1) 栏杆:栏杆多采用方钢、圆钢、钢管或扁钢等材料,并可焊接或铆接成各种图案,既起防护作用,又起装饰作用。

图 3.87 所示为栏杆示例。在构造设计中应保证其竖杆具有足够的强度,以抵抗侧向冲击力,最好将竖杆与水平杆及斜杆连为一体共同工作。其杆件形成的空花尺寸不宜过大,通常控制在 110~150mm,不应采用易于攀登的花饰,特别是供少年儿童使用的楼梯尤应注意。常用的钢竖杆断面为圆形和方形,并分为实心和空心两种。

栏杆与踏步的连接方式有锚接、焊接和拴接 3 种,如图 3.88 所示。锚接是在踏步上预留孔洞,然后将钢条插入孔内,预留孔一般为 50mm×50mm,插入洞内至少 80mm,洞

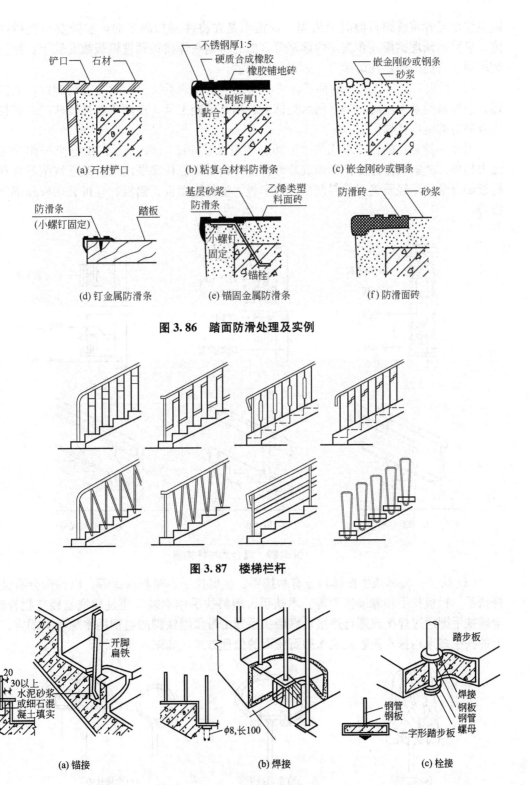

图 3.86 踏面防滑处理及实例

图 3.87 楼梯栏杆

图 3.88 栏杆与踏步的连接方式

内浇注水泥砂浆或细石混凝土嵌固。焊接则是在浇注楼梯踏步时,在需要设置栏杆的部位,沿踏面预埋钢板或在踏步内埋套管,然后将钢条焊接在预埋钢板或套管上。拴接系指利用螺栓将栏杆固定在踏步上,方式可有多种。

(2)栏板:栏板式栏杆取消了杆件,免去了栏杆的不安全因素,节约钢材,无锈蚀问题。栏板材料常采用砖、钢丝网水泥抹灰、钢筋混凝土等,多用于室外楼梯或受到材料经济限制时的室内楼梯。

另外一种常见的栏杆形式是以上两种的组合,如图3.89所示。栏杆竖杆作为主要抗侧力构件,栏板则作为防护和美观装饰构件,其栏杆竖杆常采用钢材或不锈钢等材料,其栏板部分常采用轻质美观材料制作,如木板、塑料贴面板、铝板、有机玻璃板和钢化玻璃板等。

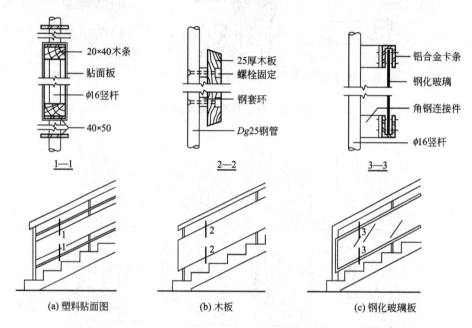

图3.89 混合式栏杆构造

(3)扶手:楼梯扶手按材料分有木扶手、金属扶手、塑料扶手等;以构造分有镂空栏杆扶手、栏板扶手和靠墙扶手等。木扶手、塑料扶手用木螺丝通过扁铁与镂空栏杆连接;金属扶手则通过焊接或螺钉连接;靠墙扶手则由带预埋铁脚的扁钢用木螺丝来固定。栏板上的扶手多采用抹水泥砂浆或水磨石粉面的处理方式,如图3.90所示。

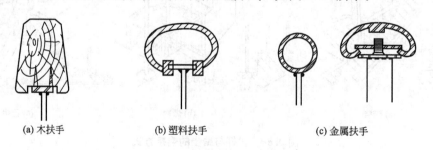

图3.90 栏杆及栏板的扶手构造

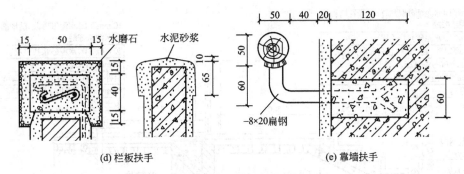

图 3.90 栏杆及栏板的扶手构造(续)

3.5.3 室外台阶与坡道

1. 台阶与坡道的形式

室外台阶是建筑出入口处室内外高差之间的交通联系部件。

台阶由踏步和平台组成,如图 3.91 所示。台阶坡度较楼梯平缓,每级踏步高为 100～150mm,踏面宽为 300～400mm。人流密集的场所台阶高度超过 0.70m 并侧面临空时,应有防护设施。在台阶和出入口之间设置平台可作为缓冲之用,平台表面应向外倾斜 1%～4% 的坡度以利排水。

坡道多为单面坡形式,如图 3.91(c)所示。坡道坡度应以有利车量通行为佳,一般为 1∶6～1∶12,坡度大于 1∶10 的坡道应设防滑措施,锯齿形坡道坡度可加大到 1∶4。对残疾人通行的坡道设计要求见无障碍设计。

有些大型公共建筑,为考虑汽车能在大门入口处通行,常采用台阶与坡道相结合的形式,如图 3.91(d)所示。

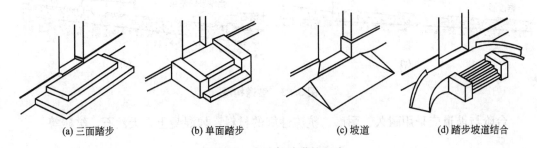

图 3.91 台阶与坡道的形式

2. 台阶与坡道构造

台阶(见图 3.92)与坡道(见图 3.93)在构造上的要点是对变形的处理。一是加强房屋主体与台阶及坡道之间的联系,以形成整体沉降;二是将二者完全断开,加强节点处理,一般预留 20mm 宽变形缝,在缝内填油膏或沥青砂浆。在严寒地区,实铺的台阶与坡道可以采用换土法,将冰冻线以下至所需标高的土换上保水性差的混砂垫层,以减小冰冻的影响。此外,配筋对防止开裂也很有效,大面积的平台还应设置分仓缝。

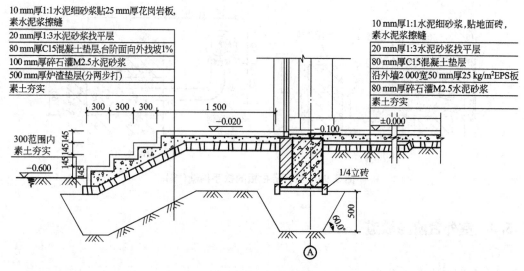

图 3.92 台阶构造

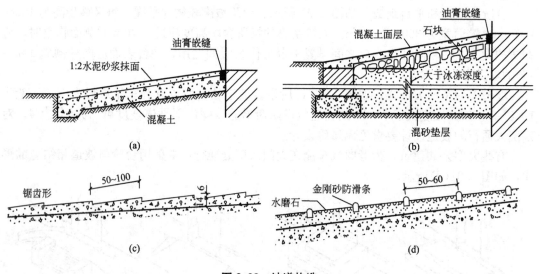

图 3.93 坡道构造

台阶与坡道应采用耐久、耐磨、抗冻性好的材料，如混凝土、天然石、缸砖等。

3.5.4 电梯与自动扶梯

在多层和高层建筑以及某些工厂、医院中，为了上下运行的方便、快速和实际需要，常设有电梯。不同厂家提供的设备尺寸、运行速度及对土建的要求都不同，在设计中应按厂家提供的产品尺度进行设计。

1. 电梯的类型

（1）客梯：主要用于人们在建筑物中的垂直联系。

(2) 货梯：主要用于运送货物及设备。

(3) 消防电梯：用于发生火灾、爆炸等紧急情况下作安全疏散人员和消防人员紧急救援使用。

(4) 观光电梯：观光电梯是把竖向交通工具和登高流动观景相结合的电梯。透明的轿厢使电梯内外景观相互沟通。

2. 电梯的设计要求

(1) 电梯不得计作安全出口。

(2) 以电梯为主要垂直交通的高层公共建筑和12层及12层以上的高层住宅，每栋楼设置电梯的台数不应少于两台。

(3) 建筑物每个服务区单侧排列的电梯不宜超过4台，双侧排列的电梯不宜超过2×4台；电梯不应在转角处贴邻布置。

(4) 电梯候梯厅的深度应符合规范的规定，并不得小于1.50m。

(5) 电梯井道和机房不宜与有安静要求的用房贴邻布置，否则应采取隔振、隔声措施。

(6) 机房应为专用的房间，其围护结构应保温隔热，室内应有良好通风、防尘，宜有自然采光，不得将机房顶板作水箱底板及在机房内直接穿越水管或蒸汽管。

(7) 消防电梯的布置应符合防火规范的有关规定。

3. 电梯的组成

1) 电梯井道

电梯井道是电梯运行的通道，井道内包括出入口、电梯轿厢、导轨、导轨撑架、平衡锤及缓冲器等。不同用途的电梯，井道的平面形式也不同。

2) 电梯机房

电梯机房一般设在井道的顶部。机房和井道的平面相对位置允许机房任意向一个或两个相邻方向伸出，并满足机房有关设备安装的要求。机房楼板应按机器设备要求的部位预留孔洞。

3) 井道地坑

井道地坑在最底层平面标高1.4m以下，要考虑电梯停靠时的冲力，作为轿厢下降时所需的缓冲器的安装空间。

4) 组成电梯的有关部件

(1) 轿厢是直接载人、运货的厢体。

(2) 井壁导轨和导轨支架是支承、固定轿厢上下升降的轨道。

(3) 辅助部件有牵引轮及其钢支架、钢丝绳、平衡锤、轿厢开关门、检修起重吊钩等。

(4) 有关电器部件。

4. 自动扶梯

自动扶梯适用于有大量人流上下的公共场所，如车站、超市、商场、地铁车站等。自动扶梯可正、逆两个方向运行，可作提升及下降使用，机器停转时可作普通楼梯使用。

自动扶梯由电动机械牵动梯段踏步连同栏杆扶手带一起运转，机房悬挂在楼板下面，如图3.94所示。

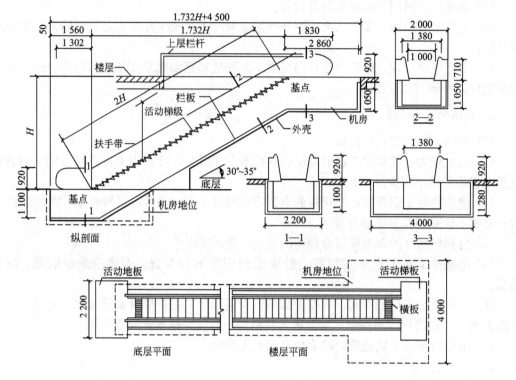

图 3.94 自动扶梯基本尺寸

自动扶梯的坡道比较平缓，一般采用 30°，运行速度为 0.5～0.7m/s，宽度按输送能力有单人和双人两种。

3.5.5 无障碍设计

在建筑物室内外有高差的部位，虽然可以采用诸如坡道、楼梯、台阶等设施解决其高差的过渡，但这些设施在为某些残疾人使用时，仍然会造成不便，特别是下肢残疾和视觉残疾的人。无障碍设计中有一部分内容就是为帮助上述两类残疾人顺利通过有高差部位的设计。

1. 坡道

坡道是最适合残疾人轮椅通过的设施，它还适合于借助拐杖和导盲棍通过的残疾人。其坡度必须较为平缓，还必须保证一定的宽度。

1）坡道的坡度

我国对便于残疾人通行的坡道的坡度标准定为不大于 1/12，同时还规定与之相匹配的每段坡道的最大高度为 750mm，最大坡段水平长度为 9 000mm。

2）坡道的宽度及平台宽度

为便于残疾人使用轮椅顺利通过，室内坡道的最小宽度应不小于 1 000mm，室外坡道的最小宽度应不小于 1 500mm，休息平台宽度不应小于 1 500mm。图 3.95 表示室外坡道所应具有的最小尺度。

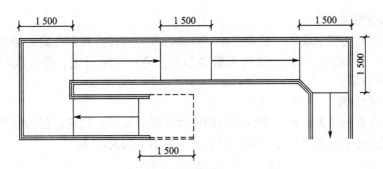

图 3.95 室外坡道的最小尺度

2. 楼梯形式及扶手栏杆

1) 楼梯形式及相关尺度

供借助拐杖者及视力残疾者使用的楼梯,应采用直行形式,例如直跑楼梯、对折的双跑楼梯或成直角折行的楼梯等(如图 3.96 所示),不宜采用弧形梯段或在休息平台上设置扇步。

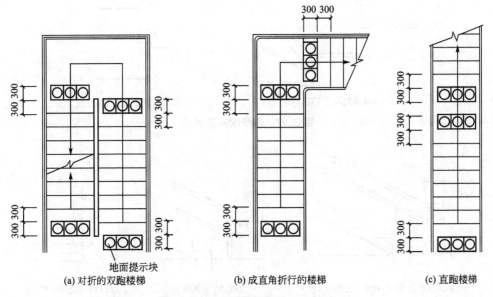

(a) 对折的双跑楼梯　　(b) 成直角折行的楼梯　　(c) 直跑楼梯

图 3.96 楼梯梯段宜采取直行方式

楼梯的坡度应尽量平缓,其坡度宜在 35°以下,踏面高不宜大于 160mm,且每步踏步应保持等高。楼梯的梯段宽度不宜小于 1 200mm。

2) 踏步设计注意事项

供借助拐杖者及视力残疾者使用的楼梯踏步应选用合理的构造形式及饰面材料,注意无直角凸缘(见图 3.97);注意表面不滑,不得积水,防滑条不得高出踏面 5mm 以上。

3) 楼梯、坡道的栏杆扶手

楼梯、坡道的扶手栏杆应坚固适用,且应在两侧都设有扶手。公共楼梯可设上下双层扶手。在楼梯的梯段(或坡道的坡段)的起始及终结处,扶手应自梯段或坡段前缘向前伸出 300mm 以上,两个相邻梯段的扶手应该连通;扶手末端应向下或伸向墙面,如图 3.98 所示。扶手的断面形式应便于抓握,如图 3.99 所示。

4) 导盲块的设置

导盲块又称地面提示块，一般设置在有障碍物及需要转折和存在高差等场所，利用其表面上的特殊构造形式，向视力残疾者提供触摸信息，提示行走、停步或改变行进方向等。如图 3.96 所示。

5) 构件边缘处理

鉴于安全方面的考虑，凡有凌空处的构件边缘都应该向上翻起，包括楼梯段和坡道的凌空一面、室内外平台的凌空边缘等。图 3.100 给出了相关尺寸。

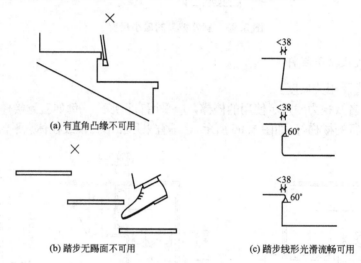

图 3.97　踏步的构造形式

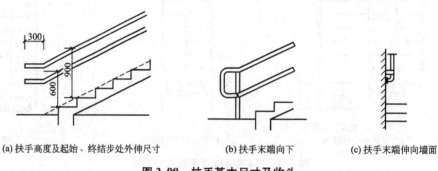

图 3.98　扶手基本尺寸及收头

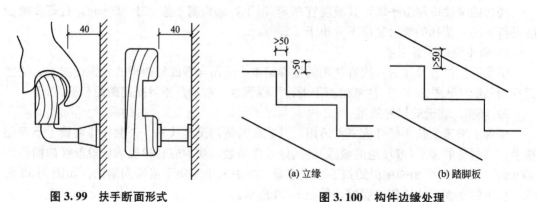

图 3.99　扶手断面形式　　　　图 3.100　构件边缘处理

3.6 屋 顶

3.6.1 屋顶的作用与要求

屋顶是建筑物最上层起覆盖作用的外围护构件，用以抵抗雨雪、避免日晒等自然因素的影响。屋顶由面层和承重结构两部分组成。它应该满足以下几点要求。

(1) 承重要求：屋顶应能够承受积雪、积灰和上人所产生的荷载，并顺利地传递给墙柱。

(2) 保温要求：屋面是建筑物最上部的围护结构，它应具有一定的热阻能力，以防止热量从屋面过分散失。

(3) 防水要求：屋顶积水(积雪)以后，应很快地排除，以防渗漏。屋面在处理防水问题时，应兼顾"导"和"堵"两个方面。所谓"导"，就是要将屋面积水顺利排除，因而应该有足够的排水坡度及相应的一套排水设施。所谓"堵"，就是要采用相应的防水材料，采取妥善的构造做法，防止渗漏。

(4) 美观要求：屋顶是建筑物的重要装修内容之一。屋顶采取什么形式，选用什么材料和颜色均与美观有关。在解决屋顶构造做法时，应兼顾技术和艺术两大方面。

3.6.2 屋顶的类型

(1) 平屋顶：坡度<10%的屋顶，称为平屋顶，如图 3.101 所示。

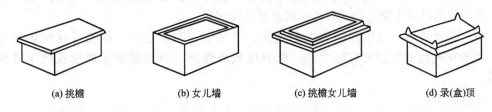

(a) 挑檐　　(b) 女儿墙　　(c) 挑檐女儿墙　　(d) 录(盒)顶

图 3.101 平屋顶的形式

(2) 坡屋顶：坡度在 10%~100%的屋顶称为坡屋顶，如图 3.102 所示。

(3) 其他形式的屋顶：这部分屋顶坡度变化大、类型多，大多应用于特殊的平面中。常见的有网架、悬索、壳体、折板等类型，如图 3.103 所示。

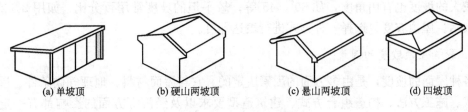

(a) 单坡顶　　(b) 硬山两坡顶　　(c) 悬山两坡顶　　(d) 四坡顶

图 3.102 坡屋顶的形式

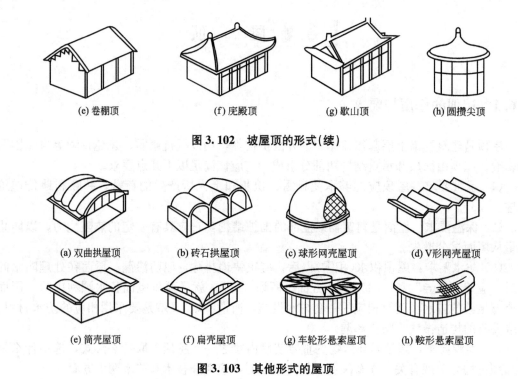

图 3.102 坡屋顶的形式(续)

图 3.103 其他形式的屋顶

3.6.3 屋顶的组成

(1) 屋顶承重结构:坡屋顶的屋顶承重结构包括钢筋混凝土屋面板、屋架、檩条等部分;平屋顶的屋顶承重结构一般为钢筋混凝土屋面板。

(2) 屋面部分:坡屋顶的屋面包括瓦、挂瓦条、防水卷材、保温层或隔热层等部分;平屋顶的屋面则包含有防水层、保温层或隔热层、钢筋混凝土面层及防水砂浆面层等。

3.6.4 屋顶坡度的表示方法及其影响因素

1. 屋顶坡度的表示方法

屋面的坡度通常采用单位高度与相应长度的比值(即高跨比)来标定,如 1∶2、1∶3 等;较大的坡度也有用角度,如 30°、45°等;较平坦的坡度常用百分比,如用 2% 或 5% 等来表示。屋顶坡度只选择一种方式进行表达即可。

2. 影响屋顶坡度的因素

各种屋面的坡度,是由多方面的因素决定的。它与屋面材料、地理气候条件、屋顶结构形式、施工方法、构造组合方式、建筑造型要求以及经济等方面的影响都有一定的关系。屋面防水材料及最小坡度应符合 GB 50352—2005《民用建筑设计通则》的规定。

3.6.5 屋面的防水等级

屋面工程应根据建筑物的性质、重要程度、使用功能及防水层合理使用年限，并结合工程特点、地区自然条件等，按不同等级进行设防。屋面的防水等级分为4级，其划分方法详见表3-11。

表3-11 屋面防水等级和设防要求

项　目	屋面防水等级			
	Ⅰ	Ⅱ	Ⅲ	Ⅳ
建筑物类别	特别重要或对防水有特殊要求的建筑	重要的建筑和高层建筑	一般的建筑	非永久性建筑
防水层合理使用年限/年	25	15	10	5
防水层选用材料	宜选用合成高分子防水卷材、高聚物改性沥青防水卷材、合成高分子防水涂料、细石防水混凝土等材料	宜选用高聚物改性沥青防水卷材、合成高分子防水卷材、合成高分子防水涂料、高聚物改性沥青防水涂料、细石防水混凝土、平瓦、油毡瓦等材料	宜选用高聚物改性沥青防水卷材、合成高分子防水卷材、三毡四油沥青防水卷材、高聚物改性沥青防水涂料、合成高分子防水涂料、细石防水混凝土、平瓦、油毡瓦等材料	可选用二毡三油沥青防水卷材、高聚物改性沥青防水涂料等材料
设防要求	三道或三道以上防水设防	二道防水设防	一道防水设防	一道防水设防

注：1. 本规范中采用的沥青均指石油沥青，不包括煤沥青和煤焦油等材料。
2. 石油沥青纸胎油毡和沥青复合胎柔性防水卷材，系限制使用材料。
3. 在Ⅰ、Ⅱ级屋面防水设防中，如仅作一道金属板材时，应符合有关技术规定。

3.6.6 平屋顶构造

1. 平屋顶的排水

1) 排水坡度

要使屋面排水通畅，首先应选择合适的屋面排水坡度。从排水角度考虑，要求排水坡度越大越好；但从结构、经济以及上人活动等的角度考虑，又要求坡度越小越好。一般常视屋面材料的表面粗糙程度和功能需要而定，常见的防水卷材屋面和混凝土屋面，多采用

2%～3%，上人屋面多采用1%～2%。

2) 屋顶排水坡度的形成

屋顶排水坡度有材料找坡和结构找坡两种形成方法。

(1) 材料找坡：是指将屋面板水平搁置，利用价廉、轻质的材料垫置形成坡度一种做法，因而材料找坡又称垫置坡度。常用找坡材料有水泥炉渣、水泥珍珠岩等。找坡材料最薄处以不小于30mm为宜。这种做法可获得室内的水平顶棚面，空间完整。垫置坡度不宜过大，避免徒增材料和荷载。须设保温层的地区，也可用保温材料来形成坡度。

(2) 结构找坡：是指将屋面板倾斜搁置在下部的墙体或屋面梁及屋架上的一种做法，因而结构找坡又称搁置坡度。这种做法不需在屋面上另加找坡层，具有构造简单、施工方便、节省人工和材料，减轻屋顶自重的优点。但室内顶棚面是倾斜的，空间不够完整，因此结构找坡常用于设有吊顶棚或室内美观要求不高的建筑工程中。房屋平面凹凸变化时，应另加局部垫坡。

平屋顶采用结构找坡不应小于3%，采用材料找坡宜为2%。单坡跨度大于9m的屋面宜作结构找坡，坡度不应小于3%。

3) 屋顶排水方式

平屋顶的排水坡度较小，要把屋面上的雨雪水尽快地排除出去，不要积存，就要组织好屋顶的排水系统。同时，排水组织系统又与檐口做法有关，要与建筑外观结合起来统一考虑。

屋顶排水方式分为无组织排水和有组织排水两大类。

(1) 无组织排水：无组织排水又称自由落水，是指屋面雨水直接从檐口落至室外地面的一种排水方式。这种做法具有构造简单、造价低廉的优点。但檐口排下的雨水容易淋湿墙面和污染门窗，外墙墙脚常被飞溅的雨水侵蚀，影响到外墙的坚固耐久性，并可能影响人行道的交通。无组织排水方式主要适用于少雨地区或檐口高度在5m以下的建筑物中，不宜用于临街建筑和高度较高的建筑。

(2) 有组织排水：有组织排水是指屋面雨水通过排水系统，有组织地排至室外地面或地下管沟的一种排水方式。这种排水方式具有不妨碍人行交通，不易溅湿墙面的优点，因而在建筑工程中应用非常广泛。但与无组织排水相比，其构造复杂，造价相对较高。

有组织排水方案可分为外排水及内排水两种基本形式。常用外排水方式有女儿墙外排水［见图3.104(a)］、檐沟外排水［见图3.104(b)］、女儿墙檐沟外排水3种［见图3.104(c)］。有组织排水构造较复杂，极易造成渗漏，在一般民用建筑中，最常用的排水方式有女儿墙外排水和檐沟外排水两种。但对于大面积、多跨房屋的中间跨、高层以及有特殊要求的平屋顶常做成内排水方式［见图3.104(d)］。

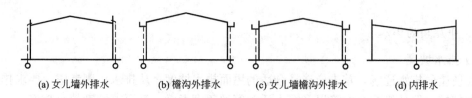

(a) 女儿墙外排水　　(b) 檐沟外排水　　(c) 女儿墙檐沟外排水　　(d) 内排水

图3.104　有组织排水

2．平屋顶构造层次材料的选择

平屋顶主要由结构层、找平层、隔气层、保温层、找坡层、防水层、保护层等组成。

1）结构层

平屋顶的结构层材料及结构形式同楼板层，可采用现场浇筑钢筋混凝土，也可采用预制钢筋混凝土板。

2）找平层

一般采用20mm厚1：3水泥砂浆抹平。

3）隔气层

隔气层的作用是隔离水蒸气，避免保温层吸收水蒸气而降低保温性能或产生膨胀变形。隔气层常与防水层采用同种材料。

4）保温层（隔热层）

保温隔热屋面的类型和构造设计，应根据建筑物的使用要求、屋面的结构形式、环境气候条件、防水处理方法和施工条件等因素，经技术经济比较确定。目前常用的保温隔热材料有聚苯板（EPS）和挤塑板（XPS）等。

5）找坡层

当材料找坡时，可用轻质材料或保温层找坡，坡度宜为2%。当采用刚性防水屋面或建筑物的跨度在18m及以上时，应选用结构找坡。

6）防水层

平屋顶防水层的可选材料很多，根据防水材料的不同，分为卷材防水屋面、刚性防水屋面和涂膜防水屋面。

7）保护层

卷材防水层上应设保护层，可采用浅色涂料、铝箔、粒砂、块体材料、水泥砂浆、细石混凝土等材料。水泥砂浆、细石混凝土保护层应设分格缝。架空屋面、倒置式屋面的柔性防水层上可不做保护层。外表面采用浅色饰面，可以减少外表面对太阳辐射热的吸收量。

3．卷材防水屋面构造

1）卷材防水屋面防水材料

卷材防水屋面适用于防水等级为Ⅰ～Ⅳ级的屋面防水。

常用材料有高聚物改性沥青防水卷材、合成高分子防水卷材、沥青防水卷材。

高聚物改性沥青防水卷材，包括SBS弹性体防水卷材、APP塑性体防水卷材和优质氧化沥青防水卷材等。

合成高分子防水卷材包括合成橡胶类，如三元乙丙橡胶防水卷材（EPDM）、氯丁橡胶防水卷材（CR）；合成树脂类，如聚氯乙烯防水卷材（PVC）、氯化聚乙烯防水卷材（CPE）等；橡塑共混类，如氯化聚乙烯-橡胶共混卷材。

卷材防水屋面基层与突出屋面结构（女儿墙、立墙、天窗壁、变形缝、烟囱等）的交接处以及基层的转角处（水落口、檐口、天沟、檐沟、屋脊等），均应做成圆弧，砂浆找平层应抹成圆弧形或45°斜面，上刷卷材胶粘剂，使卷材铺贴牢实，避免卷材架空或折断，并加铺一层卷材。内部排水的水落口周围应做成略低的凹坑。

2）卷材防水屋面构造

卷材防水屋面构造层次如图3.105所示。

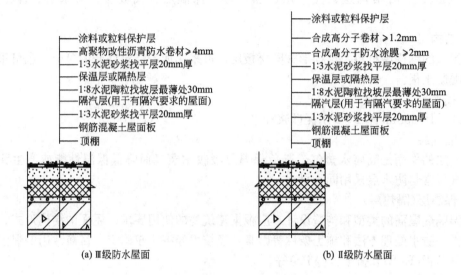

图3.105 卷材防水屋面构造层次

3）卷材防水屋面细部构造

（1）自由落水檐口：无组织排水檐口800mm范围内的卷材应采用满粘法，卷材收头应固定密封，檐口下端应做滴水处理，如图3.106所示。

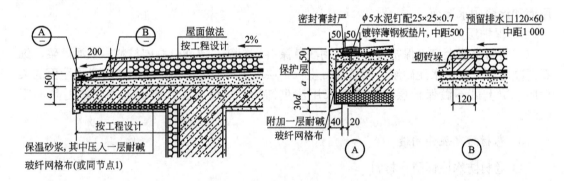

图3.106 自由落水保温挑檐

（2）天沟、檐沟防水构造：天沟、檐沟应增铺附加层。当采用沥青防水卷材时，应增铺一层卷材；当采用高聚物改性沥青防水卷材或合成高分子防水卷材时，宜设置防水涂膜附加层。

檐口、天沟、檐沟与屋面交接处的附加层宜空铺，空铺宽度不应小于200mm。天沟、檐沟卷材收头应固定密封，如图3.107所示。

（3）女儿墙压顶及泛水构造：女儿墙的材料有钢筋混凝土（见图3.108）和块材（见图3.109）两种，墙顶部应做压顶。压顶宽度应超出墙厚，并做成内低、外高，坡向屋顶内部。压顶用豆石混凝土浇筑，沿墙长放3φ6，沿墙宽放φ4@300mm钢筋，以保证其强度和整体性。

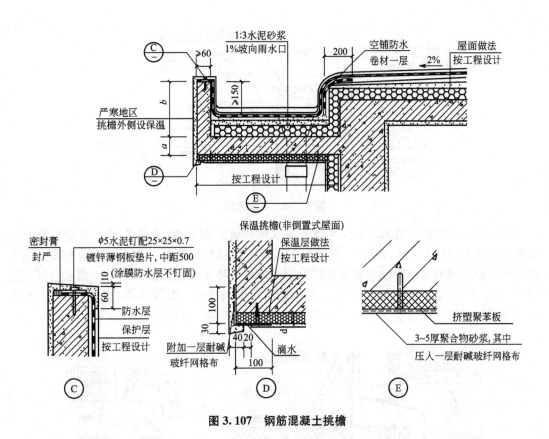

图 3.107 钢筋混凝土挑檐

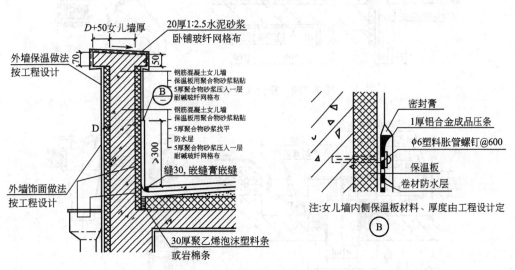

图 3.108 钢筋混凝土女儿墙

屋顶卷材遇有女儿墙时,应将卷材沿墙上卷形成泛水。铺贴泛水处的卷材应采用满粘法。泛水收头应根据泛水高度和泛水墙体材料确定其密封形式。泛水高度不应低于300mm,泛水宜采取隔热防晒措施,可在泛水卷材面砌砖后抹水泥砂浆或浇筑细石混凝土保护,也可采用涂刷浅色涂料或粘贴铝箔保护。

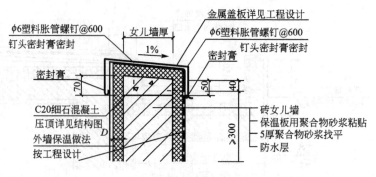

图3.109 砖女儿墙

(4) 雨水口构造：雨水口有女儿墙外排水的弯管式雨水口(见图3.110)和檐沟排水的直管式雨水口(见图3.111)两种。雨水口宜采用金属或塑料制品。雨水口埋设标高，应考虑雨水口设防时增加的附加层和柔性密封层的厚度及排水坡度加大的尺寸。雨水口周围直径500mm范围内坡度不应小于5%，并应用防水涂料涂封，其厚度不应小于2mm。雨水口与基层接触处，应留宽20mm、深20mm凹槽，嵌填密封材料。

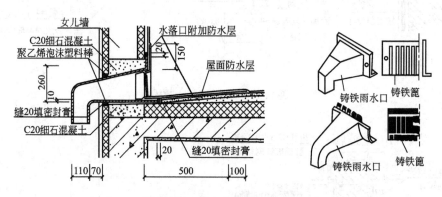

图3.110 穿女儿墙屋面水落口

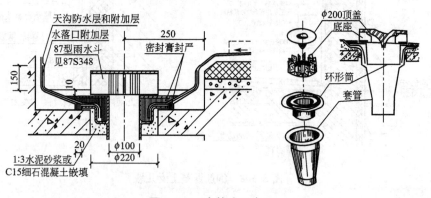

图3.111 直管式雨水口

4. 刚性防水屋面构造

刚性防水屋面是以细石混凝土作防水层的屋面。刚性防水屋面主要适用于防水等级为

Ⅲ级的屋面防水,也可用作Ⅰ、Ⅱ级屋面多道防水设防中的一道防水层。刚性防水屋面要求基层变形小,一般只适用于无保温层的屋面,因为保温层多采用轻质多孔材料,其上不宜进行浇筑混凝土的湿作业。此外,刚性防水屋面也不宜用于高温、有振动和基础有较大不均匀沉降的建筑。选择刚性防水设计方案时,应根据屋面防水设防要求、地区条件和建筑结构特点等因素,经技术经济比较确定。

1) 刚性防水屋面构造层次

刚性防水屋面的构造一般有结构层、找平层、隔离层、防水层等(见图3.112),刚性防水屋面应采用结构找坡,坡度宜为 2%~3%。

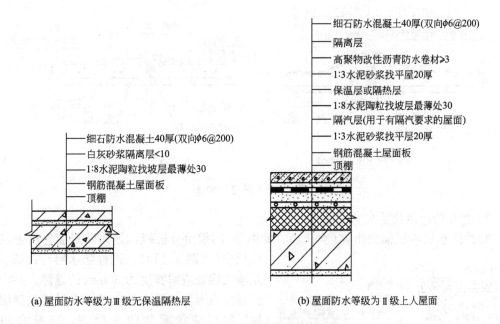

图3.112 刚性防水屋面构造层次

(1) 结构层:一般采用预制或现浇的钢筋混凝土屋面板。

(2) 找平层:当结构层为预制钢筋混凝土屋面板时,其上应用1:3水泥砂浆做找平层,厚度为20mm。若屋面板为整体现浇混凝土结构时,则可不设找平层。

(3) 隔离层:细石混凝土防水层与基层间宜设置隔离层,使上下分离以适应各自的变形,减少结构变形对防水层的不利影响。隔离层可采用干铺塑料膜、土工布或卷材,也可采用铺抹低强度等级的砂浆。

(4) 防水层:采用不低于C20的细石混凝土整体现浇而成,其厚度不小于40mm。为防止混凝土开裂,可在防水层中配直径4~6mm、间距100~200mm的双向钢筋网片,钢筋网片在分格缝处应断开,钢筋的保护层厚度不小于10mm。防水层的细石混凝土宜掺外加剂(膨胀剂、减水剂、防水剂)以及掺和料、钢纤维等材料,并应用机械搅拌和机械振捣。

2) 分格缝

分格缝是防止屋面不规则裂缝以适应屋面变形而设置的人工缝。分格缝应设置在屋面年温差变形的许可范围内和结构变形敏感的部位。分格缝服务的面积宜控在 15~25m²,间距控制在 3~6m 为好,分格缝纵横边长比不宜超过 1:1.5。在预制屋面板为基层的防水层，分格缝应设在屋面板的支承端、屋面转折处、防水层与突出屋面结构的交接处，并应与板缝对齐。对于长条形房屋，进深在10m以下者，可在屋脊设纵向缝；进深大于10m者，最好在坡中某一板缝上再设一道纵向分仓缝。

普通细石混凝土和补偿收缩混凝土防水层，分格缝的宽度宜为5～30mm，分格缝内应嵌填密封材料，上部应设置保护层，为了有利于伸缩，缝内一般用油膏嵌缝，厚度20～30mm，为不使油膏下落，缝内用弹性材料如泡沫塑料或沥青麻丝填底。分格缝构造如图3.113所示。

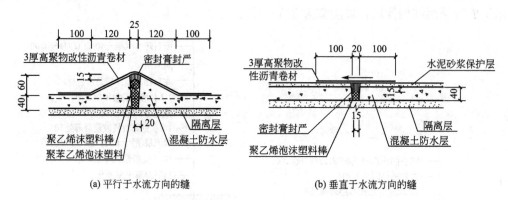

图3.113 分格缝构造

3）女儿墙压顶及泛水

刚性防水层与屋面突出物（女儿墙、烟囱等）间须留分格缝，另铺贴附加卷材盖缝形成泛水（见图3.114）。刚性防水层与山墙、女儿墙交接处应留宽度为30mm的缝隙，并应用密封材料嵌填；泛水处应铺设卷材或涂膜附加层。卷材或涂膜的收头处理，应符合相应规定。

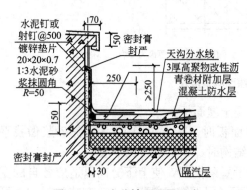

图3.114 女儿墙压顶及泛水

4）天沟、檐沟

天沟、檐沟应用水泥砂浆找坡，找坡厚度大于20mm时，宜采用细石混凝土。刚性防水层内严禁埋设管线。檐沟构造如图3.115所示。

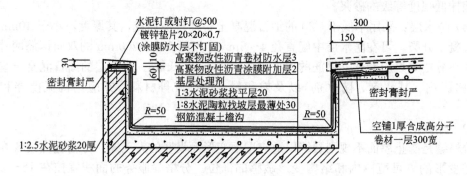

图3.115 檐沟构造

5) 雨水口

刚性防水屋面雨水口的规格和类型与卷材防水屋面所用雨水口相同。一种是用于檐沟排水的直管式雨水口，另一种是用于女儿墙外排水的弯管式雨水口，具体构造如图 3.116 所示。

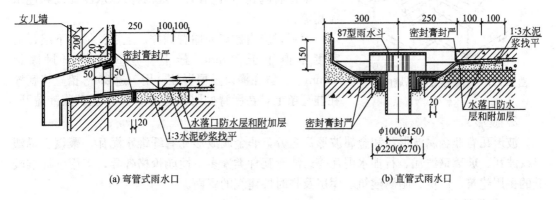

(a) 弯管式雨水口　　　　　　　(b) 直管式雨水口

图 3.116　雨水口构造

安装直管式雨水口注意防止雨水从套管与沟底接缝处渗漏，应在雨水口四周加防水卷材，卷材应铺入套管内壁，檐口内浇筑的混凝土防水层应盖在附加的卷材上。防水层与雨水口相接处用油膏嵌封。在女儿墙上安装弯管式雨水口时，作刚性防水层之前，在雨水口处加铺一层防水卷材，然后再浇屋面防水层，防水层与弯头交接处用油膏嵌缝。

5．涂膜防水屋面构造

涂膜防水屋面主要适用于防水等级为Ⅲ级、Ⅳ级的屋面防水，也可用作Ⅰ级、Ⅱ级屋面多道防水设防中的一道防水层。所用防水材料有高聚物改性沥青防水涂料、合成高分子防水涂料和聚合物水泥防水涂料等。

防水涂料一般应不小于 3mm 厚，至少涂刷五遍，或一布五、六涂，或二布六涂，二布六～八涂。用于Ⅲ级防水屋面复合使用时应不小于 1.5mm 厚。

3.6.7　坡屋顶构造

屋面坡度大于 10% 的屋顶称为坡屋顶。坡屋顶的坡度大，雨水容易排除，屋面防水问题比平屋顶容易解决，在隔热和保温方面，也有其优越性。

坡屋顶的构造包括两大部分：一部分是承重结构；另一部分是由保温隔热材料和防水材料等组成的屋面面层，坡屋顶的保温隔热材料选用同平屋顶。

1．坡屋顶的承重结构

屋顶承重结构形式的选择应根据建筑物的结构形式、对跨度的要求、屋面材料、施工条件以及对建筑形式的要求等因素综合决定。屋顶按承重方式可分无檩体系和有檩体系两种，无檩体系屋顶构造同平屋顶，是将横向承重墙的上部按屋顶要求的坡度砌筑，上面直接铺钢筋混凝土屋面板，也可在屋架（或梁）上直接铺钢筋混凝土屋面板；有檩体系是在横墙（或梁、屋架）上搭檩条，如图 3.117 所示，然后铺放屋面板。

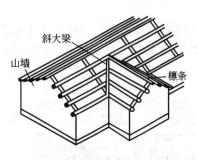

图 3.117 檩条搁置在横墙的布置

2. 坡屋顶的面材

常用坡屋顶面材有平瓦、油毡瓦、彩色压型钢板等。

1) 平瓦

平瓦有陶瓦(颜色有青、红两种)、水泥瓦及彩色水泥瓦等。

铺瓦时应由檐口向屋脊铺挂。上层瓦搭盖下层瓦的宽度不得小于70mm。最下一层瓦应伸出封檐板80mm。一般在檐口及屋脊处，用一道20号铅丝将瓦拴在挂瓦条上，在屋脊处用脊瓦铺1∶3水泥砂浆铺盖严。

2) 波形瓦

波形瓦有非金属波形瓦和金属波形瓦之分，非金属波形瓦有纤维水泥瓦、聚氯乙烯塑料纹波瓦、玻璃钢波瓦、石棉水泥瓦等。波形瓦种类繁多，性能价格各异，多用于标准较低的民用建筑、厂房、附属建筑、库房及临时性建筑的屋面。

3) 彩色油毡瓦

彩色油毡瓦一般为4mm厚，长1 000mm，宽333mm，用钉子固定。这种瓦适用于屋面坡度≥1/3的屋面，如用于屋面坡度1/5～1/3时，油毡瓦的下面应增设有效的防水层；屋面坡度＜1/5时，不宜采用油毡瓦。

4) 彩色压型钢板波形瓦

彩色压型钢板波形瓦用0.5～0.8mm厚镀锌钢板冷压成仿水泥瓦外形的大瓦，横向搭接后中距1 000mm，纵向搭接后最大中距为400mm×6mm，挂瓦条中距400mm。这种瓦采用自攻螺钉或拉铆钉固定于Z型挂瓦条上，中距500mm。

5) 压型钢板

压型钢板一般为0.4～0.8mm彩色压型钢板制成，宽度为750～900mm，断面有V型、长平短波和高低波等多种断面。

除以上介绍的瓦材之外，建筑中亦有用小青瓦、琉璃瓦等做屋面防水层的。

3. 坡屋顶的屋面构造

1) 块瓦屋面檐口

屋面檐口常用有挑出檐口(如图3.118所示)和挑檐沟檐口(如图3.119所示)两种。为加强檐沟处的防水，须在檐沟内附加卷材防水层。

2) 坡屋顶山墙与天沟

平瓦、油毡瓦屋面与山墙及突出屋面结构的交接处，均应做泛水处理。在两个坡屋面相交处或坡屋顶在檐口有女儿墙时即出现天沟。这里雨水集中，要特殊处理它的防水问题。

3) 坡屋顶屋脊

坡屋顶屋脊构造如图3.120所示，图中脊瓦下端与坡面之间可用专用异形瓦封堵，也可用卧瓦砂浆封堵抹平(刷色同瓦)，按瓦型配件确定。

注：本章所给图例均为无檩体系屋面构造，有檩体系屋面建筑构造参见《坡屋面建筑构造》(有檩体系)GB 01J202—2。

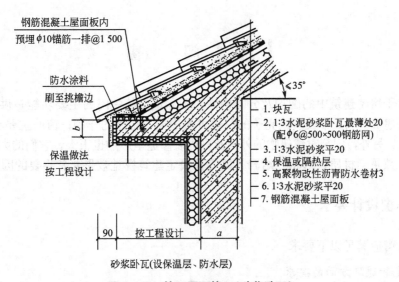

图 3.118 块瓦屋面檐口（砂浆卧瓦）

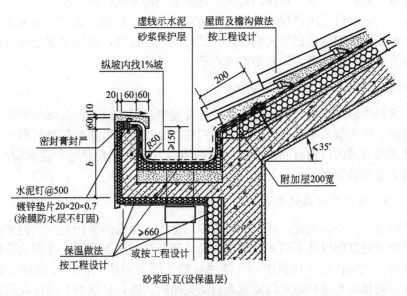

图 3.119 块瓦屋面檐沟（钢挂瓦条）

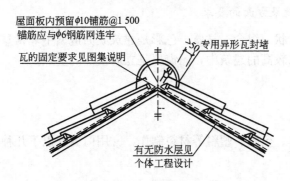

图 3.120 屋脊构造

3.7 门　　窗

门窗属于房屋建筑中的围护及分隔构件，不承重。其中门的主要功能是供交通出入及分隔、联系建筑空间，带玻璃或亮子的门也可起通风、采光的作用；窗的主要功能是采光、通风及观望。另外，门窗对建筑物的外观及室内装修造型影响也很大，它们的大小、比例尺度、位置、数量、材质、形状、组合方式等是决定建筑视觉效果非常重要的因素之一。

3.7.1　门窗设计要求

建筑门窗应满足以下要求。

1. 采光和通风方面的要求

按照建筑物的照度标准，建筑门窗应当选择适当的形式以及面积。

在通风方面，自然通风是保证室内空气质量的最重要因素。这一环节主要是通过门窗位置的设计和适当类型的选用来实现的。在进行建筑设计时，必须注意选择有利于通风的窗户形式和合理的门窗位置，以获得空气对流。

2. 密闭性能和热工性能方面的要求

门窗大多经常启闭，构件间缝隙较多，有可能造成雨水或风沙及烟尘的渗漏，还可能对建筑的隔热、隔声带来不良影响。此外，门窗部分很难通过添加保温材料来提高其热工性能，因此选用合适的门窗材料及改进门窗的构造方式，对改善整个建筑物的热工性能、减少能耗起着重要的作用。

3. 使用和交通安全方面的要求

门窗的数量、大小、位置、开启方向等，均会涉及建筑的使用安全。例如相关规范规定了不同性质的建筑物以及不同高度的建筑物，其开窗的高度不同，这完全是出于安全防范方面的考虑。又如在公共建筑中，规范规定位于疏散通道上的门应该朝疏散的方向开启，而且通往楼梯间等处的防火门应当有自动关闭的功能，也是为了保证在紧急状况下人群疏散顺畅，而且减少火灾发生区域的烟气向垂直逃生区域的扩散。

4. 在建筑视觉效果方面的要求

门窗的数量、形状、组合、材质、色彩是建筑立面造型中非常重要的部分，特别是在一些对视觉效果要求较高的建筑中，门窗更是立面设计的重点。

3.7.2　门窗材料

门窗通常可用木、金属、塑料等材料制作，常用门窗有以下几种。

1. 木制门窗

木制门窗用于室内的较多。这是因为许多木材遇水都会发生翘曲变形以至于影响使用。但木制品易于加工，感官效果良好，用于室内的效果是其他材料难以替代的。

2. 塑料门窗

塑料门窗是以聚氯乙烯、改性聚氯乙烯或其他树脂为主要原料，轻质碳酸钙为填料，添加适量助剂和改性剂，经挤压、机制成各种空腹截面后拼装而成的。普通塑料门窗的抗弯曲变形能力较差。塑料门窗的塑料耐腐蚀性能好，使用寿命长，且无需油漆着色及维护保养。保温隔热性能大为提高，其气密性、水密性和隔声性能也都很好，具有良好的耐候性、阻燃性和电绝缘性。

3. 塑钢门窗

塑钢门窗是以改性硬质聚氯乙烯（UPVC）为主要原料，加上一定比例的稳定剂、着色剂、填充剂、紫外线吸收剂等辅助剂，经挤出机挤出成型为各种断面的中空异型材。经切割后，在其内腔衬以型钢加强筋，用热熔焊接机焊接成型为门窗框扇，配装上橡胶密封条、压条、五金件等附件而制成的门窗，即所谓的塑钢门窗。它具有如下优点：强度好、耐冲击；保温隔热、节约能源；隔音好；气密性、水密性好；耐腐蚀性强；防火；耐老化、使用寿命长、外观精美、清洗容易。

4. 玻璃纤维增强塑料门窗

玻璃纤维增强塑料门窗（通常称玻璃钢门窗），一般采用热固性树脂为基体材料，加入一定量助剂和辅助材料，以玻璃纤维为增强材料，拉挤时，经模具加热固化成型，作为门窗杆件。玻璃钢门窗型材有很高的纵向强度，一般情况下，可以不用增强型钢。但门窗尺寸过大或抗风压要求高时，需根据使用要求，确定采取的增强方式。型材横向强度较低。玻璃钢门窗框角挺连接为组装式，连接处需用密封胶密封，防止缝隙渗漏。

5. 铝合金门窗

铝合金门窗由不同断面型号的铝合金型材和配套零件及密封件加工制成。铝合金门窗密封性好，气密性、水密性、隔声性、隔热性都较钢、木门窗有显著的提高。铝合金门窗强度高，刚性好，坚固耐用，开闭轻便灵活，无噪声，安装速度快。

6. 铝塑复合节能门窗

铝塑门窗型材从选用材料上提高门窗的整体强度、性能、档次和总体质量。表面采用粉末喷涂技术，保证门窗强度高、不变色、不掉色。中间的隔热断桥部分采用改良PVC塑芯作为隔热桥，且通过铝＋塑＋铝的紧密复合，铝材和塑料型材都有很高的强度，使门窗的整体强度更高。现今，铝塑门窗正以时尚的外观，高强的抗风压性能及方便的清洁性能受到越来越多人们的喜爱。

除以上几种，常见门窗还有铝木节能门窗、钢门窗等。

3.7.3 门窗的开启方式及尺度

1. 门的开启方式

门按其开启方式通常有平开门、弹簧门、推拉门、折叠门、转门等，如图3.121所示。

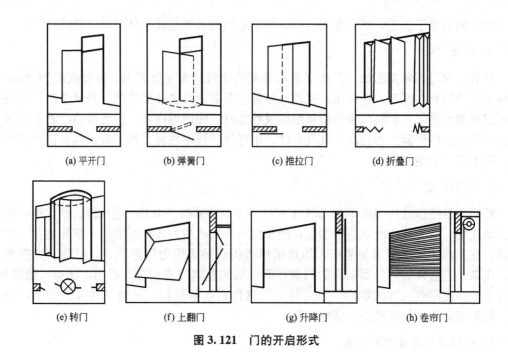

图 3.121　门的开启形式

1) 平开门

平开门可做单扇或双扇，开启方向可以选择内开或外开。其构造简单、开启灵活，制作安装和维修均较方便，所以使用最广泛。但其门扇受力状态较差，易产生下垂或扭曲变形，所以门洞一般不宜大于 3.6m×3.6m。

2) 弹簧门

弹簧门可以单向或双向开启。其侧边用弹簧铰链或下面用地弹簧传动，构造比平开门稍复杂。考虑到使用的安全，门上一般都安装玻璃，以方便其两边的使用者能够互相观察到对方的行为，以免相互碰撞。幼托、中小学等建筑中不得使用弹簧门，以保证使用安全。

3) 推拉门

推拉门亦称拉门或移门，开关时沿轨道左右滑行，可藏在夹墙内或贴在墙面外，占用空间少。五金件制作相对复杂，安装要求较高。在一些人流众多的公共建筑，还可以采用传感控制自动推拉门。推拉门由门扇、门轨、地槽、滑轮及门框组成。

4) 折叠门

折叠门一般门洞较宽，门由多道门扇组合，门扇可分组叠合并推移到侧边，以使门两边的空间在需要时合并为一个空间。折叠门一般有侧挂式、侧悬式和中悬式折叠三种。

5) 转门

转门对防止室内外空气的对流有一定作用，可作为公共建筑及有空调房屋的外门。一般为 2～4 扇门连成风车形，在两个固定弧形门套内旋转。转门的通行能力较弱，不能作疏散用，故在人流较多处在其两旁应另设平开或弹簧门。

6) 升降门

升降门多用于工业建筑，一般不经常开关，需要设置传动装置及导轨。

7) 卷帘门

卷帘门多用于较大且不需要经常开关的门洞，例如商店的大门及某些公共建筑中用作防火分区的构件等。卷帘门适用于 4～7m 宽非频繁开启的高大门洞。传动装置有手动和电动两种。开启时充分利用上部空间,不占使用面积。

2. 门的尺度

门的尺度通常是指门洞的高宽尺寸。门作为交通疏散通道,其尺度取决于人的通行要求,家具器械的搬运及与建筑物的比例关系等,并要符合现行《建筑模数协调统一标准》的规定。

1) 门的高度

门的高度不宜小于 2 100mm。如门设有亮子时,亮子高度一般为 300～600mm,则门洞高度为 2 400～3 000mm。公共建筑大门高度可视需要适当提高。

2) 门的宽度

单扇门为 700～1 000mm,双扇门为 1 200～1 800mm。宽度在 2 100mm 以上时,则做成三扇、四扇门或双扇带固定扇的门,因为门扇过宽易产生翘曲变形,同时也不利于开启。辅助房间(如浴厕、贮藏室等)门的宽度可窄些,一般为 700～800mm。

3. 窗的开启方式

窗的形式一般按开启方式定。而窗的开启方式主要取决于窗扇铰链安装的位置和转动方式。通常窗的开启方式(如图 3.122 所示)有以下几种。

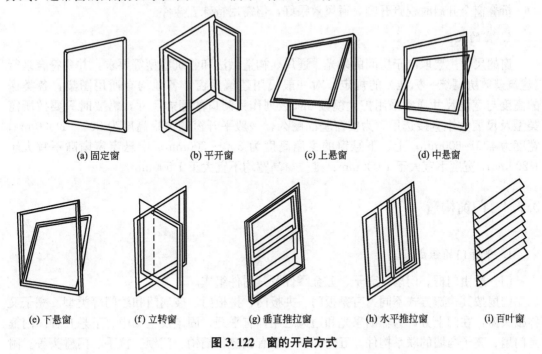

图 3.122 窗的开启方式

1) 固定窗

固定窗不需窗扇,玻璃直接镶嵌于窗框上,不能开启,因而不能通风。可供采光和眺望之用。固定窗构造简单,密闭性好。

2) 平开窗

平开窗有外开、内开之分,外开可以避免雨水侵入室内,且不占室内面积,故常采用。平开窗构造简单，开启灵活，制作维修均方便，是民用建筑中采用最广泛的窗。

3) 悬窗

悬窗按转动铰链或转轴位置的不同有上悬、中悬、下悬之分。上悬和中悬窗向外开启，防雨效果较好，常用于高窗；下悬窗外开不能防雨，内开又占用室内空间，只适用于内墙高窗及门上亮子（又叫腰头窗）。

4) 立转窗

立转窗在窗扇上下冒头中部设转轴，立向转动。引导风进入室内效果较好，防雨及密封性较差，装纱窗不便，多用于单层厂房的低侧窗。因密闭性较差，不宜用于寒冷和多风沙的地区。

5) 推拉窗

推拉窗分垂直推拉和水平推拉两种。推拉窗开启时不占室内空间，窗扇受力状态好，窗扇及玻璃尺寸均较平开窗为大，尤其适用于铝合金及塑料门窗。但通风面积受限制，五金及安装也较复杂。

6) 百叶窗

百叶窗主要用于遮阳、防雨及通风，但采光差。百叶窗可用金属、木材、钢筋混凝土等制作，有固定式和活动式两种形式。

7) 折叠窗

折叠窗全开启时视野开阔，通风效果好，但需用特殊五金件。

4. 窗的尺度

窗的尺度主要取决于房间的采光、通风、构造做法和建筑造型等要求，并要符合现行《建筑模数协调统一标准》的规定。对一般民用建筑用窗，各地均有通用图集，各类窗的高度与宽度尺寸通常采用扩大模数 3M 数列作为洞口的标志尺寸，需要时只要按所需类型及尺度大小直接选用。为使窗坚固耐久，一般平开窗的窗扇高度为 800～1 500mm，宽度为 400～600mm；上、下悬窗的窗扇高度为 300～600mm；中悬窗窗扇高不宜大于 1 200mm，宽度不宜大于 1 000mm；推拉窗高宽均不宜大于 1 500mm。

3.7.4 门窗构造

1. 平开门的组成

门一般由门框、门扇、亮子、五金零件及其附件组成。

门扇按其构造方式不同，有镶板门、夹板门、拼板门、玻璃门和纱门等类型。亮子又称腰头窗，在门上方，为辅助采光和通风之用，有平开、固定及上、中、下悬几种。门框是门扇、亮子与墙的联系构件。五金零件一般有铰链、插销、门锁、拉手、门碰头等。附件有贴脸板、筒子板等，平开门构造如图 3.123 所示。

2. 木门构造

1) 门框

门框一般由两根竖直的边框和上框组成。当门带有亮子时，还有中横框，多扇门则还有中竖框。

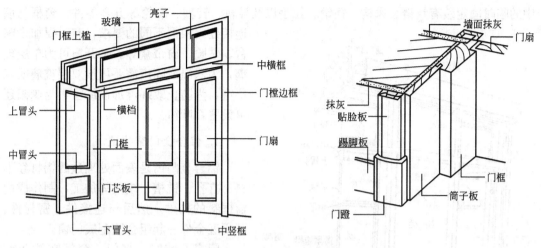

图 3.123 平开门构造组成

门框在墙中的位置，可在墙的中间或与墙的一边平。一般多与开启方向一侧平齐，尽可能使门扇开启时贴近墙面，如图 3.124 所示。

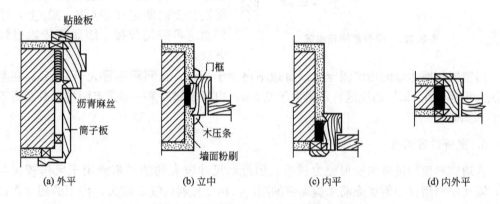

图 3.124 门框位置、门贴脸板及筒子板

2) 门扇

常用的木门门扇有镶板门（包括玻璃门、纱门）、夹板门和拼板门等。

（1）镶板门：是广泛使用的一种门，门扇由边挺、上冒头、中冒头（可作数根）和下冒头组成骨架，内装门芯板而构成。构造简单，加工制作方便，适于一般民用建筑作内门和外门。

（2）夹板门：是用断面较小的方木做成骨架，两面粘贴面板而成。门扇面板可用胶合板、塑料面板和硬质纤维板，面板不再是骨架的负担，而是和骨架形成一个整体，共同抵抗变形。夹板门的形式可以是全夹板门、带玻璃或带百叶夹板门。由于夹板门构造简单，可利用小料、短料，自重轻，外形简洁，便于工业化生产，故在一般民用建筑中广泛应用。

（3）拼板门：拼板门的门扇由骨架和条板组成。有骨架的拼板门称为拼板门，而无骨架的拼板门称为实拼门；有骨架的拼板门又分为单面直拼门、单面横拼门和双面保温拼板门 3 种。

3. 平开窗的组成

窗子一般由窗框、窗扇、玻璃和五金配件组成，图 3.125 给出平开窗各组成部件示意。窗扇有玻璃窗扇、纱窗扇、板窗扇和百叶窗扇等。在窗扇和窗框间，为了转动和启闭中的临时固定装有铰链、风钩、插销、拉手以及导轨、转轴、滑轮等五金零件。窗框与墙连接处，根据不同的要求，有时要加设窗台、贴脸、窗帘盒等。平开窗可为单层玻璃，为保温或隔声需要可设双层玻璃或双层窗，为防止蚊蝇可加设纱窗，为遮阳还可设置百叶窗。

4. 铝合金门窗构造

铝合金门窗是表面处理过的铝材经下料、打孔、铣槽、攻丝等加工，制作成门窗框料的构件，然后与连接件、密封件、开闭五金件一起组合装配成门窗。

门窗安装时，将门、窗框在抹灰前立于门窗洞处，与墙内预埋件对正，然后用木楔将三边固定。经检验确定门、窗框水平、垂直、无翘曲后，用连接件将铝合金框固定在墙（柱、梁）上，连接件固定可采用焊接、膨胀螺栓或射钉等方法。

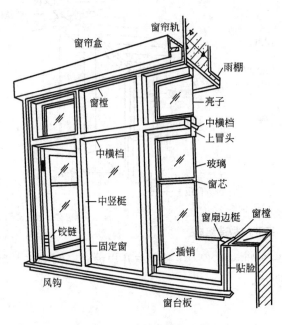

图 3.125　平开窗构造组成

门窗框与墙体等的连接固定点，每边不得少于两点，且间距不得大于 0.7m。在基本风压大于等于 0.7kPa 的地区，不得大于 0.5m；边框端部的第一固定点距端部的距离不得大于 0.2m。

5. 塑料门窗构造

普通塑料窗的抗弯曲变形能力较差，因此，尺寸较大的塑料窗或用于风压较大部位时，需在塑料型材中附加强筋来提高窗的刚度。由于塑料窗变形较大，传统的用水泥砂浆等刚性材料封填墙与窗樘框做法不宜采用，最好采用矿棉或泡沫塑料等软质材料，再用密封胶封缝，以提高塑料窗的密封性能和绝缘性能，并避免塑料窗变形造成的开裂。

6. 窗框与墙体连接

1) 门窗框安装

门窗框的安装根据施工方式分先立口和后塞口两种。

立口施工时先将门窗框立好后砌墙。这种做法的优点是门窗框与墙的连接较为紧密，缺点是施工时易被碰撞，有时还会产生移位或破损，且不宜组织流水施工，已较少采用。

塞口是在砌墙时先留出窗洞，以后再安装门窗框。为了增强保温、隔声性能，门窗框与墙体需用保温材料填充。施工时各工种不交叉干扰，便于组织流水施工，是目前普遍采用的施工方式。

2) 门窗框与墙体连接构造

根据窗框与墙体相对位置的不同，窗框与墙体连接有三种构造。即窗框沿墙外侧安装，沿墙中部安装和沿墙内侧安装。图 3.126 为窗框沿墙中部安装。

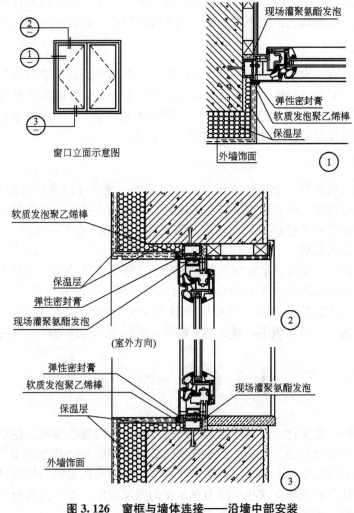

图 3.126 窗框与墙体连接——沿墙中部安装

3.7.5 特殊门窗

1. 防火门窗

防火门既能保证通行，又可分隔不同防火分区的建筑构件。防火门分为甲、乙、丙3级，甲级耐火极限为1.2h，主要用于防火墙上；乙级耐火极限为0.9h，主要用于防烟楼梯的前室和楼梯口；丙级耐火极限为0.6h，主要用于管道检查口。

常见的防火门有木质和钢质两种。防火窗必须采用钢窗或塑钢窗，镶嵌铅丝玻璃避免破裂后掉下，防止火焰窜入室内或窗外。

2. 隔声门窗构造

室内噪声允许级较低的房间，要安装隔声门窗。一般门扇越重，隔声效果越好，但过重则开关不便，五金件容易损坏，所以隔声门常采用多层复合结构，即在两层面板之间填吸声材料(玻璃棉、玻璃纤维板等)。若采用双层窗隔声,应采用不同厚度的玻璃,以减少吻合效应的影响。厚玻璃应位于声源一侧,玻璃间的距离一般为80~100mm。

3. 防射线门窗

放射线对人体有一定程度损害,因此对放射室要做防护处理。放射室的内墙均须装置X光线防护门,主要镶钉铅板。铅板既可以包钉于门板外,也可以夹钉于门板内。

医院的X光治疗室和摄片室的观察窗,均需镶嵌铅玻璃,呈黄色或紫红色。铅玻璃应固定装置,但亦需注意铅板防护,四周均须交叉叠过。

4. 保温门窗

保温门要求门扇具有一定热阻值和门缝密闭处理,故常在门扇两层面板间填以轻质、疏松的材料。一般保温门的面板常采用整体板材,不易发生变形。门缝密闭处理通常采用的措施是在门缝内粘贴填缝材料。把防盗、防火、保温隔热集于一体的"三防门",体现了门正在向综合方向发展。

保温窗常采用双层窗及双层玻璃的单层窗两种。双层玻璃单层窗又分为:双层中空玻璃窗,双层玻璃之间的距离为5~15mm,窗扇的上下冒头应设透气孔;双层密闭玻璃窗,两层玻璃之间为封闭式空气间层,其厚度一般为4~12mm,充以干燥空气或惰性气体,玻璃四周密封,这样可增大热阻、减少空气渗透,避免空气间层内产生凝结水。

3.8 变 形 缝

建筑物由于受气温变化、地基不均匀沉降以及地震等因素的影响,使结构内部产生附加应力和变形,如处理不当,将会造成建筑物的破坏,产生裂缝甚至倒塌,影响使用与安全。为了避免建筑物发生类似破坏,可预先在这些变形敏感部位将结构断开,留出一定的缝隙,以保证各部分建筑物在这些缝隙中有足够的变形宽度,而不造成建筑物的破损,这种将建筑垂直分割开来的预留缝隙称为变形缝。

变形缝有三种,即伸缩缝、沉降缝和防震缝。

变形缝的材料及构造应根据其部位和需要分别采取防水、防火、保温、防护措施,并使其在产生位移或变形时不受阻、不被破坏(包括面层)。

3.8.1 变形缝设置

1. 伸缩缝的设置

建筑物因受温度变化的影响而产生热胀冷缩,在结构内部产生温度应力,当建筑物长度超过一定限度、建筑平面变化较多或结构类型变化较大时,建筑物会因热胀冷缩变形较大而产生开裂。为预防这种情况发生,常常沿建筑物长度方向每隔一定距离或结构变化较大处预留缝隙,将建筑物断开。这种因温度变化而设置的缝隙就称为伸缩缝或温度缝。

伸缩缝要求把建筑物的墙体、楼板层、屋顶等地面以上部分全部断开,基础部分受温度变化影响较小,不需断开。

伸缩缝的最大间距，应根据不同材料及结构而定，详见有关结构规范。

2. 沉降缝的设置

沉降缝是为了预防建筑物各部分由于不均匀沉降引起破坏而设置的变形缝。凡属下列情况时均应考虑设置沉降缝，如图 3.127 所示。

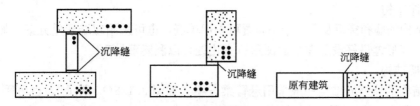

图 3.127　沉降缝设置部位示意

(1) 建筑平面的转折部位。
(2) 高度差异或荷载差异处。
(3) 长高比过大的砌体承重结构或钢筋混凝土框架结构的适当部位。
(4) 地基土的压缩性有显著差异处。
(5) 建筑结构或基础类型不同处。
(6) 分期建造房屋的交界处。

沉降缝与伸缩缝最大的区别在于伸缩缝只需保证建筑物在水平方向的自由伸缩变形，而沉降缝主要应满足建筑物各部分在垂直方向的自由沉降变形，故应将建筑物从基础到屋顶全部断开。同时，沉降缝也应兼顾伸缩缝的作用，故应在构造设计时应满足伸缩和沉降双重要求。

3. 防震缝的设置

在地震区建造房屋，必须充分考虑地震对建筑造成的影响。为此，我国制定了相应的建筑抗震设计规范。

(1) 对多层砌体房屋，应优先采用横墙承重或纵横墙混合承重的结构体系，有下列情况之一时宜设防震缝。

① 建筑立面高差在 6m 以上。
② 建筑有错层且错层楼板高差较大。
③ 建筑物相邻各部分结构刚度、质量截然不同。

此时防震缝宽度 B 可采用 50～100mm，缝两侧均需设置墙体，以加强防震缝两侧房屋刚度。

(2) 对多层和高层钢筋混凝土框排架结构房屋，应尽量选用合理的建筑结构方案，有下列情况之一时宜设防震缝。

① 房屋贴建于框排架结构。
② 结构的平面布置不规则。
③ 质量和刚度沿纵向分布有突变。

设置防震缝时，其最小宽度应符合规范要求。防震缝应与伸缩缝、沉降缝统一布置，并满足防震缝的设计要求。一般情况下，防震缝基础可不分开，但在平面复杂的建筑中或建筑相邻部分刚度差别很大时，也需将基础分开。按沉降缝要求的防震缝也应将基础分开。

3.8.2 设置变形缝建筑的结构布置

1. 伸缩缝的结构布置

1) 砌体结构

砌体结构的墙和楼板及屋顶结构布置可采用单墙，也可采用双墙承重方案［如图3.128(a)所示］。变形缝最好设置在平面图形有变化处，以利隐蔽处理。

2) 框架结构

框架结构的伸缩缝结构一般采用悬臂梁方案［如图3.128(b)所示］，也可采用双梁双柱方式［如图3.128(c)所示］，但施工较复杂。

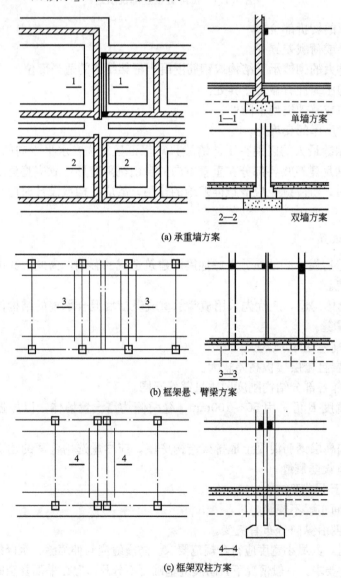

图3.128 伸缩缝的结构设置

2. 沉降缝的结构布置

沉降缝基础应断开，并应避免因不均匀沉降造成的相互干扰。常见的承重墙下条形基础处理方法有双墙偏心基础、挑梁基础和交叉式基础等3种方案(如图3.129所示)。

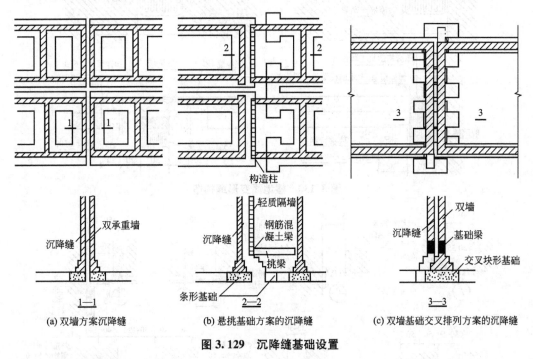

图 3.129　沉降缝基础设置

3. 防震缝的结构布置

防震缝应沿建筑物全高设置，缝的两侧应布置双墙或双柱或一墙一柱，使各部分结构都有较好的刚度。

3.8.3　变形缝盖缝构造

在建筑物设变形缝的部位必须全部做盖缝处理。其主要目的是为了满足使用的需要，例如通行等。此外，位于外维护结构的变形缝还要防止渗漏，以及防止热桥的产生。当然，美观问题也相当重要。因此，做变形缝盖缝处理时要重视以下几点内容。

(1) 所选择的盖缝板的形式必须能够符合变形缝所属类别的变形需要。

(2) 所选择的盖缝板的材料及构造方式必须能够符合变形缝所在部位的其他功能要求。在变形缝内不应敷设电缆、可燃气体管道，如必须穿过变形缝时，应在穿过处加设不燃烧套管，并应采用不燃烧材料将套管两端空隙紧密填塞。

(3) 在变形缝内部应当用具有自防水功能的柔性材料来填塞，例如挤塑性聚苯板、沥青麻丝、橡胶条等，以防止热桥的产生。

图 3.130 为楼地面变形缝处的盖缝处理构造做法；图 3.131 为内墙及顶棚变形缝构造；图 3.132 为外墙变形缝构造，其中图 3.132(a)、(b)、(c)适用于抗震缝和伸缩缝，图 3.132(d)、(e)、(f)适用于抗震缝和沉降缝，盖缝板上下搭接一般不少于50mm。

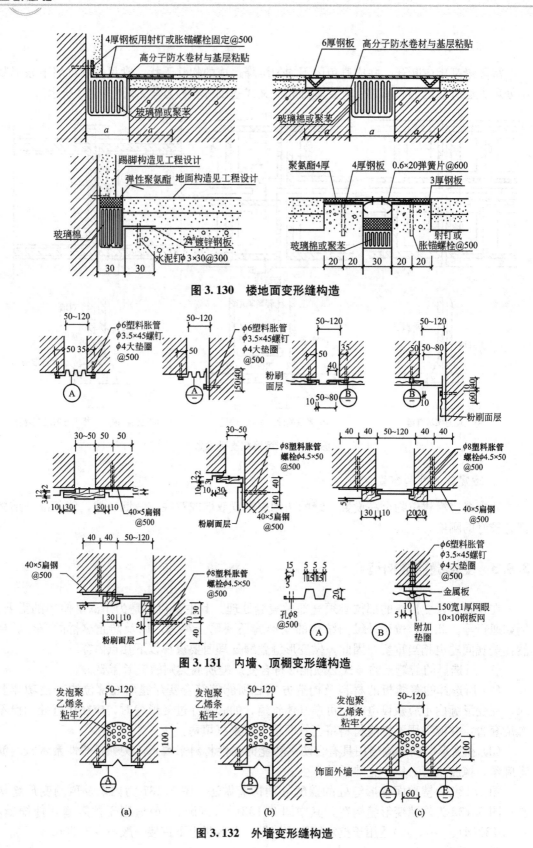

图3.130 楼地面变形缝构造

图3.131 内墙、顶棚变形缝构造

图3.132 外墙变形缝构造

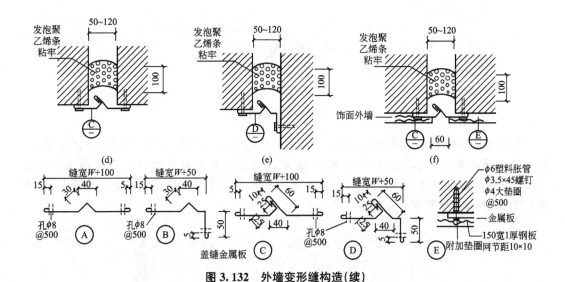

图 3.132　外墙变形缝构造(续)

图 3.133、图 3.134 为屋面变形缝盖缝构造。其中盖缝和塞缝材料可以另行选择，但防水构造必须同时满足屋面防水规范的要求。

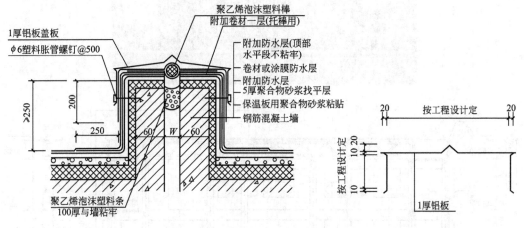

图 3.133　平屋面金属盖板变形缝构造

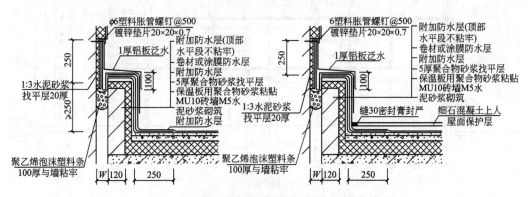

图 3.134　卷材防水屋面高低跨处变形缝构造

注：(1) 变形缝宽度 W 按工程设计。
　　(2) 保温板材料、厚度由工程设计定。

背景知识

某学校训练馆

某学校训练馆，建筑面积4 934平方米，4层建筑，建筑高度16.65米。一层层高4.5米，2~4层层高3.9米，室内外高差0.45米。钢筋混凝土框架结构，顶层局部为网架。外墙200厚炉渣混凝土砌块外贴EPS保温板，内墙200厚炉渣混凝土砌块。屋面120厚阻燃EPS保温板，屋面防水等级为三级。

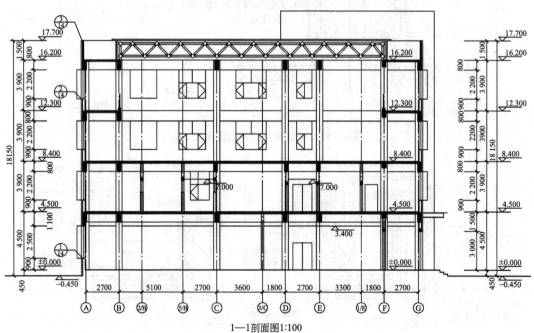

1—1剖面图1:100

图3.135 某学校训练馆

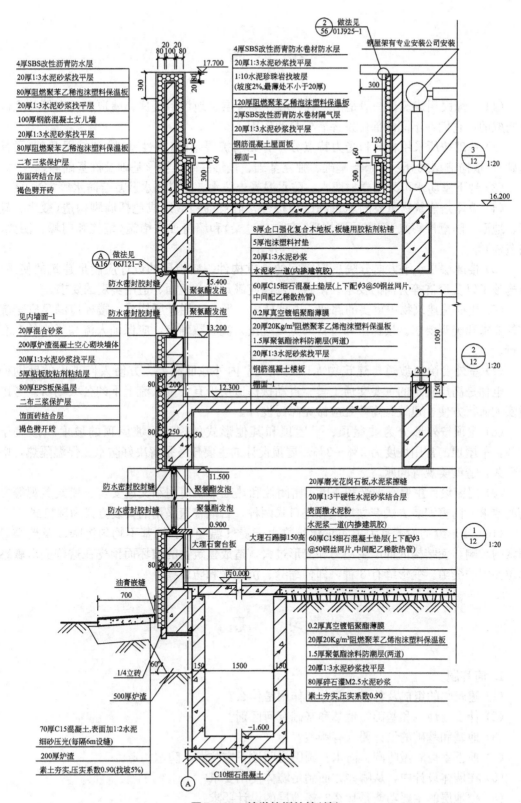

图 3.135 某学校训练馆(续)

小 结

(1) 一幢民用建筑，一般是由基础、墙、楼板层、地坪、楼梯、屋顶和门窗等几大部分构成的，它们在不同的部位发挥着各自的作用。

(2) 基础按所采用材料和受力特点分，有无筋扩展基础(刚性基础)和扩展基础(柔性基础)；依构造型式分，有条形基础、独立基础、筏形基础、箱形基础及桩基础等。

(3) 地下室防水可采用卷材防水、防水混凝土防水、涂料防水及复合防水等方法。

(4) 墙体是建筑物重要的承重和围护构件，墙身的构造组成包括墙脚构造(散水、勒脚、地面、防潮层等)、门窗洞口构造(窗台、过梁)和墙身加固措施(壁柱和门垛、圈梁、构造柱)等。

(5) 楼地层是水平方向分隔房屋空间的承重构件。楼板层的设计应满足建筑的使用、结构施工以及经济等方面的要求。阳台、雨篷应满足安全坚固、适用美观的要求。

(6) 楼梯是建筑物中重要的部件，由楼梯段、平台和栏杆所构成。楼梯应满足安全疏散的要求和美观要求。楼梯段和平台的宽度应按人流股数确定，应保证人流和货物的顺利通行。

(7) 室外台阶与坡道是建筑物入口处解决室内外地面高差，方便人们进出的辅助构件。电梯是高层建筑的主要交通工具。自动扶梯适用于有大量人流上下的公共场所。考虑残疾人通行方便，建筑有高差处应做无障碍设计。

(8) 屋顶按外形分为坡屋顶、平屋顶和其他形式的屋顶。坡屋顶的坡度一般大于10%，平屋顶的常用坡度为2%~3%。屋顶设计的主要任务是解决好防水、保温隔热，坚固耐久，造型美观等问题。

(9) 门窗设计主要有采光和通风、密闭性和热工性、使用和交通安全、建筑美观等方面的要求。门窗安装方式有立口式和塞口式两种，目前普遍采用的安装方式为塞口式。

(10) 变形缝的设置是为了防止建筑物由于受气温变化、地基不均匀沉降以及地震等因素的影响，使结构内部产生应力和变形过大，造成建筑物的破坏而预先在这些变形敏感部位预留的缝隙。变形缝有3种，即伸缩缝、沉降缝和防震缝。

习 题

1. 简答题

(1) 建筑物的组成及各组成部分的作用是什么？

(2) 什么是地基和基础？地基和基础有何区别？

(3) 地基和基础的设计要求有哪些？

(4) 地下室何时做防潮、防水？画图说明地下室防潮、防水构造。

(5) 在墙体设计中，从哪些方面满足墙体使用要求？

(6) 楼地层的主要功能是什么？楼地层的设计要求？

(7) 现浇钢筋混凝土楼板按受力分哪几种？各适用什么情况？

(8) 楼梯是由哪些部分所组成的，各组成部分的作用及设计要求？
(9) 楼梯的设计要求有哪些？
(10) 楼梯间的开间、进深应如何确定？
(11) 当建筑物底层平台下作出入口时，为增加净高，常采取哪些措施？
(12) 画图说明台阶与坡道构造。
(13) 电梯设计有何要求？
(14) 无障碍设计有何要求？
(15) 屋顶设计应满足哪些要求？
(16) 屋顶的排水方式有哪几种？屋顶排水组织设计主要包括哪些内容？
(17) 门与窗在建筑中的作用是什么？
(18) 何谓"变形缝"？有什么设计要求？

2. 墙身设计

用 3 号图纸画出外墙详图，比例 1∶20。

1) 外墙详图应包括的内容

外墙详图以墙身剖面为主，必要时还应配以外墙平面图及立面图。外墙剖面的内容如下。

(1) 墙脚构造。它表明基础墙的厚度、室内地坪的位置、散水、坡道或台阶的做法、墙身防潮层、首层地面与暖气槽、暖气罩和暖气管沟的做法、踢脚、勒脚和墙裙的做法以及本层窗台范围的全部内容，它包括门窗过梁及首层室内窗台、室外窗台的做法。

(2) 楼层处节点做法。它表明从下层窗过梁、雨罩、遮阳板、楼板、圈梁、阳台板、阳台栏板或栏杆至上层楼地面、踢脚或墙裙、楼层处窗台(内外窗台)、窗帘盒(杆)、吊顶棚及内外墙面做法等。当若干楼层做法完全一致时，应标出若干层的楼面标高(按标高层画)。

(3) 屋顶檐口处构造。它表明自顶层窗过梁到檐口、女儿墙上皮范围内的全部内容。包括顶层门窗过梁、雨罩或遮阳板、顶层屋顶板或屋架、圈梁、屋面、室内吊顶、檐口或女儿墙、屋面排水的天沟、下水口、雨水斗或雨水管、窗帘盒、窗帘杆等。

2) 外墙详图应标注的内容

(1) 墙与轴线的关系尺寸，轴线编号、墙厚或梁宽。

(2) 标注出细部尺寸。其中包括散水宽度，窗台高度，窗上口尺寸，挑出窗口过梁、挑檐的细部尺寸，挑檐板的挑出尺寸，女儿墙的高度尺寸，层高尺寸及总高度尺寸。

(3) 标注出主要标高，其中包括室外地坪、室内地坪、楼层标高、顶板标高。

(4) 应标出室内地面、楼面、吊顶、内墙面、踢脚、墙裙、散水、台阶、外墙面、内墙面、屋面、突出线脚的构造做法。

3. 楼梯设计

1) 设计目的

通过本次作业，使学生掌握楼梯构造设计的主要内容，训练绘制和识读施工图的能力。

2) 设计内容

以学生课程作业的平面设计为依据，要求完成以下内容。

首层、标准层和顶层平面图、剖面图、踏步详图、栏杆(或栏板)详图。

比例：平、剖面 1∶50(或 1∶100)，详图 1∶10。用 2 号绘图纸一张，以铅笔绘成。

3) 设计深度

在各图中绘出定位轴线，标出定位轴线至墙边的尺寸。平面中绘出门窗、楼梯踏步、折断线。以各层楼地面为基准标注楼梯的上、下指示箭头。在各层平面图中注明中间平台及各层楼地面的标高。在首层平面图中注明剖面剖切线位置及编号,注意剖切线的剖视方向。剖切线应通过楼梯间的门窗。

(1) 平面图上标注3道尺寸。

① 进深方向:第一道,平台宽、梯段长(=踏面宽×步数);第二道,楼梯间净进深;第三道,楼梯间进深轴线尺寸。

② 开间方向:第一道,楼梯段宽度、楼梯井宽;第二道,楼梯间净宽;第三道,楼梯间开间轴线尺寸。

(2) 首层平面绘室外(内)台阶、散水,二层平面应绘出雨篷。

(3) 剖面图可绘至顶层栏杆扶手,以上用折断线切断,暂时不要求绘屋顶。

(4) 剖面图内容有楼梯的断面形式、栏杆(栏板)、扶手形式,墙、楼板和楼层地面、顶棚、台阶、室外地面、首层地面等。

(5) 标注标高:室内外地面、各层平台、窗台及窗顶、门顶、雨篷等处标高。

(6) 剖面图应绘出定位轴线,标注定位轴线间尺寸,注出详图索引号。

(7) 详图应注明材料、作法和尺寸,标注详图编号。

4. 屋顶构造设计

1) 设计目的

通过本次作业,使学生掌握屋顶有组织排水的设计方法和屋顶节点详图设计,训练绘制和识读施工图的能力。

2) 设计内容

以学生课程作业的平面设计为依据,要求完成以下内容。

(1) 确定屋顶类型。

(2) 确定雨水管的数量及位置。

(3) 确定屋顶排水方式,合理选择屋面防水材料。

(4) 选择屋顶保温隔热层材料,并确定其厚度。

3) 图纸要求

用A3图纸一张,按建筑制图标准的规定,绘制该楼屋顶平面图和屋顶节点详图。

屋顶平面图比例取1:200。

(1) 画出各坡面交线、檐沟或女儿墙和天沟、雨水口和屋面上人孔等,刚性防水屋面还应画出纵横分格缝。

(2) 标注屋面和檐沟或天沟内的排水方向和坡度大小,标注屋面上人孔等突出屋面部分的有关尺寸,标注屋面标高(结构上表面标高)。

(3) 标注各转角处的定位轴线和编号。

(4) 外部标注两道尺寸(即轴线尺寸和雨水口到邻近轴线的距离或雨水口的间距)。

(5) 标注详图索引符号,并注明图名和比例。

5. 变形缝构造设计

(1) 画图说明内、外墙变形缝构造。

(2) 画图说明屋面变形缝构造。

(3) 画图说明楼地层变形缝构造。

第4章 工业建筑概论

【教学目标与要求】
- 熟悉工业建筑设计特点
- 掌握工业建筑的分类
- 了解厂房内常用起重运输设备
- 掌握装配式钢筋混凝土单层厂房的构件组成

4.1 概 述

工业建筑是指从事各类工业生产及直接为生产服务的房屋,直接从事生产的房屋包括主要生产房屋、辅助生产房屋,这些房屋常被称为"厂房"或"车间"。"车间"原是企业中直接进行生产工作的生产单位,可由若干生产工段或生产小组构成;"车间"也指厂房。而为生产服务的储藏、运输、水塔等房屋设施不是厂房,但也属工业建筑。这些厂房和所需要的辅助建筑及设施有机地组织在一起就构成了一个完整的工厂。

4.1.1 工业建筑的特点

工业建筑与民用建筑一样,要体现适用、安全、经济、美观的方针,在设计原则、建筑用料和建筑技术等方面,两者也有许多共同之处。但由于生产工艺复杂多样,在设计配合、使用要求、室内采光、屋面排水及建筑构造等方面,工业建筑又具有如下特点。

(1) 满足生产工艺的要求。厂房的建筑设计应在适应生产工艺要求的前提下,为工人创造良好的生产环境,并使厂房满足适用、安全、经济和美观的要求。

(2) 具有较大的敞通空间。厂房中的生产设备多,体量大,各部生产联系密切,且并有多种起重运输设备通行,因此具有较大的敞通空间。厂房长度一般均在数十米以上,有些大型轧钢厂,其长度可多达数百米甚至超过千米。

(3) 屋面构造复杂。当厂房宽度较大时,特别是多跨厂房,为满足室内采光、通风的需要,屋顶上往往设有天窗,为了屋面防水、排水的需要,还应设置屋面排水系统(天沟及水落管),这些设施均使屋顶构造复杂。

(4) 在单层厂房中,由于跨度大,屋顶及吊车荷载较重。要求厂房的承重系统能承受较大的静、动荷载及振动或撞击荷载,因此多采用钢筋混凝土排架结构承重或钢骨架承重。

4.1.2 工业建筑的分类

工业生产的类别繁多,生产工艺不同,分类亦随之而异,在建筑设计中,常按厂房的用途、内部生产状况及层数进行分类。

1. 按厂房的用途分类

（1）主要生产厂房：指进行产品加工的主要工序的厂房。例如，机械制造厂中的铸工车间、机械加工车间及装配车间等。这类厂房的建筑面积较大，职工人数较多，在全厂生产中占重要地位，是工厂的主要厂房。

（2）辅助生产厂房：指为主要生产厂房服务的厂房。例如，机械制造厂中的机修车间、工具车间等。

（3）动力类厂房：指为全厂提供能源和动力的厂房。如发电站、锅炉房、变电站、煤气发生站、压缩空气站等。动力设备的正常运行对全厂生产特别重要，故这类厂房必须具有足够的坚固耐久性，妥善的安全措施和良好的使用质量。

（4）储藏类建筑：指用于储存各种原材料、成品或半成品的仓库。由于所储物质的不同，在防火、防潮、防爆、防腐蚀、防变质等方面将有不同要求。设计时应根据不同要求按有关规范、标准采取妥善措施。

（5）运输类建筑：指用于停放各种交通运输设备的房屋。如汽车库、电瓶车库等。

2. 按车间内部生产状况分类

（1）热加工车间：指在生产过程中散发出大量热量、烟尘等有害物的车间。如炼钢、轧钢、铸工、锻压车间等。

（2）冷加工车间：指在正常温、湿度条件下进行生产的车间。如机械加工车间、装配车间等。

（3）有侵蚀性介质作用的车间：指在生产过程中会受到酸、碱、盐等侵蚀性介质的作用，对厂房耐久性有影响的车间。这类车间在建筑材料选择及构造处理上应有可靠的防腐蚀措施。如化工厂和化肥厂中的某些生产车间，冶金工厂中的酸洗车间等。

（4）恒温恒湿车间：指在温度、湿度波动很小的范围内进行生产的车间。这类车间室内除装有空调设备外，厂房也要采取相应的措施，以减少室外气象对室内温度、湿度的影响。如纺织车间、精密仪表车间等。

（5）洁净车间：指产品的生产对室内空气的洁净程度要求很高的车间。这类车间除对室内空气进行净化处理，将空气中的含尘量控制在允许的范围内以外，厂房围护结构应保证严密，以免大气灰尘的侵入，以保证产品质量。如集成电路车间、精密仪表的微型零件加工车间等。

车间内部生产状况是确定厂房平、剖、立面及围护结构形式和构造的主要因素之一，设计时应予充分注意。

3. 按厂房层数分类

（1）单层厂房：单层厂房（如图4.1所示），广泛地应用于各种工业企业，约占工业建筑总量的75%。它对具有大型生产设备、振动设备、地沟、地坑或重型起重运输设备的生产有较大的适应性，如冶金、机械制造等工业部门。单层厂房便于沿地面水平方向组织生产工艺流程、布置生产设备，生产设备和重型加工件荷载直接传给地基，也便于工艺改革。

单层厂房按跨数的多少有单跨与多跨之分。多跨大面积厂房在实践中采用的较多，其

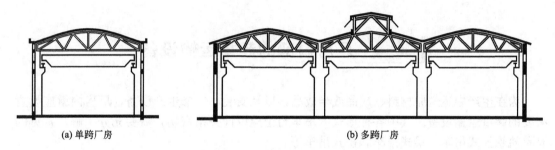

图 4.1 单层厂房

面积可达数万平方米,单跨用的较少。但有的生产车间,如飞机装配车间和飞机库常采用很大跨度(36~100m)的单跨厂房。

单层厂房占地面积大,围护结构面积多(特别是屋顶面积多),各种工程技术管道较长,维护管理费高,并且厂房扁长,立面处理单调。

(2) 多层厂房:多层厂房(如图4.2所示),对于垂直方向组织生产及工艺流程的生产企业(如面粉厂)和设备及产品较轻的企业具有较大的适应性,多用于轻工、食品、电子、仪表等工业部门。因它占地面积小,更适用于在用地紧张的城市建厂及老厂改建。在城市中修建多层厂房,还易于适应城市规划和建筑布局的要求。

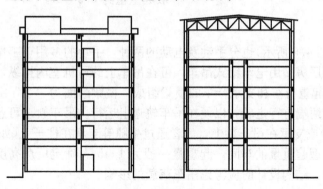

图 4.2 多层厂房

(3) 混合层次厂房:混合层次厂房(如图4.3所示),既有单层跨又有多层跨的厂房,单层跨和多层跨都作为主要使用厂房。

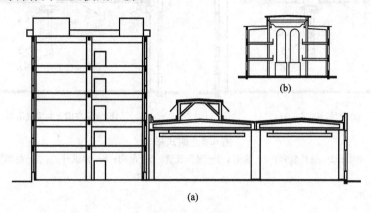

图 4.3 混合层次厂房

4.2 厂房内部的起重运输设备

为在生产中运送原材料、成品或半成品,以及安装、检修生产设备,厂房内就应设置必要的起重运输设备。其中各种形式的吊车与土建设计关系密切,需要充分了解。常见的有单轨悬挂式吊车、梁式吊车和桥式吊车等。

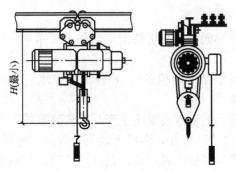

图 4.4 单轨悬挂式吊车

1. 单轨悬挂式吊车

单轨悬挂式吊车(如图 4.4 所示)按操纵方法的不同有手动及电动两种。吊车由运行部分和起升部分组成,安装在工字形钢轨上,钢轨悬挂在屋架(或屋面大梁)的下弦上,它可以布置成直线或曲线形(转弯或越跨时用)。为此,厂房屋顶应有较大的刚度,以适应吊车荷载的作用。

单轨悬挂式吊车适用于小型起重量的车间,一般起重量为 0.5～2t。

2. 梁式吊车

梁式吊车(如图 4.5 所示)也分手动及电动的两种,手动的多用于工作不太繁忙的场合或检修设备。一般厂房多用电动梁式吊车,可在吊车上的司机室内操纵,也有的可在地面操纵。梁式吊车由起重行车和支承行车的横梁组成,横梁断面为"工"字形,可作为起重行车的轨道,横梁两端有行走轮,以便在吊车轨道上运行。吊车轨道可悬挂在屋架下弦上(如图 4.5(a)所示)或支承在吊车梁上,后者通过牛腿等支承在柱子上(如图 4.5(b)所示)。梁式吊车适用于小型起重量的车间,起重量一般为 1～5t。确定厂房高度时,应考虑该吊车净空高度的影响,结构设计时应考虑吊车荷载的影响。

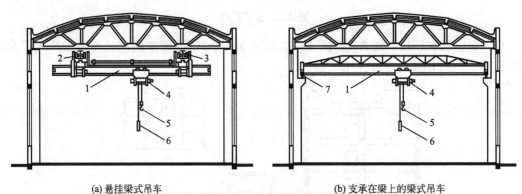

(a) 悬挂梁式吊车   (b) 支承在梁上的梁式吊车

图 4.5 梁式吊车

1—钢梁;2—运行装置;3—轨道;4—提升装置;5—吊钩;6—操纵开关;7—吊车梁

3. 桥式吊车

桥式吊车(如图 4.6 所示)由起重行车及桥架组成,桥架上铺有起重行车运行的轨道

（沿厂房横向运行），桥架两端借助车轮可在吊车轨道上运行（沿厂房纵向），吊车轨道铺设在柱子支撑的吊车梁上。桥式吊车的司机室一般设在吊车端部，有的也可设在中部或做成可移动的。

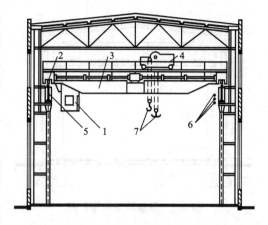

图 4.6　桥式吊车
1—吊车司机室；2—吊车轮；3—桥架；
4—起重小车；5—吊车梁；6—电线；7—吊钩

桥式吊车的起重量为 5～350t，适用于 12～36m 跨度的厂房。桥式吊车的吊钩有单钩、主副钩（即大小钩，表示方法是分数线上为主钩的起重量，分数线下为副钩的起重量，如 50/20、100/25 等）和软钩、硬钩之分。软钩为钢丝绳挂钩，硬钩为铁臂支承的钳、槽等。

桥式吊车按工作的重要性及繁忙程度分为轻级、中级、重级工作制，用 J_c 来代表。J_c 表示吊车的开动时间占全部生产时间的比率。轻级工作制 $J_c=15\%$；中级工作制 $J_c=25\%$，主要用于机械加工和装配车间等；重级工作制 $J_c=40\%$，主要用于冶金车间和工作繁忙的其他车间。工作制对结构强度影响较大。桥式吊车的支承轮子沿吊车梁上的轨道纵向往返行驶，起重行车则在桥架上往返行驶。它们在起动和刹车时产生较大的冲切力。因而在选用支承桥式吊车的吊车梁时必须注意这些影响。

当同一跨度内需要的吊车数量较多，且吊车起重量相差悬殊时，可沿高度方向设置双层吊车，以减少吊车运行中的相互干扰。设有桥式吊车时，应注意厂房跨度和吊车跨度的关系，使厂房的宽度和高度满足吊车运行的需要，并应在柱间适当位置设置通向吊车司机室的钢梯及平台。当吊车为重级工作制或其他需要时，还应沿吊车梁侧设置安全走道板，以保证检修和人员行走的安全。

桥式吊车在工业建筑中应用很广，但由于所需净空高度大，本身又很重，故对厂房结构是不利的。因此，有的研究单位建议采用落地龙门吊车代替桥式吊车，这种吊车的荷载可直接传到地基上，因而大大减轻了承重结构的负担，便于扩大柱距以适应工艺流程的改革。但龙门吊车行驶速度缓慢，且多占厂房使用面积，所以目前还不能有效地替代桥式吊车。

除上述几种吊车形式外，厂房内部根据生产特点的不同，还有各式各样的运输设备，例如，火车、汽车、拖拉机制造厂装配车间的吊链；冶金工厂轧钢车间采用的辊道；铸工车间所用的传送带；此外还有气垫等较新的运输工具，这些就不一一详述了。

4.3　单层厂房的结构组成

4.3.1　单层厂房的结构体系

单层厂房的结构体系，按承重方式的不同，有墙体承重体系、骨架承重体系、空间结构体系。

1. 墙体承重体系

承重砌体墙(如图 4.7 所示)是由墙体承受屋顶及吊车起重荷载,在地震区还要承受地震荷载。其形式可做成带壁柱的承重墙,墙下设条形基础,并在适当位置设置圈梁。

承重砌体墙经济实用,但整体性差,抗震能力弱,这使它的使用范围受到很大的限制。见《建筑抗震设计规范》(GB 50011—2001)的规定。

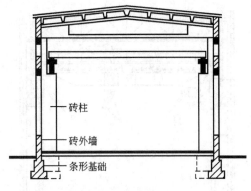

图 4.7 承重砖墙单层厂房

2. 骨架承重体系

当厂房的跨度、高度、吊车荷载较大及地震烈度较高时,广泛采用骨架承重结构。骨架结构由柱基础、柱子、梁、屋架等组成,以承受各种荷载,这时,墙体在厂房中只起围护或分隔作用。厂房常用骨架结构主要有排架结构及刚架结构。

1) 排架结构

排架结构是单层工业厂房中广泛采用的一种形式。它的基本特点是柱子、基础、屋架(屋面梁)均是独立构件。在连接方式上,屋架(屋面梁)与柱子的连接一般为铰接,柱子与基础的连接一般为刚接(如图 4.8 所示)。排架和排架之间,通过吊车梁、连系梁(墙梁或圈梁)、屋面板等纵向构成支承系统,其作用是保证排架的横向稳定性。

2) 刚架结构

刚架是横梁和柱以整体连接方式构成的一种门形结构。由于梁和柱是刚性节点,在竖向荷载作用下柱对梁有约束作用,因而能减少梁的跨中弯矩;同样,在水平荷载作用下,梁对柱也有约束作用,能减少柱内的弯矩。刚架结构比屋架和柱组成的排架结构轻巧,可以节省钢材和水泥。由于大多数刚架的横梁是向上倾斜的,不但受力合理,且结构下部的空间增大,对某些要求高大空间的建筑特别有利。同时,倾斜的横梁使建筑的屋顶形成折线形,建筑外轮廓富于变化。但刚架的刚度较差,当吊车起重量超过 10kN 时不宜采用。

刚架按结构组成和构造方式的不同,分为无铰刚架、两铰刚架,三铰刚架,如图 4.9 所示。

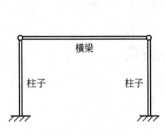

图 4.8 排架体系

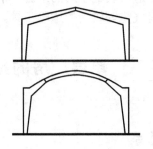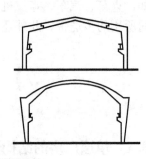

图 4.9 刚架结构

3. 空间结构

单层厂房承重结构除上述外,屋顶结构尚可用折板、壳体及网架等空间结构(如图 4.10(a)、(b)所示)。它们的共同优点是传力受力合理,能较充分地发挥材料的力学性能,空间刚度好,抗震性能较强。其缺点是施工复杂,现场作业量大,工期长。

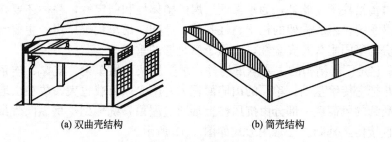

(a) 双曲壳结构　　　　　(b) 筒壳结构

图 4.10　空间结构

4.3.2　装配式钢筋混凝土排架结构组成

装配式钢筋混凝土排架结构坚固耐久,可预制装配。与钢结构相比,这种结构可节约钢材,造价较低,故在国内外的单层厂房中被广泛应用。装配式钢筋混凝土结构自重大,抗震性能不如钢结构。图 4.11 所示为装配式钢筋混凝土排架组成的单层厂房,由图 4.11 可知,装配式钢筋混凝土单层厂房主要由承重构件和围护构件两部分组成。

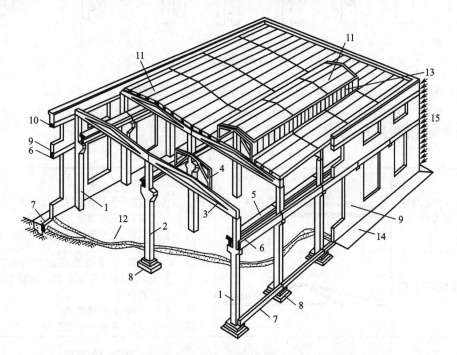

图 4.11　单层厂房装配式钢筋混凝土排架及主要构件

1—边列柱;2—中列柱;3—屋面大梁;4—天窗架;5—吊车梁;6—连系梁;7—基础梁;
8—基础;9—外墙;10—圈梁;11—屋面板;12—地面;13—天窗扇;14—散水;15—风力

1. 承重构件

厂房承重结构由横向骨架和纵向连系构件组成。横向骨架包括屋面大梁（或屋架）、柱子、柱基础。它承受屋顶、天窗、外墙及吊车荷载。纵向连系构件包括大型屋面板（或檩条）、连系梁、吊车梁等。它们能保证横向骨架的稳定性，并将作用在山墙上的风力和吊车纵向制动力传给柱子。此外，为了保证厂房的整体性和稳定性，往往还要在屋架之间和柱间设置支撑系统。组成骨架的柱子、柱基础、屋架、吊车梁等厂房的主要承重构件，关系到整个厂房的坚固耐久及安全性，必须予以足够的重视。

（1）柱：它是厂房结构的主要承重构件，承受屋架、吊车梁、支撑、连系梁和外墙传来的荷载，并把它传给基础。单厂的山墙面积大，所受风荷载也大，故在山墙中部设抗风柱，使墙面受到的风荷载一部分由抗风柱上端通过屋顶系统传到厂房纵向骨架上去，一部分由抗风柱直接传至基础。柱常用形式如图4.12所示。

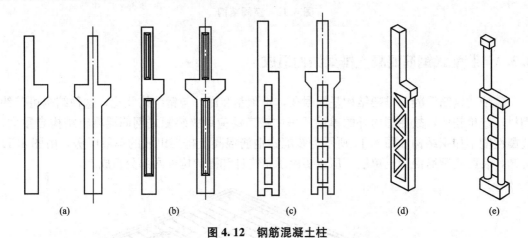

图 4.12 钢筋混凝土柱

（2）基础：它承受柱子和基础梁传来的全部荷载，并传至地基。

（3）屋架：它是屋盖结构的主要承重构件，承受屋盖上的全部荷载，再由屋架传给柱子。钢筋混凝土屋架的一般形式及应用范围见表4-1。

表 4-1 钢筋混凝土屋架的一般形式

名称	图示	跨度	特点
预应力混凝土双坡屋面大梁		12 15 18	（1）自重大 （2）屋面刚度好 （3）屋面坡度 1/8～1/2 （4）适于振动及有腐蚀性介质厂房
钢筋混凝土组合屋架		12 15 18	（1）上弦及受压腹杆为钢筋混凝土，受拉杆件为角钢，构造合理，施工方便 （2）屋面坡度 1/4 （3）适于中小型厂房
预应力混凝土梯形屋架		18 21 24 27	（1）外形较合理 （2）屋面坡度 1/5～1/15 （3）适于卷材防水的大中型厂房

（4）屋面板：它铺设在屋架、檩条或天窗架上，直接承受板上的各类荷载（包括屋面板自重、屋面围护材料、雪、积灰、施工检修等荷载），并将荷载传给屋架。

（5）吊车梁：它设置在柱子的牛腿上，承受吊车和起重、运行中所有荷载（包括吊车自重、吊车最大起重量、吊车启动或刹车时所产生的横向刹车力、纵向刹车力以及冲击荷载），并将其传给柱子。

（6）基础梁：它承受上部砖墙的重量，并把它传给基础。

（7）连系梁：它是厂房纵向柱列的水平连系构件，用以增加厂房的纵向刚度，承受风荷载或上部墙体的荷载，并传给纵向列柱。

（8）支撑系统构件：支撑构件的作用是加强结构的空间整体刚度和稳定性。它主要传递水平风荷载以及吊车产生的水平刹车力。支撑构件设置在屋架之间的称屋盖结构支撑系统，设置在纵向柱列之间的称为柱间支撑系统。

2. 围护构件

（1）屋面：它是厂房围护构件的主要部分，受自然条件直接影响，必须处理好屋面的排水、防水、保温、隔热等方面问题。

（2）外墙：厂房外墙通常采用自承重墙形式，除承自重及风荷载外，主要起防风、防雨、保温、隔热、遮阳、防火等作用。

（3）门窗：起交通、采光、通风作用。

（4）地面：它满足生产使用要求，提供良好的劳动条件。

此外还有吊车梯、平台、屋面检修梯、走道板以及地坑、地沟、散水、坡道等。

背 景 知 识

某工业园平面布置图

(a)

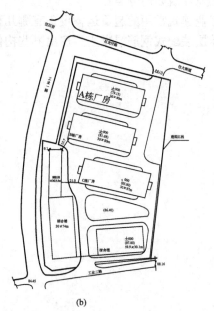

(b)

图 4.13 某工业园平面布置图

设计思想：

方案力图塑造出能体现出地方文化特征、与周围环境相融合、富有强烈时代感、具有文化特色的现代化工业建筑。内部使用功能合理、完备，平面布局紧凑、灵活，符合现代化工业发展的管理模式需求。总体布局合理，很好地结合地形，使场地有效空间增大，同时加强建筑物的统一整体性。园区建筑物布局统一和谐，连成一片，形成优美的室外绿化空间环境。强化生活区入口与厂区主入口的相对独立性，在功能使用上互不干扰。

小　　结

（1）工业建筑要体现适用、安全、经济、美观的方针，且在设计配合、使用要求、室内采光、屋面排水及建筑构造等方面又具其自身特点。

（2）建筑设计中常按用途、内部生产状况及层数对厂房进行分类。

（3）厂房内的起重运输设备常见的有单轨悬挂式吊车、梁式吊车和桥式吊车等。

（4）单层厂房的结构体系，按承重方式的不同，有墙体承重体系、骨架承重体系、空间结构体系。厂房常用的骨架结构主要有排架结构及刚架结构。

（5）排架结构厂房承重结构由横向骨架和纵向连系构件组成。横向骨架包括屋面大梁（或屋架）、柱子、柱基础，它们能保证横向骨架的稳定性，并将作用在山墙上的风力和吊车纵向制动力传给柱子。厂房围护构件主要有屋面、外墙、门窗、地面等。

习　　题

1. 什么叫工业建筑？有何特点？
2. 工业建筑如何分类？
3. 工业建筑常用的起重运输设备有哪几种？如何划分其工作制？
4. 单层装配式钢筋混凝土厂房由哪些构件组成？各构件有何作用。

第 5 章 单层厂房设计

【教学目标与要求】
- 熟悉单层厂房平面设计内容
- 掌握柱网确定原则
- 熟悉单层厂房各部位高度的确定
- 掌握厂房柱顶标高确定方法
- 了解单层厂房天然采光方式
- 了解厂房立面处理方法

对于厂房的设计，平面、剖面和立面设计必不可少。这三者能综合表达一栋厂房的空间尺度，是不可分割的整体。设计时必须统一考虑三者之间的关系，设计平面的同时，考虑竖向的尺度关系，设计剖面和立面的同时，也要考虑平面的功能布局和使用要求等。

5.1 单层厂房平面设计

5.1.1 厂房平面设计和生产工艺的关系

在建筑的平面设计中，厂房建筑和民用建筑区别很大。民用建筑的平面设计主要是根据建筑的使用功能由建筑设计人员完成，而厂房的平面设计是先由工艺设计人员进行工艺平面设计（如图 5.1 所示），为使厂房平面设计适用、经济、合理，建筑设计人员需与工艺设计人员和结构设计人员、卫生工程技术人员密切合作，充分协商，全面考虑。

5.1.2 单层厂房平面形式的选择

厂房平面根据生产工艺流程、工段组合、运输组织及采光通风等要求，通常布置成单跨矩形、多跨矩形、方形、L 形、E 形和 H 形等各种平面形式。其中单跨矩形是平面形式中最简单的，它是构成其他平面形式的基本单位。当生产工艺流程要求或生产规模较大时，可以采用多跨组合的平面，其组合方式随工艺流程而定，可以组成如图 5.2 所示的各种平面形式。

方形平面为在矩形平面基础上加宽形成方形或近似方形平面，其特点是在面积相同的

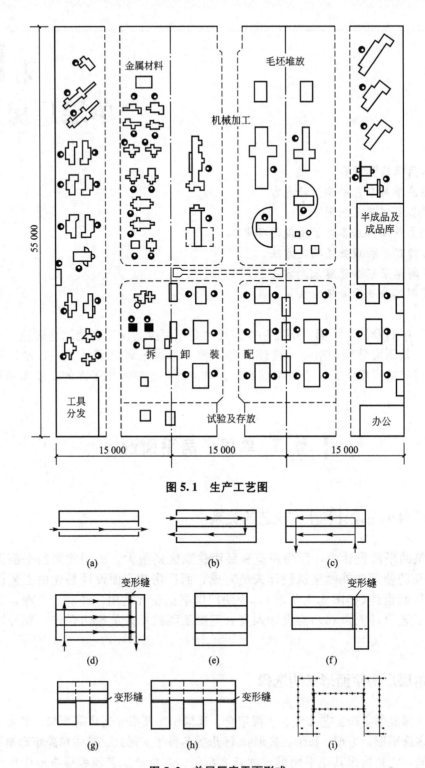

图 5.1 生产工艺图

图 5.2 单层厂房平面形式

情况下,方形平面比其他形式平面节约外围结构的周长约 25%,具有较好的保温隔热性。方形平面简单,利于抗震,易于设计和施工,且综合造价较为经济,因此应用较广。

L形、E形和H形平面的特点是厂房外墙周长较长，内部宽度不大，可以有良好的室内采光、通风、散热、除尘等条件，有利于改善室内工作环境，因此适用于中型以上的热加工厂房。但因为这些平面形式有纵横跨相交，垂交处构件类型增多，构造复杂，会引起设计、施工及后期使用维护上的不便。

5.1.3 柱网的选择

在骨架结构厂房中，柱子是竖向承重的主要构件。柱子在平面上排列所形成的网格称为柱网。柱网是用定位轴线来定位体现，柱子在纵横定位轴线相交处设置。柱子在纵向定位轴线间的距离称为跨度，横向定位轴线间的距离称为柱距。柱网的选择实际上就是选择厂房的跨度和柱距，如图5.3所示。

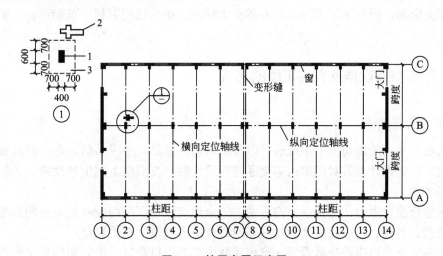

图5.3 柱网布置示意图
1—柱子；2—生产设备；3—柱基础轮廓

柱网选择须满足以下设计要求。

(1) 满足生产工艺提出的要求。

柱网选择时要满足工艺设计人员在工艺流程和设备布置上对跨度和柱距的大小要求。个别时候由于设备和产品超长和超大，一般柱距满足不了这种要求，还需要在一定范围内少设一根或几根柱子。

(2) 遵守《厂房建筑模数协调标准》。

国家标准《厂房建筑模数协调标准》要求厂房建筑的平面和竖向协调模数的基数值均应取扩大模数3M(M为基本模数符号，1M等于100mm)。

厂房的跨度在18m和18m以下时，应采用扩大模数30M数列，即9米、12米、15米、18米；在18m以上时，应采用扩大模数60M数列，即18米、24米、30米和36米。

厂房的柱距应采用扩大模数60M数列，即6米和12米。

厂房山墙处抗风柱柱距宜采用扩大模数15M数列，即3米、4.5米和6米等。

遵守《厂房建筑模数协调标准》可以减少厂房构件的尺寸类型，提高厂房建设的工业化水平，加快施工速度。

(3) 调整和统一柱网。

厂房内部因工艺要求，有时会拔掉一些柱子，会出现大小柱距不均匀的现象，给结构设计、施工带来复杂性，也降低通用性。这时就要全面考虑调整柱距，最好使柱距统一或采用扩大柱网。

(4) 尽量选用扩大柱网。

厂房设计时尽量选用扩大柱网，可以提高厂房的通用性和经济合理性，扩大生产面积，加快建设速度，提高吊车的服务范围。

据综合分析，不管有无吊车，18m 和 24m 两个跨度适应性较强，应用面广，利用率较高，较为经济合理。在工艺无特殊要求的情况下，一般不宜再扩大跨度，而应扩大柱距。6m 柱距是柱网中的的基本柱距，很多地区的预制构件厂都有与之配套的相关系列构件模具，施工方便快捷。但个别厂房由于设备大小或摆放要求 6m 柱距不够，厂房通用性也受到相应限制，便使用了 12m、24m 等扩大柱距。扩大柱网有利于布置设备、扩大生产面积。

5.1.4　厂房交通设施及有害工段的布置

1. 厂房交通设施

工人在厂房内的走动及上下班通行以及原材料、成品、半成品的运送，都需要在厂房内设通道。建筑设计人员对厂房内部交通进行设计时，要根据车间生产性质、人流量和行车宽度等考虑。

在紧急情况发生时，为保证人们迅速、安全地疏散，厂房内应布置安全的通道和疏散门，其数量、位置、疏散距离要满足《建筑设计防火规范》有关规定。

厂房的安全出口应该分散设置，且相邻两个安全出口最近边缘之间的水平距离不应小于 5m。

2. 特殊要求及有害工段的布置

在做厂房平面设计时，产生高温、有害气体、烟、雾、粉尘的工段，应布置在全年主导风向的下风侧，且靠外墙、通风条件良好，并应避免采用封闭式或半封闭式的平面形式。产生高温的工段的长轴，宜与夏季主导风向垂直或呈不小于 45°交角布置。

易燃、易爆危险品工段的布置，应保证生产人员的安全操作及疏散方便，布置在靠外墙处，以便利用外墙的窗洞进行通风和爆炸时泄压，并应符合国家现行的有关标准的规定。

5.1.5　工厂总平面图对厂房平面设计的影响

工厂总平面是由建筑物、构筑物及交通联系等部分组成，如图 5.4 所示。工厂总平面图设计，应根据国家标准《工业企业总平面设计规范》，在总体规划的基础上，根据工业企业的性质、规模、生产流程、交通运输、环境保护以及防火、安全、卫生、施工及检修等要求，结合场地自然条件，确定建筑物、构筑物及交通联系部分的位置。

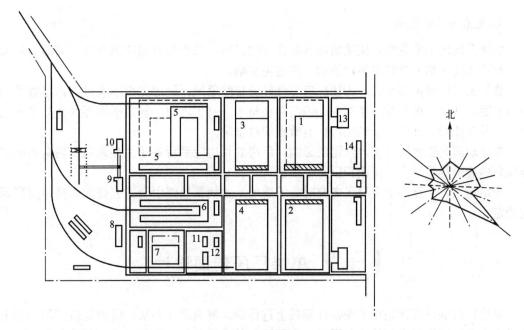

图 5.4 某机械制造厂总平面图
1—辅助车间；2—装配车间；3—机械加工车间；4—冲压车间；5—铸工车间；6—锻工车间；7—总仓库；8—木工车间；9—锅炉房；10—煤气发生站；11—氧气站；12—压缩空气站；13—食堂；14—厂部办公楼

1. 交通流线的影响

工厂是由建筑物和构筑物及交通联系部分有机组成的，其具体表现为人物流的交通流线组织。厂房人流主要出入口及生活间，货流的出入口位置都要受到交通流线的影响，并要求运输路线简捷、不迂回不交叉，避免相互干扰。

2. 厂区地段的影响

厂房地形对厂房平面形式有直接影响，如图 5.5 所示。在不同地段中，为减少土石方工程和投资，加快施工进度，厂房平面形式在工艺条件许可的情况下应适应地形，避免过分强调平整、简单、规整，尽量减少投资，加快施工进度，使厂房能早日投产，早见经济效益。

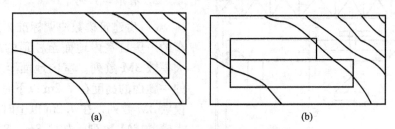

图 5.5 地形对平面形式的影响

总图中地段形式有时也影响着后建厂房的平面形式，所以设计时也要考虑工业企业远期发展规划的需要，适当留有发展的余地，符合可持续发展的国策。

3. 气象条件的影响

应结合当地气象条件，使建筑物具有良好的朝向、采光和自然通风条件。高温、热加工、有特殊要求和人员较多的建筑物，应避免夕晒。

热加工厂房或炎热地区，为使厂房有良好的自然通风，厂房宽度不宜过大，尽量采用矩形平面，并使厂房长轴与夏季主导风向在夹角45°～90°之间。复杂平面尽量开口朝向迎风面，并在侧墙上开设窗子和大门，有效组织过堂风。

寒冷地区为避免风对室内气温的影响，厂房的长边应平行冬季主导风向，朝向冬季主导风向的墙上尽量减少门窗面积以降低热损失。

个别地区，冬夏季节主导风向有时是矛盾的，这就要根据生产工艺要求和具体情况研究确定。

5.2 单层厂房剖面设计

单层厂房剖面设计是在平面设计基础上进行的。剖面设计要从厂房的建筑空间处理上满足生产工艺对厂房提出的各种要求，剖面设计的合理与否，直接关系到厂房的使用。厂房内部的不同高度是剖面设计主要的内容，生产工艺对高度的确定起决定作用。

厂房高度是室内地坪面到屋顶承重结构下表面之间的距离。如果厂房是坡屋顶，则厂房高度是由地坪面到屋顶承重结构的最低点的垂直距离。由于柱子是厂房竖向承重的主要构件，厂房高度常为柱顶标高，即屋架下弦标高。

5.2.1 生产工艺对柱顶标高的影响

1. 无吊车厂房

柱顶标高是按最大生产设备高度和安装、检修时所需的净空高度确定。同时也应考虑符合《工业建筑设计卫生标准》的要求，及《厂房建筑模数协调标准》和空间心理感觉的要求。

无吊车的厂房自室内地面至柱顶的高度应为扩大模数3M数列。砌体结构厂房的柱顶标高可符合1M数列。

2. 有吊车厂房

《厂房建筑模数协调标准》规定：有吊车的厂房自室内地面至柱顶的高度应为扩大模数3M数列。室内地面至支承吊车梁的牛腿面的高度在7.2m以下时，应为扩大模数3M数列；在7.2m以上时，宜采用扩大模数6M数列，如7.8m、8.4m、9.0m和9.6m等数值。

有吊车厂房的剖面实际是要设计柱顶标高和牛腿标高（如图5.6所示）。

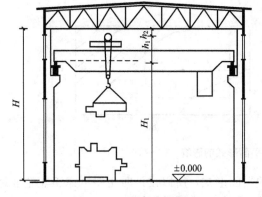

图5.6 厂房高度的确定

柱顶标高的计算公式如下。

$$H = H_1 + h_1 + h_2$$

式中：H——柱顶标高(m)，符合 3M 的模数；

H_1——吊车轨顶标高(m)，由工艺人员提出；

h_1——吊车轨顶至小车顶面的高度(m)，根据吊车样本查出；

h_2——小车顶面到屋架下弦底面之间的安全运行空隙(mm)，根据《通用桥式起重机限界尺寸》查出。

工艺人员提出的吊车轨顶标高 H_1 为牛腿标高与吊车梁高、吊车轨高及垫层厚度之和，据此已知条件可以得出牛腿标高，并使之符合《厂房建筑模数协调标准》规定。根据牛腿标高及吊车梁高、吊车轨高及垫层厚度可以反推出实际的轨顶标高，可能与工艺人员提出轨顶标高有差异，最后轨顶标高的确定应以等于或大于工艺设计人员提出的轨顶标高为依据而定。H_1 值重新确定后，再进行 H 值的计算，并使之符合 3M 的模数。

5.2.2 室内外地坪标高

在一般情况下，单层厂房室内地坪与室外地面须设置高差，以防雨水浸入室内。《工业企业总平面设计规范》规定：建筑物的室内地坪标高，应高出室外场地地面设计标高，且不应小于 0.15m。为了便于运输工具进出厂房和不加长门口坡道的长度影响厂区路网，这个高差不宜太大，一般取 150mm。

在地势平坦的地区建厂，为便于工艺布置和生产运输，整个厂房地坪宜取一个标高。

5.2.3 厂房内部空间利用

在确定厂房高度时，要注意有效地节约并利用厂房的空间。如个别的高大设备或个别的要求高空间的操作环节，采取个别处理，不使其影响整个厂房的高度。在不影响生产工艺情况下，可以把某些高大设备或工件放在地面的地坑里(如图 5.7(a)所示)；或将个别高

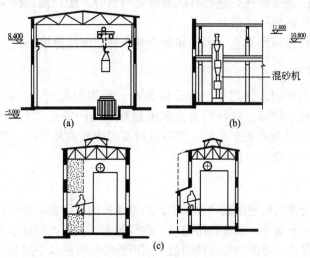

图 5.7 厂房内部空间利用

大设备布置在两榀屋架之间，使其充分利用厂房的空间（如图 5.7(b)所示）；或将有关几个柱间的屋面提高（如图 5.7(c)所示），避免提高整个厂房高度，减少浪费。

5.2.4 厂房天然采光

厂房天然采光方式主要有侧面采光、顶部采光、混合采光 3 种。

1. 侧面采光

侧面采光分单侧采光和双侧采光。单侧采光的有效进深为侧窗口上沿至地面高度的 1.5～2.0 倍。如果厂房的进深很大，超过单侧采光所能解决的范围时，就要用双侧采光或加以人工照明。

2. 顶部采光

顶部采光是利用开设在屋顶上的天窗进行采光。常见形式有矩形天窗、锯齿形天窗、下沉式天窗、平天窗等。

3. 混合采光

混合采光是指侧面采光不满足厂房的采光要求时，在屋顶开设天窗，两种采光方式结合达到采光要求。

厂房采光面积，经常根据厂房的采光、通风、美观等综合要求，先大致确定开窗口面积和位置，然后根据厂房的采光等级进行校核。采光计算的方法很多，最简单的方法是利用《工业企业采光设计标准》（GB 50033—1991）给出的窗地面积比的方法。

5.3 单层厂房立面设计

厂房的立面设计就是运用建筑构图规律在已有的厂房体形基础上利用柱子勒脚、门窗、墙面、线脚、雨篷等构件，进行有机的组合与划分，使立面简洁大方，比例恰当，节奏自然，色调质感协调统一的效果。

厂房的立面设计常采用垂直、水平和混合等 3 种立面划分手法。

1. 立面垂直划分

单层厂房的纵向外墙多为简单、扁长的条形，采用垂直划分可以改变墙面的扁平比例，使厂房显得雄伟、挺拔。这种组合大多根据外墙结构特点，在一个柱距内利用柱子、侧窗等构件构成竖向线条的重复单元，然后进行有规律地重复分布，使立面具有垂直方向感，形成垂直划分，如图 5.8 所示。

2. 立面水平划分

厂房水平划分通常的处理手法是在水平方向设通长的带形窗，并可以用通长的窗眉线或窗台线，将窗连成水平条带；或者利用檐口、勒脚等水平构件，组成水平条形带；在开敞式外墙的厂房里，设置挑出墙面的多层挡雨板，用阴影的作用使水平线条更加突出；大型装配式墙板厂房，常以与墙板相同大小的窗子代替墙板，构成通长水平带形窗。也有用涂层钢板

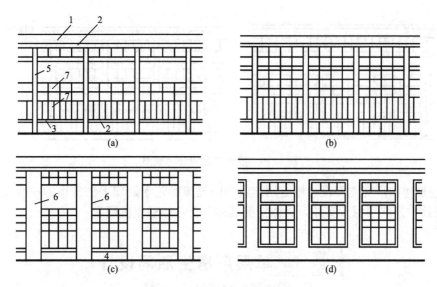

图 5.8 墙面垂直划分示意图

1—女儿墙；2—窗眉线或遮阳板；3—窗台线；4—勒脚；5—柱；6—窗间墙；7—窗

和淡色透明塑料制成的波纹板作为厂房外墙材料，它们与其他颜色墙面相间布置自然构成不同色带的水平划分，形成水平向的线条，这样既可简化围护结构，又利于建筑工业化。

水平划分的外形简洁、舒展、大方。很多厂房立面都采用了这种处理手法(如图 5.9 所示)。

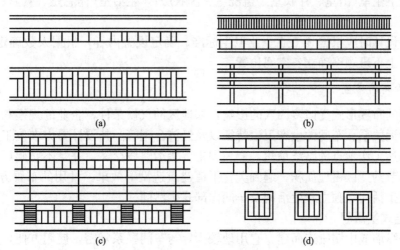

图 5.9 墙面水平划分示意图

3. 立面混合划分

立面的水平划分与垂直划分经常不是单独存在的，一般都是结合运用，但是其中会以某种划分为主；或者两种方式混合运用，互相结合，相互衬托，不分明显主次，从而构成水平与垂直的有机结合。

采用这种处理手法应注意垂直与水平的关系，务必使其达到互相渗透，混而不乱，以取得生动和谐、外形统一的效果(如图 5.10 所示)。

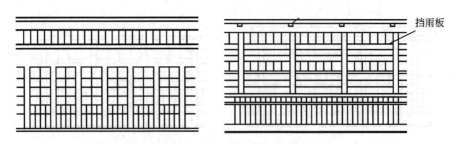

图 5.10　墙面混合划分示意图

这些是单层厂房立面设计里运用建筑构图规律和艺术处理手法常用的一些设计方法，在具体设计中还必须深入实际，具体情况具体分析，切忌生搬硬套。

5.4　单层厂房生活间设计

1. 生活间的组成

为了满足生产过程的生产卫生及工人生活、健康的需要，为保证产品质量、提高劳动效率，在工厂中除厂房外，尚需设置辅助用室，即生活间。

生活间应根据工业企业生产特点、实际需要和使用方便的原则设置，包括工作场所办公室、生产卫生室(浴室、存衣室、盥洗室、洗衣房)、生活室(休息室、食堂、厕所)、妇女卫生室等。

生活间设计时应根据《工业企业卫生标准》确定设置内容，根据人数确定空间尺寸，根据男女、上下班顺序确立各空间位置。

2. 生活间的布置

生活间的布置形式受诸多因素的影响，如地区的气候条件、企业的规模和性质、总平面人流和货运关系、车间的生产卫生特征以及经济合理等。其设计要力求使工人进厂后经过生活间到达工作地点的路线最短，避免和主要货运路线交叉，并且不妨碍厂房采光、通风和扩建，节约厂区占地面积，起到美化干道建筑造型等效果。常用的布置方式有以下 3 种：毗连式生活间、独立式生活间及车间内部式生活间。

1) 毗连式生活间

与厂房纵墙或山墙毗连而建，它用地较少，与车间联系紧密，使用方便，并可与车间共用一段墙，既经济又有利于室内保温，车间的某些辅助部分也可设在生活间底层。它常用于单层厂房的冷加工车间。当生活间沿车间纵墙毗连时，易妨碍车间的采光与通风，所以一般不宜超过纵向长度的 1/3。当生活间沿厂房山墙毗连时，人流路线多与车间内部运输线相平行，通行障碍少，但厂房端部常设有进出原料及成品、半成品的大门，使生活间平面长度受到限制。

2) 独立式生活间

生活间单独建造，与厂房有一定距离，此种生活间多用于热加工或散发有害物质及振动大的车间等。在寒冷和多雨地区宜采用通廊、天桥或地道与车间相连。

3)车间内部式生活间

当车间内部生产卫生状况允许时,利用车间内部空闲位置设置生活间,它使用方便,经济合理。

背 景 知 识

某厂房建筑图

某厂区除尘空压机房,单层建筑。梁下高9米,室内外高差0.15米。预制钢筋混凝土排架结构。外墙370厚粘土空心砖,屋面采用FSG防水保温板。内设梁式吊车。

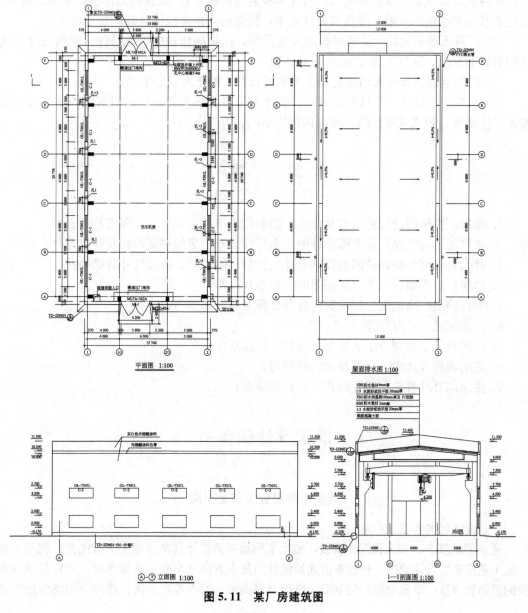

图 5.11 某厂房建筑图

小　结

（1）厂房的平面设计首先要满足生产工艺的要求，其次平面形式简洁、规整，面积经济、合理，构造简单易于施工；符合模数协调标准；选择合适的柱网；正确地解决厂房的采光和通风；合理地布置有害工段及生活用室；妥善处理安全疏散及防火措施等。

（2）柱网的选择必须满足生产工艺的要求，柱距、跨度要遵守《厂房建筑模数协调标准》，尽量调整和统一柱网，选用扩大柱网。

（3）厂房的剖面设计首先要考虑满足生产工艺的要求，确定适用经济的厂房高度；其次厂房剖面设计建筑参数应符合《厂房建筑模数协调标准》；以及满足厂房的采光、通风、防排水及围护结构的保温、隔热等设计要求；构造的选择应经济合理，易于施工。

（4）厂房天然采光设计是充分利用日光资源，提供高质量的采光条件。天然采光方式主要有侧面采光、顶部采光、混合采光 3 种。

（5）厂房立面设计常采用垂直、水平和混合等 3 种立面划分手法。

（6）生活间应包括工作场所办公室、生产卫生室生活室等。生活间常用的布置方式有毗连式生活间、独立式生活间及车间内部生活间。

习　题

1. 单层厂房平面设计的内容是什么？影响厂房平面形式的主要因素是什么？
2. 生产工艺与单层厂房平面设计的关系是什么？厂房的平面形式及特点是什么？
3. 什么是柱网？确定柱网的原则是什么？常用的柱距、跨度尺寸有哪些？
4. 单层厂房平面设计与总平面图的关系是什么？
5. 如何确定厂房高度？厂房其他各部分高度与标高如何确定？
6. 厂房采光方式有哪些？
7. 厂房设计立面划分手法常用哪几种？特点是什么？
8. 你的课程设计中，立面是如何处理的？
9. 生活间有几种平面布置形式？各自优缺点？

课程设计任务书

题目：单层金工装配车间

一、设计目的和要求

通过理论教学、参观和设计实践，使学生熟悉有关设计规范及相关标准图集，初步了解一般工业建筑的设计原理；初步掌握建筑设计的基本方法和步骤；掌握单层厂房定位轴线布置的原则和方法；掌握单层厂房剖面、立面及详图设计的内容和方法。培养应用所学理论知识分析问题和解决问题的能力,进一步训练和提高绘图技巧及识读施工图的技能。

二、项目简介

本工程为长春市某金工装配车间,主要用于构件的机械加工与构件装配。厂房结构形式为装配式钢筋混凝土排架结构,工艺流程、吊车规格见附图。

三、设计内容与深度

1. 平面图(比例：1∶200)

(1) 进行柱网布置;

(2) 划分定位轴线并进行轴线编号;

(3) 布置围护结构及门窗;

(4) 绘出吊车轮廓线,标注吊车起重量 Q,吊车跨度 L_K,轨顶标高 H_1;

(5) 标注两道尺寸(轴线尺寸、总尺寸);

(6) 绘出详图索引。

2. 剖面或纵剖面一个(比例 1∶200)

(1) 绘出柱、屋架、天窗架、屋面板 吊车梁、墙、门、窗、连系梁、基础梁、吊车、金属梯等;

(2) 标注两道尺寸及标高(室内外地面、门窗洞口、女儿墙顶、轨顶、柱顶标高),画出定位轴线并进行编号;

(3) 标注详图索引。

3. 详图(1∶10、1∶20)

1) 平面节点详图

绘出 5 个平面节点详图,要求绘出柱、墙、定位轴线,标出必要的尺寸(或文字代号)并进行轴线编号。

2) 剖面节点详图

选择屋面及天窗节点详图 2 个,选择构造方式,进行细部处理。标注必要的尺寸、材料及做法。

四、附图

方案1

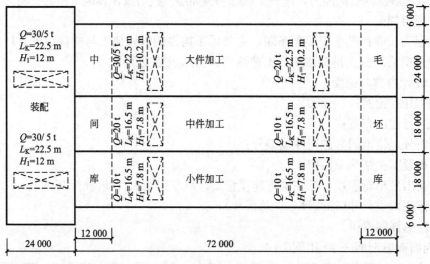

方案2

第6章 单层厂房定位轴线的标定

【教学目标与要求】
- 掌握定位轴线的作用、分类
- 掌握横向定位轴线的确定原则
- 掌握纵向定位轴线的确定原则
- 掌握纵横跨相交处定位轴线的确定原则

单层厂房定位轴线是确定厂房主要承重构件位置及其相互间标志尺寸的基准线,也是厂房施工放线和设备安装定位的依据。通常,平行于厂房长度方向的定位轴线称纵向定位轴线,相邻两条纵向定位轴线间的距离标志着厂房跨度,即屋架的标志长度(跨度)。垂直于厂房长度方向的定位轴线,称横向定位轴线,相邻两条横向定位轴线间的距离标志着厂房柱距,即吊车梁、连系梁、基础梁、屋面板及外墙板等一系列纵向构件的标志长度。

标定定位轴线时,应满足生产工艺的要求,并注意减少构件的类型和规格,预制装配化程度及其通用互换性,提高厂房建筑的工业化水平。

6.1 横向定位轴线

横向定位轴线通过处是吊车梁、屋面板、连系梁、基础梁及墙板标志尺寸端部的位置。

6.1.1 中间柱与横向定位轴线的联系

除横向变形缝处及端部排架柱外,中间柱的中心线应与横向定位轴线相重合。此时,屋架端部位于柱中心线通过处。连系梁、吊车梁、基础梁、屋面板及外墙板等构件的标志长度皆以柱中心线为准,柱距相同时,这些构件的标志长度相同,连接构造方式也可统一,如图6.1所示。

6.1.2 横向伸缩缝、防震缝处柱与横向定位轴线的联系

在单层厂房中,横向伸缩缝、防震缝处一般是在一个基础上设双柱、双屋架。各柱有各自的基础杯口,这主要是考虑便于柱的吊装就位和固定。双柱间应有一定的间距,这是由于双杯口壁要有一定的厚度和构造处理的要求而定的。如其定位轴线的标定仍与中间柱的标定一样,则吊车梁间和屋面板间将出现较大的空隙,使它们不能连接。由于吊车的运

行和屋面封闭的需要,则需采用非标准的补充构件连结吊车梁和屋面板,如图 6.2 所示。这样处理使构件类型增多,不利于建筑工业化。为了不增加构件类型,有利于建筑工业化,横向变形缝处定位轴线的标定采用双轴线处理,各轴线均由吊车梁和屋面板标志尺寸端部通过。两轴线间的距离 a_i 为缝宽 a_e,即 $a_i = a_e$。两柱中心线各自轴线后退 600mm($2 \times 3M_0$),如图 6.3 所示。这样标定,吊车梁、屋面板等纵向连系构件的标志尺寸规格不变,与其他柱距处的尺寸规格一样,不增加补充构件。只是其与柱和屋架的连结处的埋设件位置有变,各自后退 600mm。变形缝两侧柱间的实际距离较其他处的柱距减少 600mm,但柱距的标志尺寸仍为 600mm。

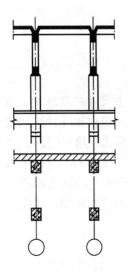

图 6.1 中间柱与横向定位轴线的联系

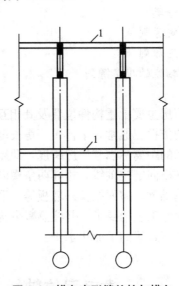

图 6.2 横向变形缝处柱与横向定位轴线的非标准联系方式
1—非标准的补充构件

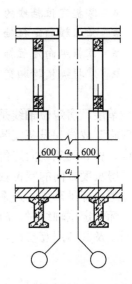

图 6.3 横向伸缩缝、防震缝处柱与横向定位轴线的联系
a_i—插入距;a_e—变形缝宽

6.1.3 山墙与横向定位轴线的联系

山墙为非承重墙时,墙内缘和抗风柱外缘应与横向定位轴线相重合。端部排架柱的中心线应自横向定位轴线向内移 600mm,端部实际柱距减少 600mm。定位轴线与山墙内缘重合,可保证屋面板端部与山墙内缘之间不出现缝隙,避免采用补充构件,如图 6.4 所示。端柱中心线自定位轴线内移 600mm,是由于山墙设有抗风柱,该柱须通至屋架上弦或屋面梁上翼缘处,其柱顶用钣铰与屋架或屋面大梁相连接,以传递风荷载,因此,端部屋架或屋面梁与山墙间应留有一定的空隙,以保证抗风柱得以通上。一般情况下,端柱内移 600mm 后所形成的空隙已能满足抗风柱通上的要求,同时也与变形缝处定位轴线的处理相同,以便于构件定型和通用互换。

山墙为砌体承重时,墙内缘与横向定位轴线间的距离 λ 应按砌体的块料类别分别为半块或半块的倍数或墙厚的一半,如图 6.5 所示。这样规定,是考虑当前有些厂房仍有用各种块材(如各种砖或混凝土砌块等)砌筑厂房外墙,以保证构件在墙体上应有的支承长度,同时也照顾到各地有因地制宜灵活选择墙体材料的可能性。

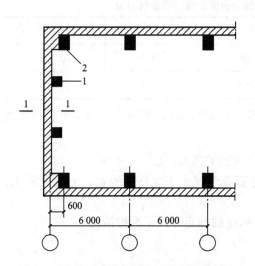

图 6.4 非承重山墙与横向定位轴线的联系
1—山墙抗风柱；2—厂房排架柱(端柱)

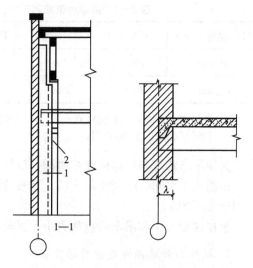

图 6.5 承重山墙与横向定位轴线的联系
λ—墙体块材的半块、半块的倍数或墙厚的一半

6.2 纵向定位轴线

纵向定位轴线在柱身通过处是屋架或屋面大梁标志尺寸端部的边缘位置。

6.2.1 墙、边柱与纵向定位轴线的联系

纵向定位轴线的标定与吊车桥架端头长度、桥架端头与上柱内缘的安全缝隙宽度以及上柱宽度有关，如图 6.6 所示。图中：

- h——上柱宽度，一般为 400mm、500mm；
- h_0——轴线至上柱内缘的距离；
- C_b——上柱内缘至桥架端部的缝隙宽度(安全缝隙)，其值见表 6-1；
- B——桥架端头长度，其值随吊车起重量大小而异，见表 6-1；
- a_c——联系尺寸，即轴线至柱外缘的距离；
- L——厂房跨度(m)；
- L_k——吊车跨度(吊车轮距)(m)；
- e——轴线至吊车轨道中心线的距离，一般取 750mm。当吊车起重量大于 500kN 时或有构造要求时(如设走道板)，可取 1 000mm；砌体结构的厂房中，当采用梁式吊车时允许取 500mm。

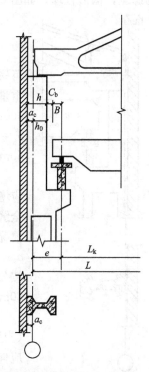

图 6.6 轴线与上柱宽度、吊车桥架端头长度及安全缝隙之间的关系

表 6-1 吊车桥架端部尺寸(B)及最小的安全缝隙宽度(C_b)值

吊车起重量/kN	<50	50~100	150/30~200/50	300/50~500/100	750/200
B/mm	186	230	260	300	350~400
C_b/mm	≥80	≥80	≥80	≥80	≥100

注：各厂产品不同表内数值略有出入。本表按国家标准《通用桥式起重机界限尺寸》1987(上海起重运输机机械厂主编)选用。

为使吊车跨度与厂房跨度相协调，L 与 L_k 之间的关系为：$L-L_k=2e$。

由图 6.6 可知，$e=B+h_0+C_b$。因安全缝隙要等于或大于允许的缝宽，上式可写成：$e-(B+h_0)\geqslant C_b$。

根据柱距大小和吊车起重量大小，纵向定位轴线的标定分以下两种情况。

1. 轴线与外墙内缘及柱外缘重合

即 $a_c=0$ $h=h_0$

这种标定法适用于无吊车或只设悬挂式吊车的厂房以及柱距为 6m，吊车起重量 $Q\leqslant 200/50$kN 的厂房，如图 6.6 所示。

因为 $Q\leqslant 200/50$kN 时，其相应的参数为：$h=h_0=400$mm；$B=260$mm；$C_b\geqslant 80$mm。根据公式 $e-(B+h_0)\geqslant C_b$，即 750-(260+400)=90mm>80mm，说明安全缝隙大于允许的缝宽，构造合理，如图 6.7 所示。

2. 轴线与柱外缘之间增设联系尺寸 a_c

即 $h_0=h-a_c$，a_c 值应为 300mm 或其倍数。当墙体为砌体时，可采用 50mm 或其整倍数。这种标定法适用于柱距为 6m，吊车起重量 ≥300/50kN 的厂房(图 6.6 所示)。因为此时其相应参数为 $h=400$mm；$B=300$mm；$C_b\geqslant 80$mm。如仍采用第一种标定法，即 $a_c=0$；$h=h_0$ 时，根据公式 $e-(B+h_0)\geqslant C_b$，即 750-(300+400)=50mm<80mm。

这说明，由于吊车起重量或柱距的增大，相应的 B 和 h 值也相应增大，如仍采用第一种标定法，则不可能满足吊车运行时所需安全缝隙宽度的要求。因此，要采用第二种标定法，即在轴线不动的情况下，把柱外缘自轴线向外推移一个 a_c 值的距离，即 $h_0=h-a_c$。如墙为砖砌体时，a_c 值取 50mm，则 $h_0=400-50=350$mm。按公式 $e-(B+h_0)>80$mm，即 750-(300+350)=100mm>80mm，可满足安全缝隙宽度的要求。

采用第二种标定时，必须注意保证屋架在柱上应有的支撑长度(当屋架等与柱刚接时除外)不得小于 300mm，如不足时则上柱头应伸出牛腿以保证支座长度。

在无吊车或只有悬挂式吊车的厂房中，当采用带有承重壁柱的外墙时，墙内缘与纵向定位轴线间的距离宜为墙材半块的倍数或使墙中心线与定位轴线相重合，如图 6.8 所示。

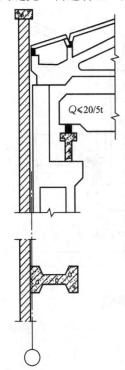

图 6.7 外墙、边柱与纵向定位轴线的联系

6.2.2 中柱与纵向定位轴线的联系

1. 等高跨中柱

等高厂房的中柱,宜设置单柱和一条纵向定位轴线。定位轴线通过相邻两跨屋架的标志尺寸端部,并与上柱中心线相重合,如图 6.9(a)所示。上柱截面高度 h 一般取 600mm,以保证两侧屋架应有的支点长度,上柱头不带牛腿,制作简便。

等高厂房的中柱,由于相邻跨内的桥式吊车起重量、厂房柱距或构造等要求需设插入距时,中柱可采用单柱及两条纵向定位轴线。插入距 a_i 应符合 $3M_0$ 数列,上柱中心线宜与插入距中心线相重合,如图 6.9(b)所示。

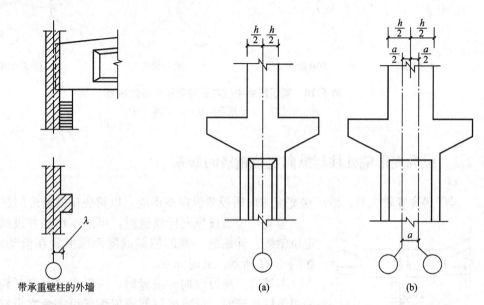

图 6.8 带承重壁柱的外墙及承重
外墙与纵向定位轴线的联系
λ—墙材半块、半块倍数或墙厚一半

图 6.9 等高跨的中柱与纵向定位轴线的联系

2. 高低跨处中柱

高低跨处采用单柱时,如高跨吊车起重量 $Q \leqslant 200/50$kN,则高跨上柱外缘与封墙内缘宜与纵向定位轴线相重合,如图 6.10(a)所示。

当高跨吊车起重量较大,如 $Q \geqslant 300/50$kN 时,其上柱外缘与纵向定位轴线间宜设连系尺寸 a_c,这时,应采用两条纵向定位轴线,两线间的距离为插入距 a_i。此时 a_i 在数值上等于连系尺寸 a_c,如图 6.10(b)所示。对于这类中柱仍可看作是高跨的边柱,只不过由于高跨吊车起重量大等原因,引起构造上需要加设联系尺寸 a_c,即相当于该柱外缘应自该跨定位轴线向低跨方向移动 a_c 的距离。但对低跨来说,为简化屋面构造,在可能时,其定位轴线则应自上柱外缘、封墙内缘通过,所以此时在一根柱上同时存在两条定位轴线,分属于高、低跨。

如封墙处采用墙板结构时,可按图 6.10(c)、(d)所示处理。

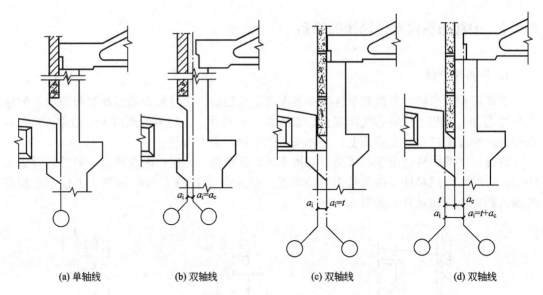

(a) 单轴线　　　(b) 双轴线　　　(c) 双轴线　　　(d) 双轴线

图 6.10　高低跨处中柱与纵向定位轴线的联系

a_i—插入距；a_c—联系尺寸；t—封墙厚度

6.2.3　纵向变形缝处柱与纵向定位轴线的联系

当厂房宽度较大时，沿厂房宽度方向需设置纵向变形缝，以解决横向变形问题。

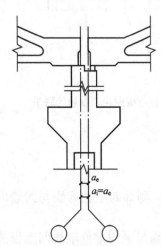

图 6.11　等高厂房纵向伸缩缝处单柱与双轴线的联系

等高厂房需设纵向伸缩缝时，可采用单柱并设两条纵向定位轴线。伸缩缝一侧的屋架或屋面梁搁置在活动支座上，如图 6.11 所示。此时 $a_i=a_e$。

不等高厂房设纵向伸缩缝时，一般设置在高低跨处。当采用单柱处理时，低跨的屋架或屋面梁可搁置在设有活动支座的牛腿上，高低跨处应采用两条纵向定位轴线，其间设插入距 a_i，此时 a_i 在数值上与伸缩缝宽度 a_e、联系尺寸 a_c、封墙厚度 t 的关系如图 6.12 所示。

高低跨采用单柱处理，结构简单，吊装工程量少，但柱外形较复杂，制作不便，尤其当两侧高差悬殊或吊车起重量差异较大时，往往不甚适宜，这时伸缩缝、防震缝可结合沉降缝采用双柱结构方案。

当伸缩缝、防震缝处采用双柱时，应采用两条纵向定位轴线，并设插入距。柱与纵向定位轴线的定位规定可分别按各自的边柱处理，如图 6.13 所示。此时，高低跨两侧结构实际是各自独立、自成系统，仅是互相靠拢，以便下部空间相通，有利于组织生产。

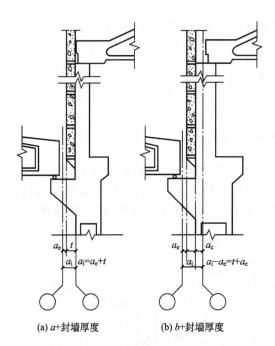

图 6.12 不等高厂房纵向伸缩缝处单柱与纵向定位轴线的联系图

a_i—插入距；a_c—连系尺寸；a_e—变形缝宽；t—封墙厚度

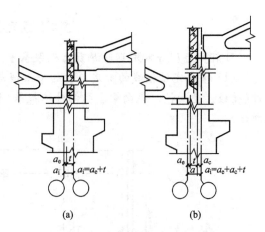

图 6.13 不等高厂房纵向变形缝处双柱与纵向定位轴线的联系

6.3 纵横跨相交处的定位轴线

在厂房的纵横跨相交时，常在相交处设变形缝，使纵横跨各自独立。纵横跨应有各自的柱列和定位轴线。各轴线与柱的定位按前述诸原则进行，然后再将相交体都组合在一起。对于纵跨，相交处的处理相当于山墙处；对于横跨，相交处处理相当于边柱和外墙处的定位轴线定位。纵横跨相交处采用双柱单墙处理，相交处外墙不落地，成为悬墙，属于横跨。相交处两条定位轴线间插入距 $a_i=a_e+t$ 或 $a_i=a_e+t+a_c$，如图 6.14 所示，当封墙为砌体时，a_e 值为变形缝的宽度；封墙为墙板时，a_e 值取变形缝的宽度或吊装墙板所需净空尺寸的较大者。有纵横相交跨的厂房，其定位轴线编号常是以跨数较多部分为准统一编排。

本章所述定位轴线标定，主要适用于装配式钢筋混凝土结构或混合结构的单层厂房，对

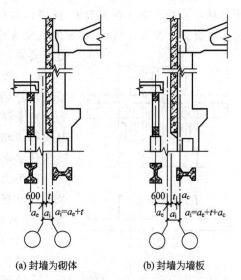

图 6.14 纵横跨相交处柱与定位轴线的联系

a_i—插入距；a_c—连系尺寸；
a_e—变形缝宽；t—封墙厚度

于钢结构厂房,见本书第 8 章或《厂房建筑模数协调标准》(GBJ 6—86)。

背 景 知 识

多层厂房定位轴线的标定

目前多层厂房常用钢筋混凝土框架承重形式,其定位轴线的标定方法如下。

(1) 横向定位轴线的标定:柱的中心线与横向定位轴线相重合。这样可以保证纵向构件(楼板、屋面板、纵向梁、纵向外墙板等)长度相同,以减少构件的规格类型(如图 6.15 所示)。

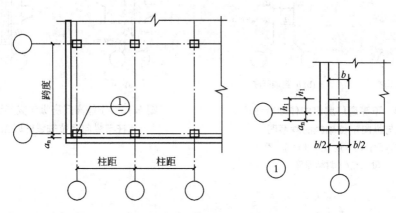

图 6.15 框架结构的定位轴线

(2) 纵向定位轴线的标定:对于中柱,其顶层柱中心线应与纵向定位轴线相重合。对于边柱,其外缘在下柱截面 h_1 范围内与纵向定位轴线浮动定位,其浮动幅度 a_n 为 50mm 及其整数倍。其浮动值 a_n 的确定主要考虑各种构配件的统一与互换和满足建筑、结构构造等要求,如图 6.15 所示。

(3) 横向变形缝(伸缩缝或防震缝)处定位轴线的标定:多层厂房横向变形缝处的定位轴线,应采取加设插入距 a_i 和设两条横向定位轴线的标定方法。此时横向定位轴线应与柱中心线相重合。这样既可以满足伸缩的需要,也可以解决防震的要求,只要改变 a_i 的大小即可。如图 6.16 所示。

采用上述定位轴线的标定方法,当采用外墙板时,转角处墙板处理一般有两种方案,即加长板和转角板方案,如图 6.17 所示。

① 加长板方案——板加长尺寸。

纵墙板:$B_1 = d + b/2$

山墙板:$B_2 = a_n$

② 转角板方案——转角板尺寸。

纵墙板:$B_1 = d + b/2$

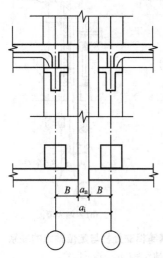

图 6.16 横向变形缝处的轴线

山墙板：$B_2 = d + b$

应注意加长板的加长尺寸 B_1 应和变形缝处板的加长尺寸 B 相一致，以减少构件类型。

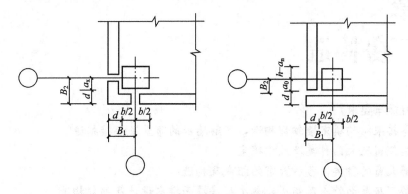

图 6.17　转角处墙板处理

小　结

(1) 单层厂房定位轴线是确定厂房主要承重构件位置及其相互间标志尺寸的基准线，也是厂房施工放线和设备安装定位的依据。

(2) 横向定位轴线标志联系梁、吊车梁、基础梁、屋面板及外墙板等构件的长度。除横向变形缝处及端部排架柱外，中间柱的中心线应与横向定位轴线相重合。

(3) 纵向定位轴线标志屋架或屋面大梁的长度。

(4) 根据柱距大小和吊车起重量大小，边柱纵向定位轴线的标定分轴线与外墙内缘及柱外缘重合(封闭结合)及轴线与柱外缘之间增设连系尺寸 a_c(非封闭结合)两种情况。

(5) 中柱分等高跨中柱和高低跨处中柱与纵向定位轴线的联系。

(6) 纵向变形缝处柱与纵向定位轴线的连系可采用单柱处理及双柱处理两种方式。

(7) 在厂房的纵横跨相交时，常在相交处设变形缝，使纵横跨各自独立。纵横跨应有各自的柱列和定位轴线。各轴线与柱的定位按前述诸原则进行，然后再将相交体都组合在一起。

习　题

1. 什么是定位轴线，有何作用？
2. 纵向定位轴线和横向定位轴线各标志哪些构件的长度？
3. 端部排架柱和横向变形缝处柱子为何不与纵向定位轴线重合？柱中心距纵向定位轴线一般为多少？为什么？
4. 什么情况下采用封闭结合？什么情况下采用非封闭结合？联系尺寸如何确定？
5. 变形缝处采用单柱处理与双柱处理的特点，适用情况？
6. 你认为纵横跨相交处定位轴线有哪几种定位情况？

第7章 单层厂房构造

【教学目标与要求】
- 熟悉排架结构填充墙细部构造,了解墙板的布置及连接构造
- 掌握侧窗及大门种类及尺寸确定
- 了解天窗的种类,各种天窗的组成及构造
- 了解厂房屋面特点及组成,熟悉厂房屋面排水设计及细部构造
- 了解单层工业厂房的地面特点及细部构造

7.1 单层厂房外墙构造

单层厂房围护墙有砌体填充墙、钢筋混凝土大型墙板、轻质墙板等。为利于抗震,宜采用轻质墙板或钢筋混凝土大型墙板,尤其采用扩大柱距;高烈度地区及不等高厂房的高跨封墙不应采用嵌砌砌体墙,宜采用轻质墙板。

7.1.1 砌体围护墙

钢筋混凝土排架结构厂房外墙仅起围护作用,可利用轻质材料制成块材或空心块材砌筑(如图 7.1 所示)。砌体围护墙应设置拉结筋、水平连系梁、圈梁等与主体结构可靠拉结。

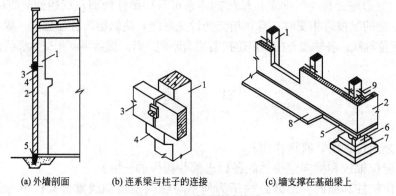

(a) 外墙剖面　　(b) 连系梁与柱子的连接　　(c) 墙支撑在基础梁上

图 7.1　砌体围护墙构造
1—柱;2—块材外墙;3—连系梁;4—牛腿;5—基础梁;6—垫块;
7—杯形基础;8—散水;9—墙柱连接筋

1. 砌体围护墙的支撑

单层厂房围护墙一般都不做带形基础,而是支撑在基础梁上。较高厂房上部墙体由支

撑在柱牛腿上的连系梁承担。基础梁的截面通常为梯形，顶面标高通常比室内地面（±0.000）低50mm，且高出室外地面100mm（厂房室内外高差常为150mm）。根据基础埋置深度有4种处理方法，如图7.2所示。

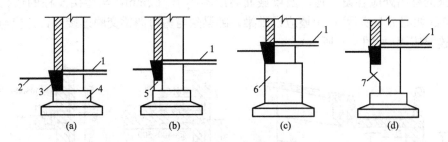

图7.2 基础梁与基础的连接

1—室内地面；2—散水；3—基础梁；4—柱杯形基础；5—垫块；6—高杯口基础；7—牛腿

北方地区厂房，基础梁下部宜用炉渣等松散材料填充，以防冬季土冻胀对基础梁及墙身产生不利的反拱影响（如图7.3所示），同时阻止室内热量向外散失。这种措施对湿陷性土或膨胀性土也同样适用，可避免不均匀沉陷或不均匀胀升引起的不利影响。

2. 墙与柱的连接

墙与柱子（包括抗风柱）采用钢筋连接，由柱子沿高度每隔一定间距伸出 $2\phi6$ 钢筋砌入墙体水平缝内，以达到锚拉作用，如图7.4所示。

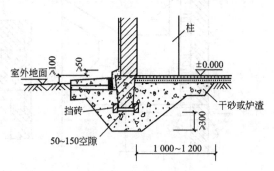

图7.3 基础梁下部的保温措施

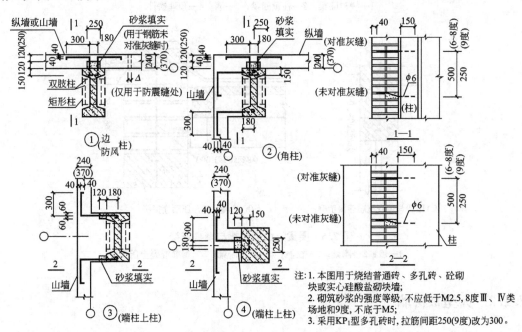

图7.4 外墙与柱的连接

3. 圈梁的设置及构造

为加强墙与屋架、柱子(包括抗风柱)的连接,应适当增设圈梁。一般梯形屋架端部上弦和柱顶的标高处应各设一道,圈梁截面高度不小于180mm,与屋架及柱的锚拉钢筋不少于4φ12(如图7.5所示);山墙应设卧梁,卧梁除与檐口圈梁交圈连接外,并应与屋面板用钢筋连接牢固(如图7.6所示)。

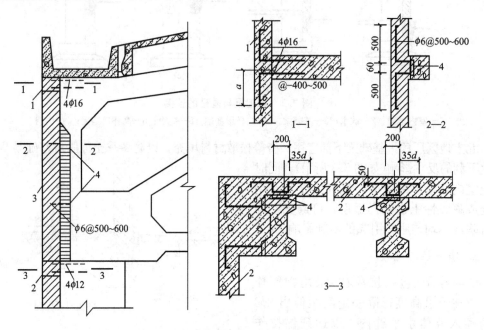

图 7.5　圈梁与屋架的连接

1—檐口圈梁；2—柱顶圈梁；3—墙；4—预埋铁件

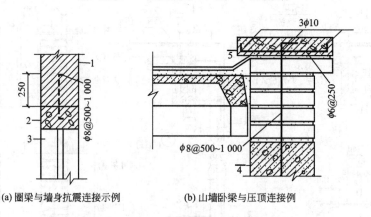

(a) 圈梁与墙身抗震连接示例　　(b) 山墙卧梁与压顶连接例

图 7.6　圈梁、山墙卧梁与墙身连接

1—墙；2—圈梁；3—窗洞；4—山墙卧梁；5—钢筋混凝土压顶

7.1.2　大型板材墙

发展大型板材墙是改革墙体促进建筑工业化的重要措施之一,大型板材墙具有减少湿作业、充分利用工业废料、抗震性能好等优点。

1. 墙板规格及分类

我国现行工业建筑墙板规格中,长和高采用扩大模数 3M 数列。板长有：4 500mm、6 000mm、7 500mm(用于山墙)和 12 000mm 这 4 种,可适用于 6m 或 12m 柱距以及 3m 整倍数的跨距。板高有 900mm、1 200mm、1 500mm 和 1 800mm 这 4 种。板厚以 20mm 为模数进级,常用厚度为 160～240mm。

墙板根据不同需要有不同的分类,如按保温要求分为保温墙板和非保温墙板；按墙板所在墙面位置分为檐下板、窗上板、窗框板、窗下板、一般板、山尖板、勒脚板、女儿墙板等。按墙板的构造和组成材料分单一材料的墙板(钢筋混凝土槽形板、空心板、配筋轻混凝土墙板)和组合墙板(复合墙板)。

2. 墙板布置

单层厂房墙板的布置方式有 3 种,最广泛采用的是横向布置,其次是混合布置,竖向布置采用较少。

横向布置［如图 7.7(a)所示］时板型少,其板长与柱距一致。这种布置方式竖缝少,板缝处理也较易,墙板的规格也较少,制作安装比较方便。横向布板存在的问题是：柱顶标高虽符合扩大模数 3M 数列,但屋架端竖杆高度不符合扩大模数 3M 数列,这给布板造成困难。为解决此矛盾,可采用适当改变窗台高度及柱顶标高等手法进行墙板的排列。如果采用基本板还不能解决,可用异形板或辅助构件解决。

竖向布板［如图 7.7(b)所示］是把墙板嵌在上下墙梁之间,安装比较复杂,墙梁间距必须结合侧窗高度布置。竖缝较多,处理不当易渗水、透风。但这种布置方式不受柱距的限制,比较灵活,遇到开洞也好处理。

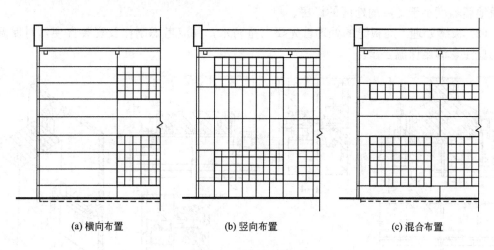

(a) 横向布置　　(b) 竖向布置　　(c) 混合布置

图 7.7　墙板布置方式

混合布板［图 7.7(c)所示］与横向布板基本相同,只是增加一种竖向布置的窗间墙板。它打破了横向布板的平直单调感,窗间墙板的厚度可根据立面处理需要确定,使立面处理较为灵活。

山墙墙身部位布置墙板方式与侧墙同,山尖部位则随屋顶外形可布置成台阶形、人字形、折线形等（如图7.8所示）。排板时，最下的板材（勒脚板）底面一般比室内地面低50～300mm，支撑在基础顶面或垫块上。

图7.8 山墙山尖墙板布置

3. 墙板连接与板缝处理

（1）板柱连接：板柱连接分为柔性连接和刚性连接。

柔性连接是通过墙板与柱的预埋件和柔性连接件将板柱二者拉接在一起。常用的方法有螺栓挂钩连接［如图7.9(a)所示］、角钢挂钩连接［又称握手式连接，如图7.9(b)所示］、短钢筋焊接连接［如图7.10(a)所示］和压条连接［如图7.10(b)所示］。柔性连接的特点是，墙板在垂直方向一般由钢支托支撑，水平方向由连接件拉接。因此，墙板与厂房骨架以及板与板之间在一定范围内可相对独立位移，能较好地适应振动（包括地震）等引起的变形，加上墙板每块板自身整体性较好、又轻（振动惯性力就小），这就形成了比砌体墙抗震性能优越的条件。它适用于地基软弱，或有较大振动的厂房以及抗震设计烈度大于7度的地区的厂房。

刚性连接［如图7.9(c)所示］就是将每块板材与柱子用型钢焊接在一起，无需另设钢支托。优点是用钢量少，厂房纵向刚度好。但由于刚性连接失去了能相对位移的条件，使墙板易产生裂缝等破坏，故刚性连接只用在地基条件较好，没有较大振动的设备或非地震区及地震烈度小于7度的地区的厂房。

（2）板缝处理：对板缝的处理首先要求是防水，并应考虑制作及安装方便，对保温墙板尚应注意满足保温要求。

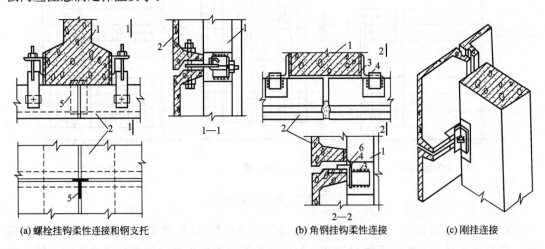

图7.9 墙板与柱连接

1—柱；2—墙板；3—柱侧预焊角钢；4—墙板上预焊角钢；5—钢支托；6—上下板连接筋（焊接）

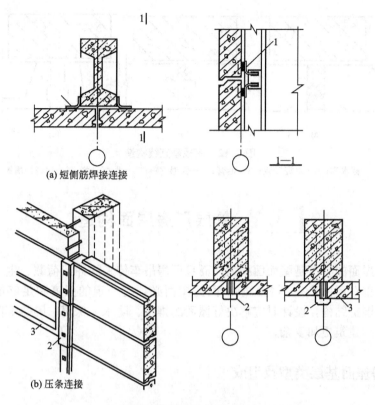

图 7.10 墙板与柱柔性连接
1—短钢筋；2—压条；3—窗框板

① 水平缝：主要是防止沿墙面下淌水渗入板内侧。可在墙板安装后，用憎水性防水材料（油膏、聚氯乙烯胶泥等）填缝，将混凝土等亲水性材料表面刷以防水涂料，并将外侧缝口敞开，以消除毛细管渗透，有保温要求时可在板缝内填保温材料。为阻止风压灌水或积水，可采用图 7.11(a)所示外侧开敞式高低缝。防水要求不高或雨水很少的地方也可采用最简单的平缝或有滴水的平缝［如图 7.11(b)、(c)所示］。

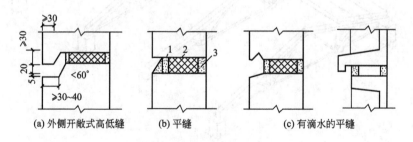

图 7.11 墙板水平缝构造
1—油膏；2—保温材料；3—水泥砂浆

② 垂直缝：主要是防止风从侧面吹入板缝和墙面的水流入。通常难以用单纯填缝的办法防止渗透，需配合其他构造措施，如图 7.12 所示。图 7.12(a)、(b)适用于雨水较多又要保温的地方；图 7.12(c)适用于不保温处。

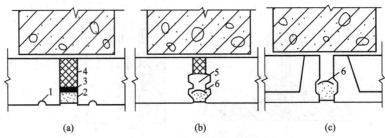

图 7.12 墙板垂直缝构造
1—截水沟；2—水泥砂浆；3—油膏；4—保温材料；5—垂直空腔；6—塑料挡雨板

7.2 单层厂房屋面构造

单层厂房屋面的特点是屋面面积大，而且厂房吊车传来的冲击荷载、生产有振动时传来的振动荷载都对屋面产生不利影响。因此屋面必须有一定的强度和足够的整体性。同时，屋面又是围护结构，设计时应解决好屋面的排水、防水、保温、隔热等问题。单厂的屋面构造较民用建筑更加复杂。

7.2.1 厂房屋面基层类型及组成

单厂屋面基层分有檩体系与无檩体系两种，如图 7.13 所示。

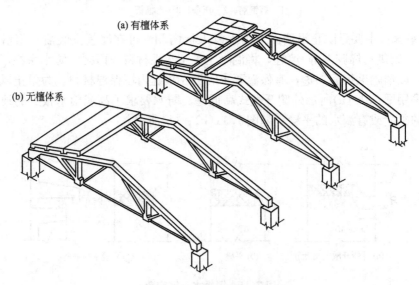

图 7.13 屋面基层结构类型

有檩体系是在屋架上弦（或屋面梁上翼缘）搁置檩条，在檩条上铺小型屋面板（或瓦材）。这种体系采用的构件小、重量轻、吊装容易，但构件数量多，施工烦琐，施工期长，故多用在施工机械起吊能力较小的施工现场。无檩体系是在屋架上弦（或屋面梁上翼缘）直接铺设大型屋面板。无檩体系所用构件大、类型少，便于工业化施工，但要求施工吊装能力强。无檩体系在工程实践中应用较广。屋面基层结构常用的钢筋混凝土大型屋面板及檩条如图 7.14 所示。

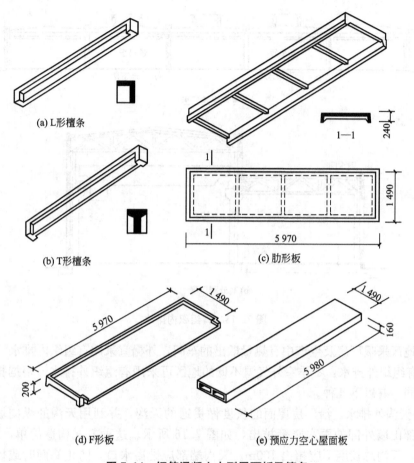

图 7.14 钢筋混凝土大型屋面板及檩条

7.2.2 厂房屋面排水

厂房屋面排水方式和民用建筑一样分为有组织排水和无组织排水(自由落水)两种。

1) 无组织排水

无组织排水排水通畅,构造简单,施工方便,节省投资,适用于高度较低或屋面积灰较多或有腐蚀性介质的生产的厂房以及屋面防水要求很高的厂房或某些对屋面有特殊要求的厂房。

无组织排水的挑檐应有一定的长度,当檐口高度不大于 6m 时,一般宜不小于 300mm;檐口高度大于 6m 时,一般宜不小于 500mm。

2) 有组织排水

有组织排水分内排水和外排水两种。

(1) 有组织内排水:内排水不受厂房高度限制,屋面排水组织灵活。在多跨单层厂房建筑中,屋顶形式多为多脊双坡屋面,其排水方式多采用有组织内排水,如图 7.15 所示。

这种排水方式的缺点是屋面雨水斗及室内水落管多，构造复杂，造价及维修费用高，且与地下管道、设备基础、工艺管道等易发生矛盾。

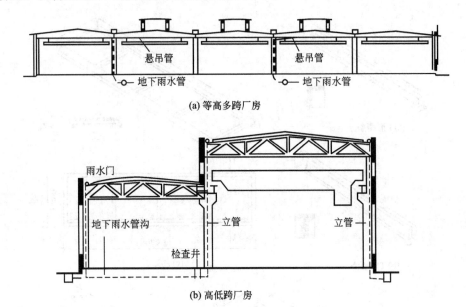

图 7.15 有组织内排水

寒冷地区采暖厂房及生产中有热量散出的车间，外檐宜采用有组织内排水。

（2）有组织外排水：冬季室外气温不低的地区可采用有组织外排水。根据排水组织和位置的不同，有以下几种。

① 长天沟外排水。沿厂房屋面的长度做贯通的天沟，并利用天沟的纵向坡度，将雨水引向端部山墙外部的雨水竖管排出，如图 7.16 所示。这种方式构造简单，施工方便，造价较低，天沟总长度不应超出 100m。天沟端部应设溢水口，防止暴雨时或排水口堵塞时造成的漫水现象。

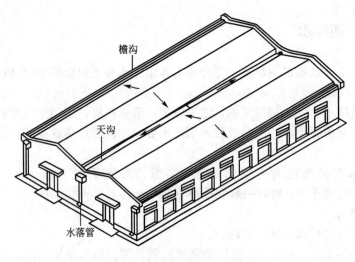

图 7.16 长天沟端部外排水

② 檐沟外排水。单跨双坡屋面、多跨的多脊双坡屋面以及多跨厂房的缓长坡屋面其边跨外侧,可采用檐沟外排水。它是在檐口处设置檐沟板或在屋面板上直接做檐沟,用来汇集雨水,经雨水口和立管排下,如图 7.17 所示。这种方式构造简单,施工方便,管材省,造价低,且不妨碍车间内部工艺设备布置,一般当厂房较高或降雨量较大,不宜做无组织排水时采用。尤其是在南方地区应用较广。

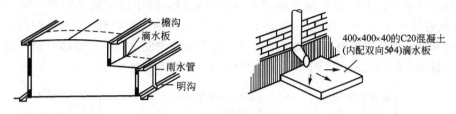

图 7.17　檐沟外排水

③ 内落外排水。这种排水方式是采用悬吊管将厂房中部天沟处的雨水引至外墙处,采用水管穿墙的方式将雨水排至室外。水平悬吊管坡度 0.5%～1%,与靠墙的排水立管连通,下部导入明沟或排至散水,如图 7.18 所示。这种方式可避免内排水与地下干管布置的矛盾及减少室内地下排水管(沟)的数量。

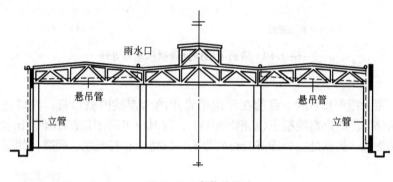

图 7.18　内落外排水

7.2.3　厂房屋面防水

单层厂房的屋面防水主要有卷材防水、钢筋混凝土构件自防水和各种波形瓦(板)屋面防水等类型。

1. 卷材防水屋面

卷材防水屋面在单层工业厂房中应用较为广泛,构造的原则和做法与民用建筑基本相同,它的防水质量关键在于基层的稳定和防水层的质量。为了防止屋面卷材开裂,应选择刚度大的屋面构件,并采取改进构造做法等措施增强屋面基层的刚度和整体性,减少屋面基层的变形。

下面着重介绍单层厂房卷材防水屋面不同于民用建筑的几个节点构造。

1) 接缝

采用大型预制屋面板做基层的卷材防水屋面,其相接处的缝隙必须用 C20 细石混凝土灌缝填实。屋面板短边端肋的交接缝（即横缝）处的卷材由于受屋面板的板端变形影响，不管屋面上有无保温层，均开裂相当严重，卷材易被拉裂，应加以处理。实践证明，为防止横缝处的卷材开裂，首先要减少基层的变形，一般缝宽≤40mm时采用C20细石混凝土灌缝，缝宽＞40mm时采用2φ12通长钢筋φ6箍筋，再浇C20细石混凝土。同时，还要改进接缝处的卷材做法，使卷材适应基层变形，其措施如图7.19所示。即在大型屋面板或保温层上做找平层时，先将找平层沿横缝处做出分格缝，缝中用密封膏封严，缝上先干铺300mm宽卷材一条（或铺一根直径为40mm左右聚乙烯泡沫塑料棒）作为缓冲层，然后再铺卷材防水层，使屋面卷材在基层变形时有一定的缓冲余地，对防止横缝开裂可起一定作用。板的长边主肋的交缝（即纵缝）由于变形较小，一般不需特别处理。

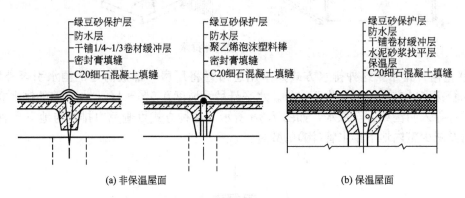

图 7.19 屋面板横缝处卷材防水层处理

2）挑檐

当檐口采用无组织排水时，目前在厂房中常用的为带挑檐檐口板，檐口板支撑在屋架（或屋面梁）端部伸出的钢筋混凝土（或钢）挑梁上。有时也可利用顶部圈梁挑出挑檐板，其构造做法同民用建筑。挑檐处应处理好卷材的收头，以防止卷材起翘、翻裂，如图7.20所示。

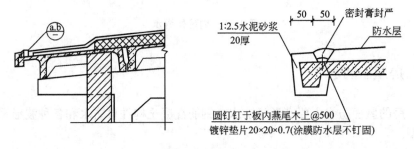

图 7.20 挑檐构造

3）纵墙外檐沟

当采用有组织外排水时，檐口应设檐沟板，南方地区较多采用檐沟外排水的形式。其槽形檐沟板一般支承在钢筋混凝土屋架端部挑出的水平挑梁或钢屋架、钢筋混凝土屋面大梁端部的钢牛腿上。为保证檐沟排水通畅，沟底应做坡度，坡向雨水斗，坡度为1%，为防止檐沟渗漏，沟内卷材应在屋面防水层底下加铺一层卷材，铺至屋面上200 mm；或涂刷防水涂料。雨水口周围应附加玻璃布两层。檐沟的卷材防水也应注意收头的处理。因檐沟的檐壁较矮，为保证屋面检修、清灰的安全，可在沟外壁设铁栏杆，纵墙外檐沟构造如

图 7.21 所示。

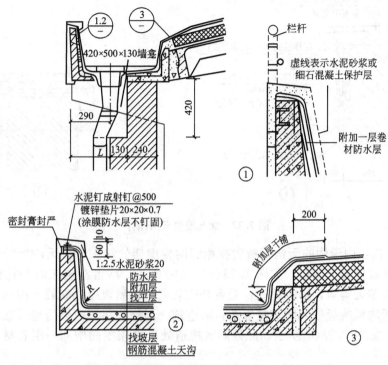

图 7.21 纵墙外檐沟构造

4) 天沟

厂房屋面的天沟按其所在位置有边天沟和内天沟两种。

(1) 边天沟：边天沟也称内檐沟，可用槽形天沟板构成，也可在大型屋面板上直接做天沟。如边天沟做女儿墙而采用有组织外排水时，女儿墙根部应设出水口，构造做法与民用建筑相同，女儿墙边天沟构造如图 7.22 所示。

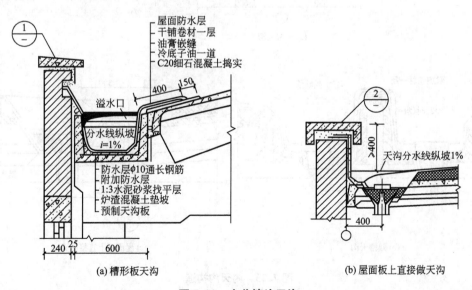

图 7.22 女儿墙边天沟

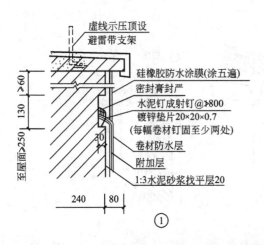
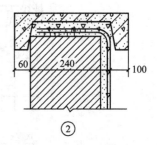

图 7.22　女儿墙边天沟（续）

（2）内天沟：内天沟的天沟板搁置在相邻两榀屋架的端头上，天沟板的形成有宽单槽形天沟板和双槽形天沟板，如图 7.23(a)、(b)所示。前者在施工时须待两榀屋架安装完后才能安装天沟板，影响施工；后者是安装完一榀屋架即可安装天沟板，施工较方便。但两个天沟板接缝处的防水较复杂，需空铺一层附加层。内天沟也可在大型屋面板上直接形成，如图 7.23(c)所示。此处防水构造处理也较屋面增加一层卷材，以提高防水能力。

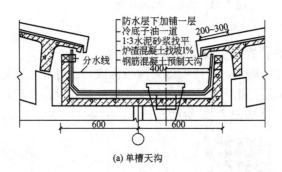

(a) 单槽天沟

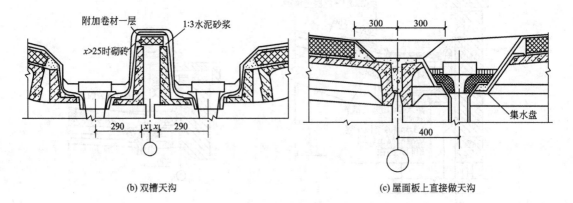

(b) 双槽天沟　　　　　　　　　(c) 屋面板上直接做天沟

图 7.23　内天沟构造

5) 屋面高低跨处泛水

当厂房出现平行高低跨且无变形缝时,高跨砖或砌块外围护墙由柱子伸出的牛腿上搁置的墙梁来支承,牛腿有一定高度,因此,高跨墙梁与低跨屋面之间必然形成一段较大空隙,这段空隙应采用较薄的墙封嵌。平行高低跨处泛水就是指这段空隙的防水构造处理。其构造做法如图7.24所示,分低跨有天沟和无天沟两种。

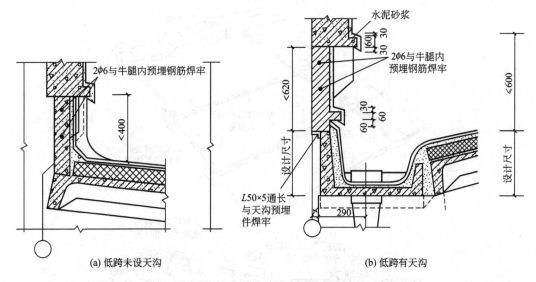

图 7.24 高低跨处泛水构造

2. 钢筋混凝土构件自防水屋面

钢筋混凝土构件自防水屋面,是利用钢筋混凝土板自身的密实性,对板缝进行局部防水处理而形成防水的屋面。构件自防水屋面具有省工、省料、造价低和施工方便、维修容易等优点。但也存在一些缺点,如混凝土暴露在大气中容易引起风化和碳化等;板面容易出现后期裂缝而引起渗漏;油膏和涂料易老化;接缝的搭盖处易产生飘雨等。增大屋面结构厚度、提高施工质量,控制混凝土的水灰比,增强混凝土的密实度,从而增加混凝土的抗裂性和抗渗性,或在屋面板的表面涂刷防水涂料等,是提高钢筋混凝土构件自防水性能的重要措施。钢筋混凝土构件自防水屋面目前在我国南方和中部地区应用较广泛。

钢筋混凝土构件自防水屋面板有钢筋混凝土屋面板、钢筋混凝土F板。根据板的类型不同,其板缝的防水处理方法也不同。

1) 板面防水

钢筋混凝土构件自防水屋面板要求有较好的抗裂性和抗渗性,应采用较高强度等级的混凝土(C30~C40)。确保骨料的质量和级配,保证振捣密实、平滑、无裂缝,控制混凝土的水灰比,增强混凝土的密实度,增加混凝土的抗裂性和抗渗性。

2) 板缝防水

根据板缝的防水方式不同,钢筋混凝土构件自防水屋面分为嵌缝式、贴缝式和搭盖式3种构造。嵌缝式防水构造是把横缝、纵缝、脊缝分别用油膏等弹性防水材料嵌实;贴缝式防水构造是在此基础上用卷材粘贴板缝,防水效果更好,其中横缝处是关键；搭盖式构件自防水屋面是利用钢筋混凝土F形屋面板做防水构件，板的纵缝上下搭接，横缝和脊缝用盖瓦覆盖（如图7.25所示），这种屋面安装简便、施工速度快，但板型较复杂、不便生产，在运输过程中易损坏，盖瓦在振动影响下易滑脱，屋面易渗漏。

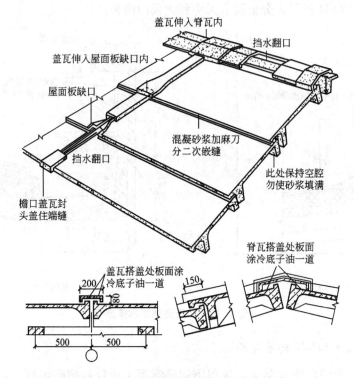

图 7.25　F 板屋面板铺设情况及节点构造

3. 波形瓦(板)防水屋面

波形瓦(板)防水屋面常用的有石棉水泥波形瓦、压型钢板瓦及彩色压型钢板屋面、镀锌铁皮波形瓦和钢丝网水泥波形瓦等。它们都采用有檩体系，属轻型瓦材屋面，具有厚度薄、重量轻、施工方便和防火性能好等优点。

石棉水泥波形瓦的优点是厚度薄，重量轻，施工简便。缺点是易脆裂，耐久性及保温隔热性差，所以主要用于一些仓库及对室内温度状况要求不高的厂房中。

镀锌铁皮波形瓦是较好的轻型屋面材料，有良好的抗震性和防水性，在高烈度地震区应用比大型屋面板优越，适合一般高温工业厂房和仓库。但由于造价高，维修费用大，目前使用很少。

压型钢板分为单层钢板、多层复合板、金属夹芯板等。这类屋面板的特点是质量轻、耐锈蚀、美观、施工速度快。彩色压型钢板具有承重、防锈、耐腐、防水和装饰性好等特点，但造价较高。根据需要也可设置保温、隔热及防结露层，金属夹芯板则直接具有保温、隔热的作用。

压型钢板瓦按断面形式有W形板、V形板、保温夹芯板等，单层W形压型钢板瓦屋面构造如图7.26所示。

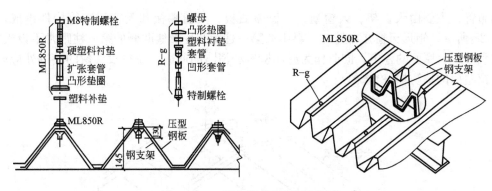

图 7.26 W 形压型钢板瓦屋面构造

7.3 单层厂房天窗构造

单层厂房中,为了满足天然采光和自然通风的要求,在屋顶上常设置各种形式的天窗。按天窗的作用可分为采光天窗和通风天窗两类。采光天窗如设有可开启的天窗扇,可兼有通风作用,但很难保证排气的稳定性,影响通风效果,一般常用于对通风要求不很高的冷加工车间。通风天窗排气稳定,通风效率高,多用于热加工车间。

常见的采光天窗有:矩形天窗、锯齿形天窗、平天窗、三角形天窗、横向下沉式天窗等,如图 7.27 所示。通风天窗有:矩形通风天窗、纵或横向下沉式天窗、井式天窗等。下面仅介绍几种常见的天窗构造处理。

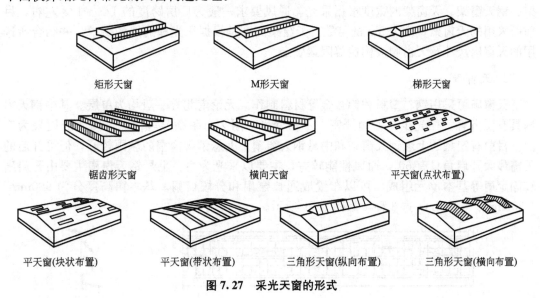

图 7.27 采光天窗的形式

7.3.1 矩形天窗

矩形天窗是我国单层工业厂房中应用最广的一种,南北方均适用。矩形天窗沿厂房的纵向布置，主要由天窗架、天窗扇、天窗屋面板、天窗侧板和天窗端壁等构件组成，如图 7.28 所示。矩形天窗在布置时，靠山墙第一柱距和变形缝两侧的第一柱距常不设天窗，主要利于厂房屋面的稳定，同时作为屋面检修和消防的通道。在每段天窗的端壁处应设置上天窗屋面的消防梯（检修梯）。

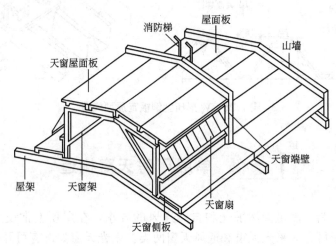

图 7.28　矩形天窗组成

1. 天窗架

天窗架是天窗的承重构件，它直接支承在屋架上，为使整个屋面结构构件尺寸相协调以及使屋架受力合理，天窗架必须支承在屋架上弦的节点上。常用的有钢筋混凝土天窗架、钢天窗架。天窗架的宽度根据采光、通风要求一般为厂房跨度的 1/2～1/3 左右，目前所采用的天窗架宽度为 3m 的倍数。天窗架高度是根据采光和通风的要求，并结合所选用的天窗扇尺寸及天窗侧板构造等因素确定。

2. 天窗扇

天窗扇可采用钢、塑料和铝合金等材料制作。无论南北方一般均为单层。其中钢天窗扇具有质量轻、挡光少、关闭严密、不易变形、耐久、耐高温等优点，因而应用最为广泛。目前有定型的上悬钢天窗扇和中悬钢天窗扇。上悬钢天窗扇防飘雨较好，但可开启的天窗最大开启角只有 60°，通风性能较差，主要以采光为主。上悬钢天窗扇主要由开启扇和固定扇等基本单元组成，可以布置成通长窗扇和分段窗扇。基本窗高度分为 900mm、1 200mm、1 500mm 这 3 种，如图 7.29 所示。

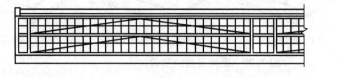

图 7.29　上悬钢天窗扇

3. 天窗屋面及檐口

天窗屋面的构造通常与厂房屋面的构造相同。由于天窗宽度和高度一般均较小，多采用无组织排水，同屋面一样采用带挑檐的屋面板。天窗檐口下部的屋面上应铺设滴水板。雨量多的地区或天窗高度和宽度较大时，宜采用有组织排水。一般可采用带檐沟的屋面板或天窗架的钢牛腿上铺设槽形天沟板以及屋面板的挑檐下悬挂镀锌铁皮或石棉水泥檐沟等3种做法，如图7.30所示。

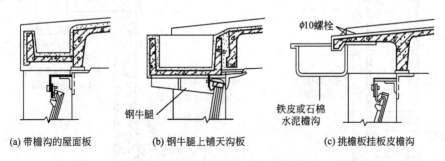

图7.30 有组织排水的天窗檐口

4. 天窗侧板

天窗侧板是天窗下部的围护构件，它的主要作用是防止屋面的雨水溅入车间以及不被积雪挡住天窗扇开启。屋面至侧板顶面的高度一般应小于300mm，常有大风雨或多雪的地区应增高至400～600mm，但也不宜太高，过高会加大天窗架的高度，并对采光不利。天窗侧板及檐口构造如图7.31所示。

5. 天窗端壁

天窗端壁常采用预制钢筋混凝土端壁板、石棉水泥波瓦端壁板和压型钢板端壁板3种。预制钢筋混凝土端壁板常作成肋形板，它代替端部的天窗架支承天窗屋面板并兼起围护作用（如图7.32所示）。根据天窗宽度不同，端壁板可由2块或3块预制板拼接做成。

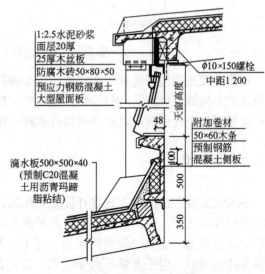

图7.31 天窗檐口及侧板

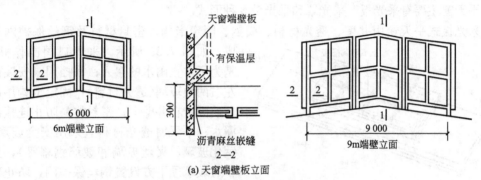

图7.32 钢筋混凝土端壁板构造

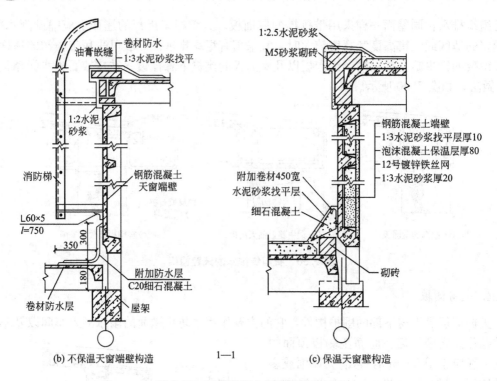

图 7.32 钢筋混凝土端壁板构造(续)

钢筋混凝土端壁板重量较大，为了减少构件类型及减轻屋盖荷重，也可改用石棉水泥波形瓦或其他波瓦(如压型钢板)作天窗端壁。这种做法仍采用天窗架承重，而端壁的围护结构由轻型波形瓦做成，这种端壁构件琐碎，施工复杂，故主要用于钢天窗架上。

7.3.2 平天窗

平天窗是在厂房屋面上直接开设采光孔洞，采光孔洞上安装平板玻璃或玻璃钢罩等透光材料形成的天窗。平天窗和矩形天窗相比不增加屋面荷载，结构和构造简单，并且布置灵活、造价较低。在采光面积相同的情况下，平天窗的照度比矩形天窗高 2~3 倍。目前厂房采用的较多。但平天窗不利于通风，且因窗扇水平设置，较矩形天窗易受积尘污染，一般适用于冷加工车间。

平天窗主要有采光板、采光罩和采光带 3 种形式。

采光板式平天窗由井壁、透光材料、横挡、固定卡钩、密封材料及钢丝保护网等组成，如图 7.33 所示。采光口周围作井壁，是为了防止雨水的渗入；横挡用来安装固定左右两块玻璃(透光材料)；固定卡钩用以把玻璃固定在井壁上；密封材料防止连接部位漏水；平天窗透光材料宜采用安全玻璃(如钢化玻璃、夹丝玻璃和玻璃钢罩等)，如用普通玻璃须下方设置钢丝保护网，防止破碎落下伤人；还可采用双层中空玻璃，起到隔

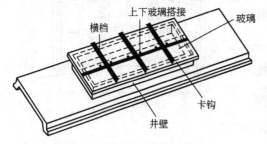

图 7.33 采光板式平天窗的组成

热和保温效果,并可减轻或避免严寒地区或高湿采暖车间玻璃内表面的冷凝水。有些厂房为减少太阳辐射热和眩光还可使用中空镀膜玻璃、吸热玻璃、热反射平板玻璃、夹丝压花玻璃、钢化磨砂玻璃、玻璃钢、变色玻璃、乳白玻璃和磨砂玻璃等。

7.3.3 矩形通风天窗

矩形通风天窗是在矩形天窗两侧加挡风板形成的,如图 7.34 所示。多用于热加工车间,为提高通风效率,一般不设天窗扇,仅在进风口处设置挡风板。

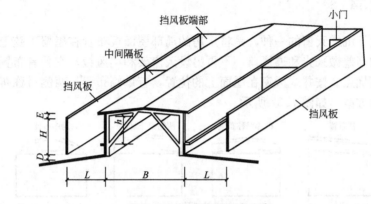

图 7.34 矩形通风天窗示意

挡风板由面板和支架组成,支架的支承方式有两种,即支座型即立柱式(直或斜立柱式)和悬挑型。挡风板常用垂直式和倾斜式两种,向外倾斜的挡风板与水平的夹角一般为 $50°\sim70°$,可使气流大幅度飞跃,提高排风效果。如图 7.35 所示。

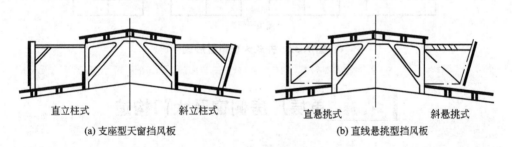

(a) 支座型天窗挡风板 (b) 直线悬挑型挡风板

图 7.35 挡风板形式

矩形通风天窗挡风板与天窗喉口的距离 L 直接影响通风效率,一般 L/h 在 $0.6\sim2.5$ 之间。

矩形通风天窗挡风板,其高度不宜超过天窗檐口的高度,一般应比檐口稍低。$E=(0.1\sim0.15)h$。挡风板与屋面板之间应留空隙,$D=50\sim100\mathrm{mm}$,便于排出雨雪和积尘,在多雪地区不大于 $200\mathrm{mm}$。挡风板的端部必须封闭,防止端部进风影响天窗排气。在挡风板上还应设置供清灰和检修时通行的小门,有时按需要增设中间隔板。

矩形通风天窗常用的挡雨设施有大挑檐挡雨、水平口挡雨片挡雨和竖直口挡雨片挡雨,如图 7.36 所示。

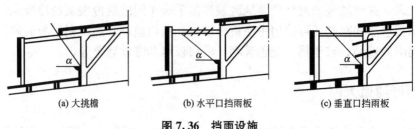

(a) 大挑檐　　　　(b) 水平口挡雨板　　　　(c) 垂直口挡雨板

图 7.36　挡雨设施

7.3.4　井式天窗

井式天窗是下沉式天窗的一种，是将厂房的局部屋面板布置在屋架下弦上，利用上下弦屋面板形成的高差做采光和通风口，不再另设天窗架和挡风板。它具有布置灵活、通风好、采光均匀等优点。按井式天窗在屋面上的位置，有单侧布置、两侧对称布置或错开布置、跨中布置等方案，如图 7.37 所示。

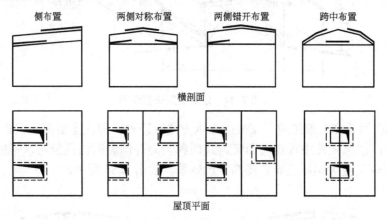

图 7.37　井式天窗布置形式

7.4　单层厂房侧窗及大门构造

7.4.1　单层厂房侧窗

在工业建筑中，侧窗不仅要满足采光和通风的要求，还要根据生产工艺的特点，满足一些特殊要求。例如有爆炸危险的车间，侧窗应便于泄压；要求恒温恒湿的车间，侧窗应有足够的保温隔热性能；洁净车间要求侧窗防尘和密闭；等等。

1. 侧窗层数和常见的开启方式

为节省材料和造价，工业建筑侧窗一般情况下都采用单层窗，只有严寒地区在 4m 以下高度范围或生产有特殊要求的车间（如恒温、恒湿、洁净车间），才部分或全部采用双层窗或双层玻璃窗。双层窗冬季保温、夏季隔热，而且防尘密闭性能均较好，但造价高，施工复杂。

工业建筑侧窗常见的开启方式有：中悬窗、平开窗、固定窗、垂直旋转窗、百叶窗等。

（1）中悬窗：窗扇沿水平中轴转动，开启角度可达80°，并可利用自重保持平衡，便于采用一般的机械开关器或绳索控制开关，因此常用于车间外墙的上部。中悬窗的缺点是构造较复杂，由于开启扇之间有缝隙，易产生飘雨现象。中悬窗还可作为泄压窗，调整其转轴位置，使转轴位于窗扇重心之上，当室内达到一定的压力时、便能自动开启泄压。

（2）平开窗：窗口阻力系数小，通风效果好，构造简单，开关方便，便于作成双层窗，常设在车间外墙下部，作为通风的进气口。

（3）固定窗：构造简单，节省材料，常用在较高外墙的中部，既可采光，又可使热压通风的进、排气口分隔明确，便于更好地组织自然通风。有防尘要求车间的侧窗，亦多做成固定窗以避免缝隙渗透。在我国南方地区，结合气候特点，可使用固定式通风高侧窗，能采光，防雨，常年进行通风，不需设开关器，构造简单，管理和维修方便。

（4）垂直旋转窗：窗扇沿垂直轴转动，通风好，可以根据不同的风向调节开启角度，适用于要求通风良好，密闭要求不高的车间，常用于北方地区热加工车间的外墙下部，作进风口。

（5）百叶窗：主要作通风用，同时也兼有遮阳、防雨、遮挡视线的功能。其形式有固定式和活动式两种。工业建筑中多采用固定式百叶窗，页片常作成45°或60°。金属页片百叶窗采用1.5mm厚钢板冷弯成型，用铆钉固定在窗框上。为了防止鸟鼠虫进入车间引起事故，可在百叶窗后加设一层钢丝网或窗纱。当对百叶窗的挡光要求较高时，可将页片作成折线形，并将页片涂黑，这样就能透风而不透光。

根据车间通风的需要常将平开窗、中悬窗或固定窗组合在一起，形成组合窗（如图 7.38 所示）。

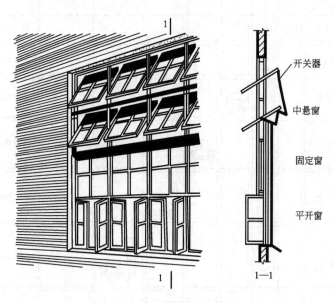

图 7.38 侧窗组合形式

组合窗应考虑窗扇便于开关和使用，一般平开窗位于下部，中悬窗位于上部，固定窗位于中部。在同一横向高度内，应采用相同的开关方式。

2. 侧窗材料

1) 钢侧窗

钢侧窗具有坚固耐久、防火、耐潮、关闭紧密、遮光少等优点，可用于大中型工业厂房。目前我国生产的钢窗主要有实腹钢窗和空腹薄壁钢窗两种。

钢侧窗洞口尺寸应符合 3M 数列，大面积的钢侧窗必须由若干个基本窗拼接而成成为组合窗。为便于制作和安装，基本窗的尺寸一般不宜大于 1 800mm×2 400mm（宽×高）。组合窗中所有竖挺和横档两端都必须伸入窗洞四周墙体的预留孔内，并用细石混凝土填实（或与墙、柱、梁的预埋件焊牢）。

2) 塑钢门窗

塑钢门窗是继木、钢之后而崛起的新型节能建筑门窗，它集节能保温、隔绝噪声、水密、气密性佳、耐久性好为一体，是目前广泛采用的门窗材料。

7.4.2 单层厂房大门

1. 门的尺寸

工业厂房大门主要是供日常车辆和人通行以及紧急情况疏散之用。因此门的尺寸应根据所需运输工具类型、规格、运输货物的外形并考虑通行方便等因素来确定。一般门的宽度应比满装货物时的车辆宽 600~1 000mm，高度应高出 400~600mm。常用厂房大门的规格尺寸如图 7.39 所示。

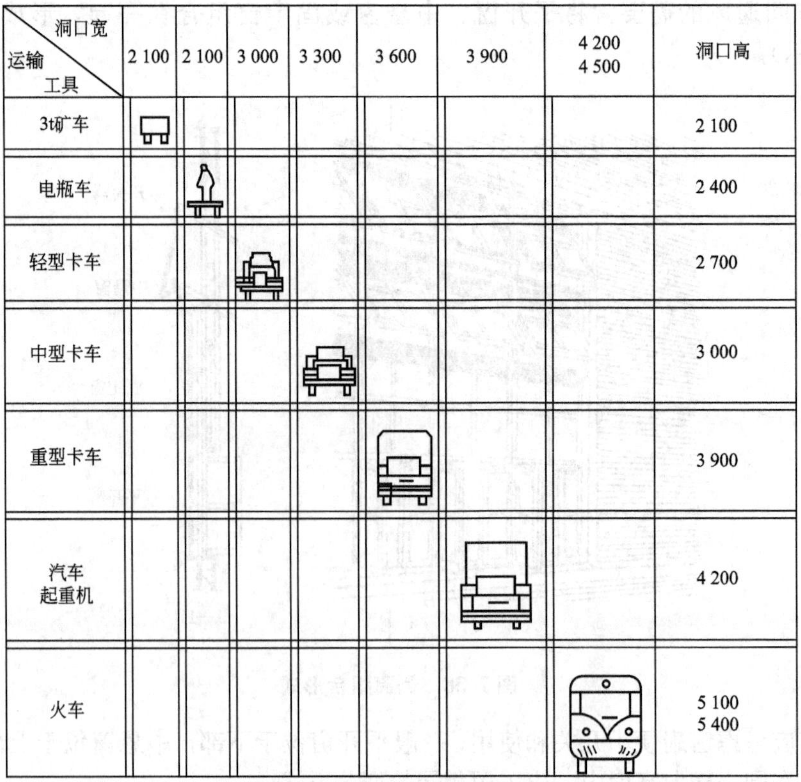

运输工具 \ 洞口宽	2 100	2 100	3 000	3 300	3 600	3 900	4 200 4 500	洞口高
3t矿车								2 100
电瓶车								2 400
轻型卡车								2 700
中型卡车								3 000
重型卡车								3 900
汽车起重机								4 200
火车								5 100 5 400

图 7.39 厂房大门尺寸/mm

2. 门的类型

车间大门的类型较多,这是由车间性质、运输、材料及构造等因素所决定的。

按用途分：有供运输通行的普通大门、防火门、保温门、防风砂门等。

按材料分：有塑钢门、钢木门、普通型钢和空腹薄壁钢门等。

按开启方式分：有平开门、推拉门、折叠门、升降门、上翻门、卷帘门,如图7.40所示。

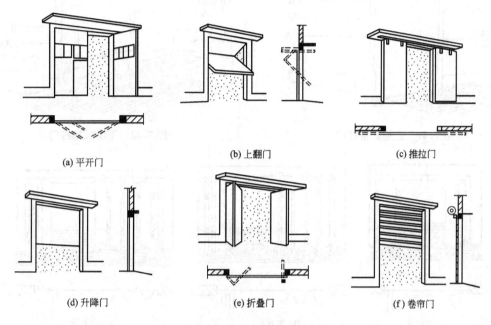

图 7.40 大门开启方式

(1) 平开门由门扇、铰链及门框组成,构造简单,开启方便,但门扇受力状态较差,易产生下垂或扭曲变形,故门洞较大时不宜采用,一般不宜大于 3.6m×3.6m。门向内开虽免受风雨的影响,但占用室内空间,也不利于疏散,一般多采用外开门,门的上方应设雨篷。当运输货物不多,大门不需经常开启时,可在大门扇上开设供人通行的小门。

(2) 推拉门由门扇、门轨、地槽、滑轮及门框组成。可布置成单轨双扇、双轨双扇、多轨多扇等形式,常用单轨双扇。推拉门支承的方式可分上挂式(如图7.41所示)和下滑式(如图7.42所示)两种,当门扇高度小于4m时,用上挂式;当门扇高度大于4m时,多用下滑式。由于推拉门的开闭是通过滑轮沿着导轨向左右推拉,门扇受力状态较好,构造简单,不易变形,但五金较复杂,安装要求较高,是工业厂房中广泛使用的一种形式的门。推拉门一般密闭性差,故不宜用于冬季采暖的厂房。推拉门常设在墙的外侧,雨篷沿墙的宽度最好为门宽的两倍以上。

(3) 折叠门由几个较窄的门扇相互间以铰链连接组合而成。分为侧挂式、侧悬式及中悬式折叠3种(如图7.43所示)。侧挂折叠门可用普通铰链,靠框的门扇如为平开门,在它侧面只挂一扇门,不适用于较大的洞口。侧悬式和中悬式折叠门,在洞口上方设有导轨,各门扇间除用铰链连接外,在门扇顶部还装有带滑轮的铰链,下部装地槽滑轮,开闭时,上下滑轮沿导轨移动,带动门扇折叠,占用的空间较少,适用于较大的洞口。其中侧悬式开关较灵活。

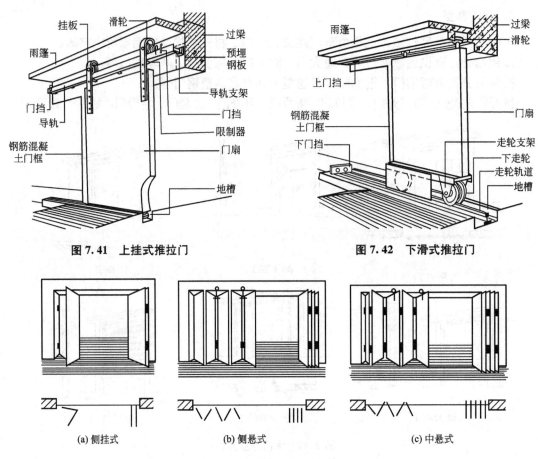

图 7.41 上挂式推拉门　　图 7.42 下滑式推拉门

(a) 侧挂式　　(b) 侧悬式　　(c) 中悬式

图 7.43 折叠门的几种类型

(4) 升降门不占厂房面积,开启时门扇沿导轨上升,只需在门洞上部留有足够的上升高度即可,常用于大型厂房。门洞高时可沿水平方向将门扇分为几扇,开启的方式有手动和电动两种。

(5) 上翻门的门扇侧面有平衡装置,门的上方有导轨,开启时门扇沿导轨向上翻起。平衡装置可用重锤或弹簧。这种形式可避免门扇被碰损,常用于车库大门。

(6) 卷帘门是用很多冲压成型的金属页片连接而成。开启时,由门洞上部的转动轴将页片卷起。它适用于 4 000~7 000mm 宽的门洞,高度不受限制。卷帘门有手动和电动两种,当采用电动时,必须考虑停电时手动开启的备用设施。卷帘门适用于非频繁开启的高大门洞,这种门制作复杂,造价较高。

此外还有防火门保温门、隔声门等特殊要求的门。设计时,应根据使用要求、门洞大小、门附近可供开关占用的空间以及技术经济条件等综合考虑,确定门的形式。

7.5 地面及其他构造

单层厂房地面基本同民用建筑地面,但由于单层厂房地面经常设置地沟、地坑、设备基础等地面设施及不同工段之间的交界缝，以及满足防尘、防暴、抗腐蚀、防水防潮等生产使用要求，所以较民用建筑地面复杂、造价较高。

7.5.1 地面的组成与类型

1. 地面的组成

厂房地面一般由面层、垫层和基层(地基)组成。当上述构造层不能充分满足使用要求或构造要求时，可增设其他构造层，如结合层、找平层、防水(潮)层、保温层和防腐蚀层等，如图 7.44 所示；为便于排水，地面还可设置 0.5%~2%的坡度。

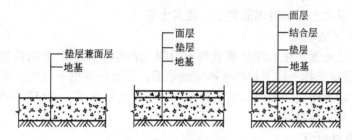

图 7.44 厂房地面的组成

1) 基层(地基)

基层是承受上部荷载的土壤层，是经过处理的地基土层，要求具有足够的承载力。最常见的是素土夯实基层。

2) 垫层

垫层在基层上设置，是承受并传递地面荷载至基层(地基)的构造层。按材料性质的不同，垫层可分为刚性垫层、半刚性垫层和柔性垫层 3 种。

刚性垫层是指用混凝土、沥青混凝土和钢筋混凝土等材料做成的垫层。它整体性好，不透水，强度大，适用于直接安装中小型设备、地面承受较大荷载，且不允许面层变形或裂缝的地面；以及受侵蚀性介质或有大量水、中性溶液作用的地面；或面层构造要求垫层为刚性垫层的地面。

半刚性垫层是指灰土、三合土和四合土等材料做成的垫层。半刚性垫层受力后有一定的塑性变形，它可以利用工业废料和建筑废料制作，因而造价低。

柔性垫层是夯实的砂、碎石及矿渣等做成的垫层。当地面有重大冲击、剧烈振动作用，或储放笨重材料及生产过程伴有高温时，采用柔性垫层。

3) 面层

地面面层是直接使用的表层，承受各种物理和化学作用。它与车间的工艺生产特点有直接关系，其名称常以面层材料来命名。

4) 附加层

单层厂房地面根据需要可设置结合层和隔离层等附加层。

2. 地面的类型

在实践中，地面类型多按构造特点和面层材料来分，可分为单层整体地面、多层整体地面、整体树脂面层地面及块（板）料地面。有腐蚀介质的车间，在选材和构造处理上，应使地面具有防腐蚀性能。

1) 单层整体地面

单层整体地面是将面层和垫层合为一层的地面。它由夯实的粘土、灰土、碎石（砖）、三合土或碎、砾石等直接铺设在地基上而成。由于这些材料来源较多，价格低廉，施工方便，构造简单，耐高温，破坏后容易修补，故可用在某些高温车间，如钢坯库等。

2) 多层整体地面

多层整体地面的构造特点是：面层厚度较薄，以便在满足使用的条件下节约面层材料，而加大垫层厚度以满足承载力要求。面层材料很多，如水泥砂浆、水磨石、混凝土、沥青砂浆及沥青混凝土、水玻璃混凝土、菱苦土等。

3) 整体树脂面层地面

整体树脂面层地面是在水泥砂浆及细石混凝土面层上涂刷或喷刷面层涂料（不少于3遍），或在细石混凝土找平层上抹环氧砂浆的地面。其面层致密不透气、无缝、不易起尘，常用于有气垫运输的地段。如丙烯酸涂料面层、环氧涂料面层、自流平环氧砂浆面层、聚脂砂浆面层及橡胶板面层等。

4) 块材、板材地面

块材、板材地面是用块或板料，如各类砖块、石块、各种混凝土的预制块、瓷砖、陶板以及铸铁板等铺设而成。块（板）材地面一般承载力较大，且考虑面层变形后便于维修，所以常采用柔性垫层。但当块（板）材地面不允许变形时则采用刚性垫层。

7.5.2 地面的细部构造

1. 缩缝（分格缝）

当采用混凝土作垫层时，为减少温度变化产生不规则裂缝引起地面的破坏，混凝土垫层应设缩缝，缩缝是防止混凝土垫层在气温降低时，产生不规则裂缝而设置的收缩缝。缩缝分为纵向和横向两种，平行于施工方向的缝称为纵向缩缝，垂直于施工方向的缝称为横向缩缝。纵向缩缝宜采用平头缝，当混凝土垫层厚度大于150mm时，宜设企口缝，间距一般为3～6m；横向缩缝宜采用假缝，假缝的处理是上部有缝，但不贯通地面，其目的是引导垫层的收缩裂缝集中于该处，假缝间距为6～12m，如图7.45所示。

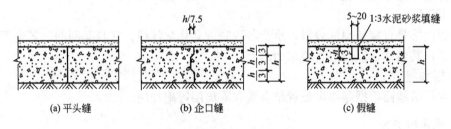

图 7.45 混凝土垫层缩缝形式

2. 地面接缝

1）变形缝

厂房地面变形缝与民用建筑的变形缝相同，有伸缩缝、沉降缝和防震缝。地面变形缝的位置与整个建筑的变形缝一致，且贯穿地面地基以上的各构造层。变形缝的宽度为20～30mm，用沥青砂浆或沥青胶泥填缝。

2）变界缝

（1）不同材料地面的接缝：两种不同材料的地面由于强度不同，交界缝处易遭破坏，应采取加固措施。一般可在地面交界处设置与垫层中预埋钢板焊接的角钢或扁钢嵌边，角钢与整体面层的厚度要一致；也可设置混凝土预制块加固，以保证不同材料的垫层或面层的接缝施工，如图 7.46 所示。

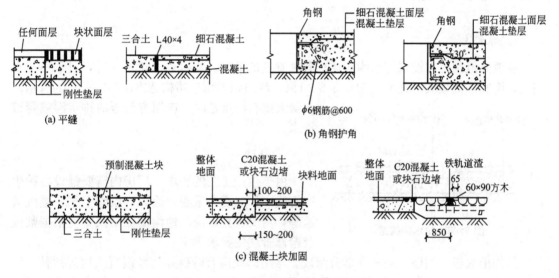

图 7.46 不同地面的交界缝

（2）地面与铁路的连接：当厂房内铺设铁轨时，应考虑车辆和行人的通行方便，铁轨应与地面平齐。轨道区一般铺设板、块地面，其宽度不小于枕木的外伸长度（距铁轨两侧不小于 850mm 的地带）。当轨道上常有重型车辆通过时，轨沟要用角钢或旧钢轨等加固，地面与铁路的连接构造如图 7.47 所示。

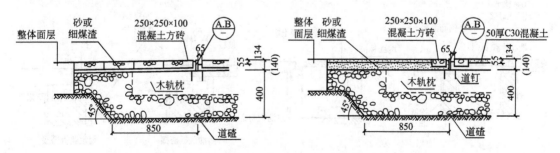

图 7.47 地面与铁路的连接构造

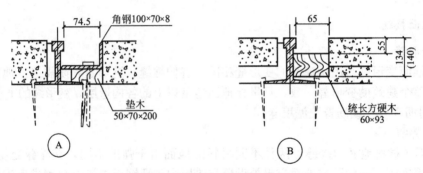

图 7.47 地面与铁路的连接构造(续)

7.5.3 排水沟、地沟

1. 排水沟

在地面范围内常设有排水沟和通行各种管道的地沟。当室内水量不大时，可采用排水明沟，沟底须做垫坡，其坡度为 0.5%～1%，沟边则采用边堵构造方法(如图 7.48 所示)。水量大或有污染性时，应用有盖板的排水沟或管道排水。

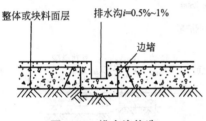

图 7.48 排水沟构造

2. 地沟

由于生产工艺的要求，厂房内需要铺设各种生产管线，如电缆、采暖、通风、压缩空气、蒸汽管道等，需要设置地沟。地沟的深度及宽度根据敷设及检修管线的要求确定。

地沟由底板、沟壁、盖板 3 部分组成。常用的地沟有砖砌地沟和混凝土地沟两种，地沟的构造如图 7.49 所示。砖砌地沟适用于沟内无防酸、防碱要求，沟外部也不受地下水影响的厂房。沟底为现浇混凝土，沟壁一般由 120～490mm 砖砌筑，如图 7.49(a) 所示。上端应设混凝土垫梁，以支承盖板。砖砌地沟一般须作防潮处理。现浇钢筋混凝土地沟能用于地下水位以下，沟底和沟壁由混凝土整体浇注而成，并应作防水处理。如图 7.49(b) 所示。

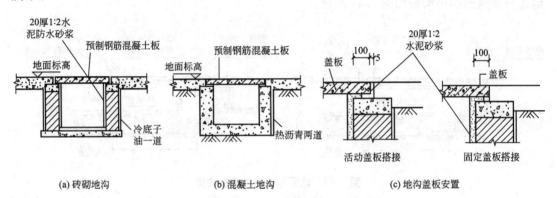

图 7.49 地沟构造

地沟盖板多为预制钢筋混凝土板，应根据地面荷载不同配筋，板上设有活动拉手，如图 7.49(c)所示。

7.5.4 坡道

厂房的室内外高差一般为 150mm。为了便于各种车辆通行，在门口外侧须设置坡道。坡道宽度应比门洞口两边各大出 600mm，坡度一般为 10%～15%，最大不超过 30%。坡度大于 10%时，应在坡道表面作齿槽防滑（如图 7.50 所示）。

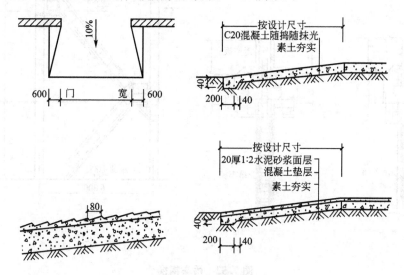

图 7.50 坡道构造

7.5.5 钢梯

在厂房中由于使用的需要，常设置各种钢梯，如各种作业平台钢梯、吊车钢梯、屋面检修及消防钢梯等，如图 7.51 所示。它们的宽度一般为 600～800mm，梯级每步高为 300mm。

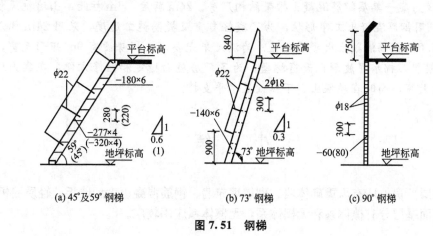

(a) 45°及59°钢梯　　(b) 73°钢梯　　(c) 90°钢梯

图 7.51 钢梯

吊车钢梯宜布置在厂房端部的第二个柱距内，靠吊车司机室一侧。当多跨车间相邻两跨均有吊车时，吊车梯可设在中柱上，使一部吊车钢梯为两跨吊车服务。同一跨内有两台以上吊车时，每台吊车均应有单独的吊车钢梯。当梯段高度大于 4.8m 时，须设中间平台，如图 7.52 所示。

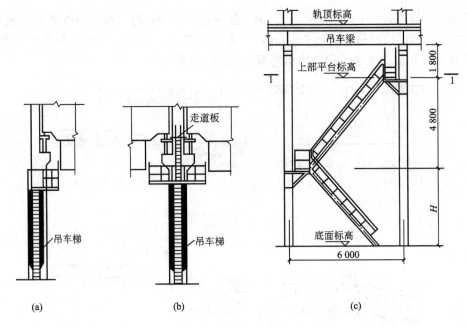

图 7.52 吊车钢梯

背 景 知 识

某钢筋混凝土厂房屋面构造

图 7.53 为某一单层钢筋混凝土排架结构厂房，24m 跨度，6m 柱距，山墙抗风柱柱距 6m，厂房采用钢筋混凝土工字形柱，为了减轻自重及提高施工速度，采用 24m 梯形钢屋架，1.5×6.0m 钢筋混凝土大型屋面板。为满足采光要求，厂房设有 9m 矩形天窗，采用 9m 钢天窗架、石棉水泥波形瓦天窗端壁，为了厂房屋面稳定和检修方便，在靠山墙的第一柱距不设天窗，同时在屋架上、下弦设置水平支撑。

小 结

(1) 单层厂房外墙有承重砌体墙、砌体填充墙、钢筋混凝土大型墙板、轻质墙板等。
(2) 屋面基层分有檩体系和无檩体系，无檩体系应用较广。

图 7.53　某钢筋混凝土厂房屋面构造

1—山墙抗风柱下柱；2—山墙抗风柱上柱；3—钢梯形屋架上弦；4—钢梯形屋架下弦；5—屋架上弦水平支撑；
6—屋架下弦水平支撑；7—钢天窗架；8—系杆；9—石棉水泥波形瓦天窗端壁；10—大型屋面板；
11—天窗屋面板；12—钢屋架；13—山墙侧窗；14—天窗架水平支撑

(3) 厂房屋面排水方式可分为有组织排水和无组织排水(自由落水)两种，有组织排水又分有组织内排和有组织外排水两种。屋面防水主要有卷材防水、钢筋混凝土构件自防水和各种波形瓦(板)屋面防水等类型。

(4) 单层厂房天窗可分为采光天窗和通风天窗两类。矩形采光天窗主要由天窗架、天窗扇、天窗屋面板、天窗侧板和天窗端壁等构件组成，各组成部分设计要满足构造要求。矩形通风天窗是在矩形天窗两侧加挡风板形成的。

(5) 下沉式天窗是利用上下弦屋面板形成的高差做采光和通风口。下沉式天窗的形式有井式天窗、横向下沉式天窗、纵向下沉式天窗。

(6) 侧窗不仅要满足采光和通风的要求，还要根据生产工艺的特点，满足一些特殊要求。

(7) 工业厂房大门主要是供日常车辆和人通行以及紧急情况疏散之用。

(8) 厂房地面一般由面层、垫层和基层(地基)组成。厂房的室内外高差一般为150mm。在门口外侧须设置坡道，坡度一般为10%。

(9) 工业厂房中室内常需设置各种作业平台钢梯、吊车钢梯；室外需设置屋面检修及消防钢梯等。

习　题

1. 简述厂房砌体围护墙构造(墙的支撑，墙与柱、屋架、圈梁的连接)。

2. 简述墙板布置方式及适用情况。
3. 侧窗的开启方式，各有何特点？
4. 厂房大门的尺寸如何确定？简述厂房大门的类型。
5. 单层厂房屋面基层类型及组成？
6. 单层厂房屋面排水有哪几种方式？各适用于哪些范围？
7. 单层厂房卷材防水屋面的接缝、挑檐、纵墙外檐沟、天沟泛水等部位在构造上应如何处理？试画出各节点构造图。
8. 钢筋混凝土构件自防水屋面有什么特点？它有什么优缺点？有哪些类型？
9. 单层厂房为什么要设置天窗？天窗有哪些类型？试分析它们的优缺点及适用性。
10. 常用的矩形天窗布置有什么要求？它由哪些构件组成？
11. 矩形通风天窗的挡风板有哪些形式？立柱式和悬挂式矩形通风天窗在构造上有什么不同？
12. 什么叫做平天窗？它有什么优缺点？它在构造处理上应注意什么问题？
13. 厂房地面有什么特点和要求？地面由哪些构造层次组成？它们各有什么作用？地面类型有哪些？
14. 缩缝、变形缝、变界缝、地沟和坡道在构造上是怎么处理的？

第8章 单层钢结构厂房构造

【教学目标与要求】
- 了解钢结构厂房的结构形式和布置
- 了解钢结构厂房结构的轻型门式刚架结构形式
- 了解钢结构厂房的构造处理

8.1 概 述

随着我国建筑业的不断发展,钢结构厂房以其建设速度快、适应条件广泛等特点,建造的数量越来越多,其特有的构造形式也越来越受到普遍关注。

钢结构厂房按其承重结构的类型可分为普通钢结构厂房和轻型钢结构厂房两种,在构造组成上与钢筋混凝土结构厂房大同小异。其差别主要表现为钢结构厂房因使用压型钢板外墙板和屋面板而在构造上增设了墙梁和屋面檩条等构件,从而在构造上产生了相应的变化。

8.1.1 普通钢结构单层厂房结构的组成

普通钢结构单层厂房一般是由屋盖结构、柱、吊车梁、制动梁(或桁架)、各种支撑以及墙架等构件组成的空间体系(如图8.1所示)。这些构件按其作用可分为下面几类。

(1) 横向框架由柱和它所支承的屋架组成,是厂房的主要承重体系。承受结构的自重、风荷载、雪荷载和吊车的竖向与横向荷载,并把这些荷载传递到基础。柱一般采用双肢格构柱或H型钢柱,屋架一般采用梯形钢屋架。

(2) 屋盖结构是承担屋盖荷载的结构体系,包括横向框架的横梁、托架、中间屋架、天窗架、檩条等。

(3) 支撑体系包括屋盖部分的支撑和柱间支撑等,采用角钢焊接式支撑。它一方面与柱、吊车梁等组成厂房的纵向框架,承担纵向水平荷载;另一方面又把主要承重体系由个别的平面结构连成空间的整体结构,从而保证了厂房结构所必需的刚度和稳定。

(4) 吊车梁和制动梁(或制动桁架)主要承受吊车竖向及水平荷载,并将这些荷载传到横向框架和纵向框架上。吊车梁一般采用"I"形焊接钢梁,制动桁架采用水平桁架或水平钢板梁。

(5) 墙架承受墙体的自重和外墙传来的风荷载。

此外,还有一些次要的构件如梯子、走道、门窗等。在某些厂房中,由于工艺操作上的要求,还设有工作平台。

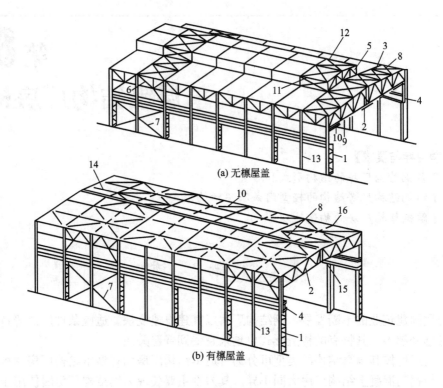

图 8.1　厂房结构的组成示例

1—框架柱；2—屋架(框架横梁)；3—中间屋架；4—吊车梁；5—天窗架；
6—托架；7—柱间支撑；8——层架上弦横向支撑；9—屋架下弦横向支撑；
10—屋架纵向支撑；11—天窗架垂直支撑；12—天窗架横向支撑；
13—墙架柱；14—檩条；15—屋架垂直支撑；16—檩条间撑杆

8.1.2　柱网和温度伸缩缝的布置

1. 柱网布置

进行柱网布置时，应注意以下几方面的问题。

(1) 满足生产工艺的要求柱的位置应与地上、地下的生产设备和工艺流程相配合，还应考虑生产发展和工艺设备更新问题。

(2) 满足结构的要求，为了保证车间的正常使用，有利于吊车运行，使厂房具有必要的横向刚度，应尽可能将柱布置在同一横向轴线上，即柱间距相等(如图 8.2 所示)，以便与屋架组成刚强的横向框架。

(3) 符合经济合理的要求，柱的纵向间距同时也是纵向构件(吊车梁、托架等)的跨度，它的大小对结构重量影响很大，厂房的柱距增大，可使柱的数量减少，总重量随之减少，同时也可减少柱基础的工程量，但会使吊车梁及托架的重量增加。最适宜的柱距与柱上的荷载及柱高有密切关系。在实际设计中要结合工程的具体情况，进行综合方案比较才能确定。

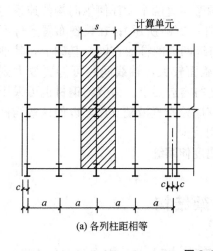
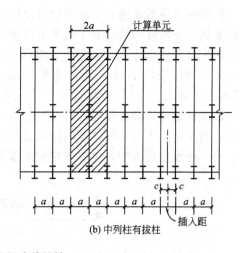

(a) 各列柱距相等　　　(b) 中列柱有拔柱

图 8.2　柱网布置和温度伸缩缝
a—柱距；c—双柱伸缩缝中心线到相邻柱中心线的距离；s—计标单元宽度

(4) 符合柱距规定要求，近年来随着压型钢板等轻型材料的采用，厂房的跨度和柱距都有逐渐增大的趋势。按《厂房建筑统一化基本规则》和《建筑统一模数制》的规定：结构构件的统一化和标准化可降低制作和安装的工作量。对厂房横向，当厂房跨度 $L \leqslant 18 \mathrm{m}$ 时，其跨度宜采用 3m 的倍数；当厂房跨度 $L > 18 \mathrm{m}$ 时，其跨度宜采用 6m 的倍数。只有在生产工艺有特殊要求时，跨度才采用 21m、27m、33m 等。对厂房纵向，普通钢结构厂房以 3m 为模数，通常纵向柱距为 6m，对于新型的轻钢结构厂房，模数的限制可适当加宽，1m、1.5m 均可，纵向柱距可增大到 7.5m、9m 等。多跨厂房的中列柱，有托架时，柱距可为 12m。

2. 温度伸缩缝

温度变化将引起结构变形，使厂房结构产生温度应力。故当厂房平面尺寸较大时，为避免产生过大的温度变形和温度应力，导致墙和屋面的破坏，应在厂房的横向或纵向设置温度伸缩缝。

温度伸缩缝的布置决定于厂房的纵向和横向长度。纵向很长的厂房在温度变化时，纵向构件伸缩的幅度较大，引起整个结构变形，使构件内产生较大的温度应力，并可能导致墙体和屋面的破坏。为了避免这种后果的产生，常采用横向温度伸缩缝将厂房分成伸缩时互不影响的温度区段。当温度区段长度不超过表 8-1 的数值时，可不计算温度应力。

表 8-1　温度区段长度值　　mm

结构情况	温度区段长度值		
	纵向温度区段（垂直于屋架或构架跨度方向）	横向温度区段（沿屋架或构架跨度方向）	
		柱顶为刚接	柱顶为铰接
采暖房屋和非采暖地区的房屋	220	120	150
热车间和采暖地区的非采暖房屋	180	100	125
露天结构	120	—	—

温度伸缩缝最普遍的做法是设置双柱,即在缝的两旁布置两个无任何纵向构件连系的横向框架,使温度伸缩缝的中线和定位轴线重合[如图8.2(a)所示];在设备布置条件不允许时,可采用插入距的方式[如图8.2(b)所示],将缝两旁的柱放在同一基础上,其轴线间距一般可采用1.0m,对于重型厂房,由于柱的截面较大,轴线间距可能要放大到1.5m或2.0m,有时甚至到3m,方能满足温度伸缩缝的构造要求。为节约钢材也可采用单柱温度伸缩缝,即在纵向构件(如托架、吊车梁等)支座处设置滑动支座,以使这些构件有伸缩的余地。不过单柱伸缩缝使构造复杂,实际应用较少。

当厂房宽度较大时,也应该按规范规定布置纵向温度伸缩缝。

8.2 轻型门式刚架结构

(轻钢)门式刚架是对轻型房屋钢结构门式刚架的简称。近年来,它在我国快速发展,给钢结构注入了新的活力。不仅在轻工业厂房中得到非常广泛的应用,而且在一些城市公共建筑,如超市、展览厅、停车场等也得到普遍应用。

门式刚架的广泛应用,除其自身具有的优点外,还与近年来普遍采用轻型(钢)屋面和墙面系统——冷弯薄壁型钢的檩条和墙梁、彩涂压型钢板和轻质保温材料的屋面板和墙板密不可分。它们完美地结合构成了如图8.3所示的轻(型)钢结构系统(美国称金属建筑系统)。

轻钢结构系统代替传统的混凝土和热轧型钢制作的屋面板、檩条等,不仅可减小梁、柱和基础截面尺寸,使整体结构质量减轻,而且式样美观,工业化程度高,施工速度快,经济效益显著。

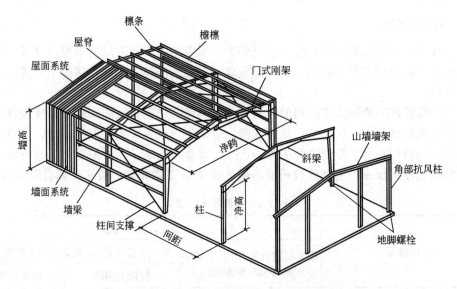

图8.3 轻钢结构系统—门式刚架轻型房屋钢结构

1. 结构形式

门式刚架分为单跨[如图8.4(a)所示]、双跨[如图8.4(b)所示],多跨[如图8.4(c)

所示〕刚架以及带挑檐的〔如图 8.4(d)所示〕和带毗屋的〔如图 8.4(e)所示〕刚架等形式。多跨刚架中间柱与刚架斜梁的连接，可采用铰接。多跨刚架宜采用双坡或单坡屋盖〔如图 8.4(f)所示〕，必要时也可采用由多个双坡单跨相连的多跨刚架形式。

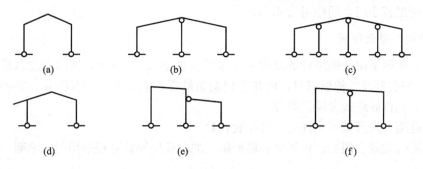

图 8.4 门式刚架的形式

在门式刚架轻型钢结构厂房体系中，屋盖应采用压型钢板屋面板和冷弯薄壁型钢檩条，檩条采用"C"型、"Z"型或双"C"型薄壁型钢。主刚架可采用变截面实腹刚架，外墙宜采用压型钢板墙板和"C"型冷弯薄壁型钢墙梁，也可以采用砌体外墙或底部为砌体、上部为轻质材料的外墙。主刚架斜梁下翼缘和刚架柱内翼缘的平面外稳定性，由与檩条或墙梁相连接的隅撑来保证。主刚架间的交叉支撑可采用张紧的圆钢。

单层门式刚架轻型房屋可采用隔热卷材做屋盖隔热和保温层，也可以采用带隔热层的板材作屋面。

根据跨度、高度及荷载不同，门式刚架的梁、柱可采用变截面或等截面的实腹焊接工字形截面或轧制 H 形截面。设有桥式吊车时，柱宜采用等截面构件。变截面构件通常改变腹板的高度，做成楔形，必要时也可以改变腹板厚度。结构构件在运输单元内一般不改变翼缘截面，必要时可改变翼缘厚度，邻接的运输单元可采用不同的翼缘截面。

门式刚架可由多个梁、柱单元构件组成，柱一般为单独单元构件，斜梁可根据运输条件划分为若干个单元。单元构件本身采用焊接，单元之间可通过端板以高强度螺栓连接。

门式刚架轻型房屋屋面坡度宜取 1/8～1/20，在雨水较多的地区宜取较大值。

门式刚架的柱脚多按铰接支承设计，通常为平板支座，设一对或两对地脚螺栓。当用于工业厂房且有桥式吊车时，宜将柱脚设计为刚接。

2. 建筑尺寸

门式刚架的跨度，应取横向刚架柱轴线间的距离。

门式刚架的高度，应取地坪至柱轴线与斜梁轴线交点的高度。门式刚架的高度，应根据使用要求的室内净高确定，设有吊车的厂房应根据轨顶标高和吊车净高要求而定。

柱的轴线可取通过柱下端(较小端)中心的竖向直线；工业建筑边柱的定位轴线宜取柱外皮；斜梁的轴线可取通过变截面梁段最小端中心与斜上表面平行的轴线。

对于门式刚架轻型钢结构厂房，其檐口高度取地坪至房屋外侧檩条上缘的高度，其最大高度取地坪至屋盖顶部檩条上缘的高度，其宽度取房屋侧墙墙梁外皮之间的距离；其长度取两端山墙墙梁外皮之间的距离。

门式刚架的跨度，宜为 9～36m，以 3M 为模数。边柱的宽度不相等时，其外侧要对齐。

门式刚架的高度，宜为 4.5~9.0m，必要时可适当加大。

门式刚架的间距，即柱网轴线在纵向的距离宜为 6m，也可采用 7.5m 或 9m，最大可用 12m，跨度较小时，间距可为 4.5m。

3. 结构、平面布置

门式刚架轻型房屋钢结构的纵向温度区段长度不大于 300m，横向温度区段长度不大于 150m。当需要设置伸缩缝时，可在搭接檩条的螺栓连接处采用长圆孔，并使该处屋面板在构造上允许胀缩或者设置双柱。

在多跨刚架局部抽掉中柱处，可布置托架。

山墙处可设置由斜梁、抗风柱和墙架组成的山墙墙架或直接采用门式刚架。

4. 墙梁布置

门式刚架轻型房屋钢结构的侧墙，在采用压型钢板作围护面时，墙梁宜布置在刚架柱的外侧，墙梁多采用"C"型钢，其间距随墙板板型及规格而定，但不应大于计算确定的值。

外墙在抗震设防烈度不高于 6 度的情况下，可采用砌体；当为 7 度、8 度时，不宜采用嵌砌砌体，9 度时宜采用与柱柔性连接的轻质墙板。

5. 支撑布置

在每个温度段或者分期建设的区段中，应分别设置能独立构成空间稳定结构的支撑体系。柱间支撑的间距根据安装条件确定，一般取 30~40m，不大于 60m。房屋高度较大时，柱间支撑要分层设置。在设置柱间支撑的开间同时设置屋盖横向支撑以组成几何不变体系。

端部支撑宜设在温度区段端部的第二个开间，这种情况下，在第一开间的相应位置宜设置刚性系杆。刚架转折处（如柱顶和屋脊）也宜设置刚性系杆。

由支撑斜杆等组成的水平桁架，其直腹杆宜按刚性系杆考虑；若刚度或承载力不足，可在刚架斜梁间设置钢管、H 型钢或其他截面形式的杆件。

门式刚架轻型房屋钢结构的支撑，宜采用张紧的十字交叉圆钢组成，用特制的连接件与梁柱腹板相连，连接件应能适应不同的夹角。圆钢端部都应有丝扣，校正定位后将拉条张紧固定。

8.3 钢结构厂房构造

8.3.1 压型钢板外墙

1. 外墙材料

压型钢板按材料的热工性能可分为非保温的单层压型钢板和保温复合型压型钢

板。非保温的单层压型钢板目前使用较多的为彩色涂层镀锌钢板,一般为0.4～1.6mm厚波形板。彩色涂层镀锌钢板具有较高的耐温性和耐腐蚀性,一般使用寿命可达20年左右。保温复合式压型钢板通常做法有两种:一种是施工时在内外两层钢板中填充以板状的保温材料,如聚苯乙烯泡沫板等;另一种是利用成品材料——工厂生产的具有保温性能的墙板,直接施工安装,其材料是在两层压型钢板中填充发泡型保温材料,利用保温材料自身凝固使两层压型钢板结合在一起形成的复合式保温外墙板。

压型钢板板型、连接件如图8.5所示。

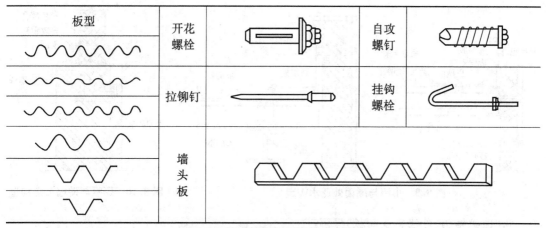

图8.5 压型钢板板型及部分连接件

2. 外墙构造

钢结构厂房的外墙,一般采用下部为砌体(一般高度不超过1.2m),上部为压型钢板墙体或全部采用压型钢板墙体的构造形式。

压型钢板外墙构造力求简单,施工方便,与墙梁连接可靠,转角等细部构造应有足够的搭接长度,以保证防水效果。图8.6和图8.7分别为非保温型(单层板)和保温型外墙压型钢板墙梁、墙板及包角板的构造图。图8.8为窗侧、窗顶、窗户包角构造。图8.9为山墙与屋面处泛水构造。图8.10为彩板与砖墙节点构造。

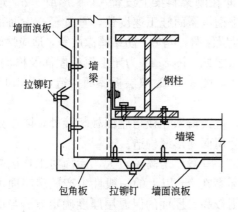

图8.6 非保温外墙转角构造

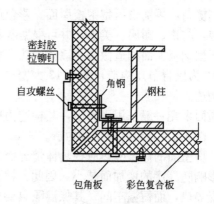

图8.7 保温外墙转角构造

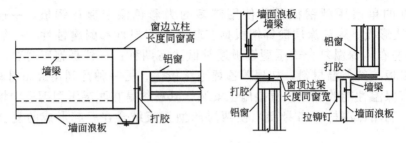

图 8.8 窗户包角构造

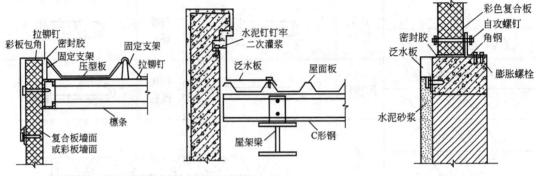

图 8.9 山墙与屋面处泛水构造　　　　图 8.10 彩板与砖墙节点构造

3. 围护结构(外墙、屋面板)保温

寒冷和严寒地区冷加工车间，冬季室内温度较低，对生产工人身体健康不利，一般应考虑采暖要求。为节约能源，不使围护结构(外墙、屋面、外门窗)流失的热量过多，外墙、屋面及门窗应采取保温措施。

8.3.2 压型钢板屋顶

厂房屋顶应满足防水、保温隔热等基本围护要求。同时，根据厂房需要设置天窗解决厂房采光问题。

钢结构厂房面采用压型钢板有檩体系，即在刚架斜梁上设置"C"形或"Z"形冷轧薄壁钢檩条，再铺设压型钢板屋面。彩色压型钢板屋面施工速度快，重量轻，表面带有色彩涂层，防锈、耐腐、美观，并可根据需要设置保温、隔热、防结露涂层等，适应性较强。

压型钢板屋面构造做法与墙体做法有相似之处。图 8.11 为压型钢板屋面及檐沟构造，图 8.12 为屋脊节点构造，图 8.13 为檐沟构造，图 8.14 为双层板屋面构造，图 8.15 为内天沟构造。

屋面采光一般采用平天窗，其构造简单，但天窗采光板与屋面板相接处，防水处理要可靠。图 8.16 为天窗采光带构造。图 8.17 为屋面变形缝构造。

厂房屋面的保温隔热应视具体情况而确定。一般厂房高度较大，屋面对工作区的冷热辐射影响随高度的增加而减小。因此，柱顶标高在 7m 以上的一般性生产厂房屋面可不考虑保温隔热，而恒温车间，其保温隔热要求则较高。屋面的保温层厚度确定方法与墙体保温层厚度确定方法相同，此处不再赘述。

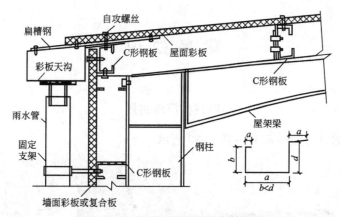

图 8.11　压型钢板屋面及檐沟构造

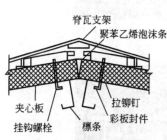

图 8.12　屋脊节点构造

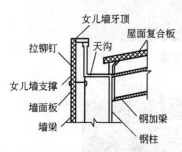

图 8.13　檐沟构造

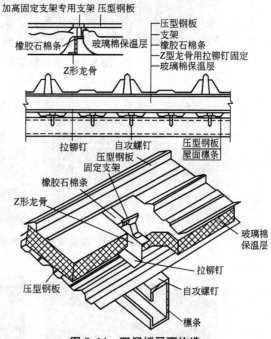

图 8.14　双层板屋面构造

说明：1. 压型板颜色由设计人定；

　　　2. 橡胶石棉板条的选用：对于严寒地区室内容易结露，应在"Z"形钢上设置一层 2～3mm 绝热橡胶石棉板条，对于一般地区则可不设。

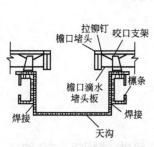

图 8.15　内天沟构造

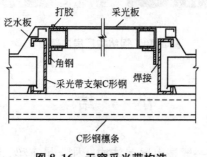

图 8.16　天窗采光带构造

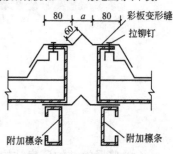

图 8.17　屋面变形缝构造

背 景 知 识

钢结构厂房实景

钢结构厂房的情况如图 8.18～图 8.20 所示。

图 8.18 多跨钢结构单层厂房

图 8.19 钢结构厂房彩钢板维护墙外立面

(a) 有吊车　　　　　　　　　　　(b) 无吊车

图 8.20 钢结构厂房内部

小　　结

(1) 普通钢结构厂房结构一般是由屋盖结构、柱、吊车梁、制动梁(或桁架)、各种支撑以及墙架等构件组成的空间体系。

(2) 轻钢门式刚架是对轻型房屋钢结构门式刚架的简称。近年来，它在我国快速发展，给钢结构注入了新的活力。不仅在轻工业厂房中得到非常广泛的应用，而且在一些城市公共建筑，如超市、展览厅、停车场等也得到普遍应用。

(3) 轻型钢结构厂房的外墙，一般采用下部为砌体（一般高度不超过1.2m），上部为压型钢板墙体或全部采用压型钢板墙体的构造形式。

(4) 轻型钢结构厂房屋面采用压型钢板有檩体系，即在刚架斜梁上设置"C"形或"Z"形冷轧薄壁钢檩条，再铺设压型钢板屋面。彩色压型钢板屋面施工速度快，重量轻，表面带有色彩涂层，防锈、耐腐、美观，并可根据需要设置保温、隔热、防结露涂层等，适应性较强。

习 题

1. 钢结构厂房结构空间体系包括哪些内容？
2. 简述钢结构厂房的框架体系。
3. 简述钢结构厂房的门式刚架体系。
4. 画图说明钢结构厂房的墙身构造。
5. 画图说明钢结构厂房的屋面构造。

第9章 多层厂房建筑设计

【教学目标与要求】
- 了解多层厂房的特点及使用范围
- 了解多层厂房的平面设计及剖面设计
- 了解多层厂房的楼电梯间和辅助用房的布置

9.1 概　　述

随着科学技术的发展，多层厂房的发展速度十分迅速，大量应用在机械、电子、电器、仪表、光学、轻工、纺织、化工和仓储等行业中。

9.1.1 多层厂房的特点

和单层厂房相比，多层厂房有以下几个特点。

(1) 生产在不同标高的楼层进行。各层间除解决好水平方向的联系外，须突出解决好竖向层间的生产联系。

(2) 厂房占地面积较小，节约用地，降低基础工程量，缩短厂区道路、管线、围墙等长度。

(3) 屋顶面积较小，一般不需设置天窗，故屋面构造简单，雨雪排除方便，有利于保温和隔热处理。

(4) 厂房一般为梁板柱承重，柱网尺寸较小，生产工艺灵活性受到限制。对大荷载、大设备、大振动的适应性较差，需作特殊的结构处理。

9.1.2 多层厂房的适用范围

(1) 生产上需要垂直运输的企业。这类企业的原材料大部分为粒状和粉状的散料或液体。经一次提升(或升高)后，可利用原料的自重自上而下传送加工，直至产品成型。如面粉厂、造纸厂、啤酒厂、乳品厂和化工厂的某些生产车间。

(2) 生产上要求在不同层高操作的企业。如化工厂的大型蒸馏塔、碳化塔等设备，高度比较高，生产又需在不同层高上进行。

(3) 生产环境有特殊要求的企业。由于多层厂房层间房间体积小，容易解决生产所要求的特殊环境，如恒温恒湿，净化洁净、无尘无菌等。属于这类企业的有仪表、电子、医药及食品类企业。

(4) 生产上虽无特殊要求,但设备及产品较轻,运输量也不大的企业。设备、原料及产品重量较轻的企业(楼面荷载小于 20kN/m^2),单件垂直运输小于 30kN 的企业。

(5) 生产工艺上虽无特殊要求,但建设地点在市区,厂区基地受到限制或改扩建的企业。

9.1.3 多层厂房的结构形式

1. 混合结构

混合结构有砌体承重和内框架承重两种形式。混合结构具有施工方便,费用经济,保温隔热性能较好等优点,但稳定性较差,楼板跨度、层数、层高均受限制,抗震地区不宜选用。

2. 钢筋混凝土结构

钢筋混凝土结构是我国目前采用最广泛的一种结构。一般可分为梁板式结构和无梁楼板结构两种。其中梁板式结构同民用建筑一样又可分为横向承重框架,纵向承重框架及纵横向承重框架 3 种。无梁楼板结构系由板、柱帽、柱和基础组成。它的特点是没有梁,因此楼板底面平整、室内净空可有效利用。由于跨度较大,一般应用于荷载较大(1 000kg/m^{2}以上)的多层厂房及冷库、仓库等类的建筑。

除上述的结构形式外,还可采用门式刚架组成的框架结构以及为设置技术夹层而采用的无斜腹杆平行弦屋架的大跨度桁架式结构。

3. 钢结构

钢结构具有重量轻、强度高、施工方便等优点,虽然造价较贵,但施工速度快,具有很好的发展前途。

目前钢结构主要趋向是采用轻钢结构和高强度钢材。采用高强度钢结构较普通钢结构可节约钢材 15%~20%,造价降低 15%,减少用工 20%左右。

9.2 多层厂房平面设计

多层厂房的平面设计首先应注意满足生产工艺的要求。其次,运输设备和生活辅助用房的布置、基地的形状、厂房方位等都对平面设计有很大影响,必须全面、综合地加以考虑。

9.2.1 生产工艺流程和平面布置

生产工艺流程的布置是厂房平面设计的主要依据。多层厂房的生产工艺流程的布置可归纳为以下 3 种类型(如图 9.1 所示)。

1. 自上而下式

这种布置的特点是把原料送至最高层后,按照生产工艺流程的程序自上而下的逐步进行加工,最后的成品由底层运出。这时常可利用原料的自重,以减少垂直运输设备的设置。一些粒状或粉状材料加工的工厂常采用这种布置方式。面粉加工厂和电池干法密闭调粉楼的生产流程都属于这一种类型。

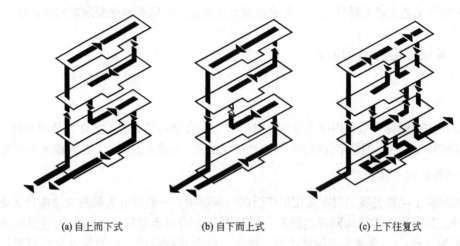

(a) 自上而下式　　　　(b) 自下而上式　　　　(c) 上下往复式

图 9.1　3 种类型的生产工艺流程

2. 自下而上式

原料自底层按生产流程逐层向上加工，最后在顶层加工成成品。这种流程方式有两种情况：一是产品加工流程要求自下而上，如平板玻璃生产，底层布置熔化工段，靠垂直辊道由下而上运行，在运行中自然冷却形成平板玻璃；二是有些企业，原材料及一些设备较重，或需要有吊车运输等，同时，生产流程又允许或需要将这些工段布置在底层，其他工段依次布置在以上各层，这就形成了较为合理的自下而上的工艺流程。如轻工业类的手表厂、照相机厂或一些精密仪表厂的生产流程都是属于这种形式。

3. 上下往复式

这是有上有下的一种混合布置方式。它能适应不同情况的要求，应用范围较广。由于生产流程是往复的，不可避免地会引起运输上的复杂化，但它的适应性较强，是一种经常采用的布置方式。例如印刷厂，由于铅印车间印刷机和纸库的荷载都比较重，因而常布置在底层，别的车间，如排字间一般布置在顶层，装订、包装一般布置在二层。为适应这种情况，印刷厂的生产工艺流程就采用了上下往复的布置方式。

9.2.2　平面布置的形式

由于各类企业的生产性质、生产特点、使用要求和建筑面积的不同，其平面布置形式也不相同，一般有以下几种布置形式。

1. 内廊式

中间为走廊，两侧布置生产房间和办公、服务房间。这种布置形式适宜于各工段面积不大，生产上既需相互紧密联系，但又不希望干扰的工段。各工段可按工艺流程的要求布置在各自的房间内，再用内廊（内走道）联系起来。对一些有特殊要求的生产工段，如恒温恒湿、防尘、防振的工段可分别集中布置，以减少空调设施并降低建筑造价（如图 9.2 所示）。

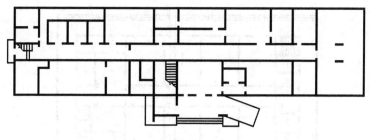

图 9.2 内廊式的平面布置

2. 统间式

中间只有承重柱,不设隔墙。由于生产工段面积较大,各工序相互间又需紧密联系,不宜分隔成小间布置,这时可采用统间式的平面布置(如图 9.3 所示)。这种布置对自动化流水线的操作较为有利。在生产过程中如有少数特殊的工段需要单独布置时,可将它们加以集中,分别布置在车间的一端或一隅。

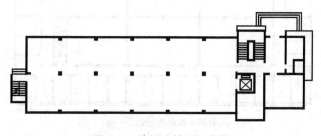

图 9.3 统间式的平面布置

3. 大宽度式

为使厂房平面布置更为经济合理,亦可采用加大厂房宽度,形成大宽度式的平面形式。这时,可把交通运输枢纽及生活辅助用房布置在厂房中部采光条件较差的地区,以保证生产工段所需的采光与通风要求［如图 9.4(a)所示］。此外对一些恒温恒湿、防尘净化等技术要求特别高的工段,亦可采用逐层套间的布置方法来满足各种不同精度的要求。这时的通道往往布置成环状,而沿着通道的外围还可布置一些一般性的工段或生活行政辅助用房［如图 9.4(b)、(c)所示］。

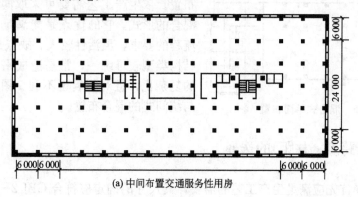

(a) 中间布置交通服务性用房

图 9.4 大宽度式的平面布置

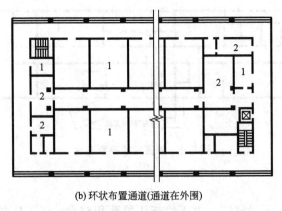

(b) 环状布置通道(通道在外围)

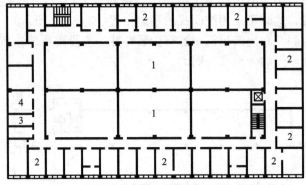

(c) 环状布置通道(通道在中间)

图 9.4　大宽度式的平面布置(续)

1—生产用房；2—办公、服务性用房；3—管道井；4—仓库

4. 套间式

通过一个房间进入另一个房间的布置形式为套间式。这是为了满足生产工艺的要求或为保证高精度生产的正常进行(通过低精度房间进入高精度房间)而采用的组合形式。

5. 混合式

根据不同生产要求，采用上述两种或两种以上平面形式混合布置，称为混合式的平面布置。依生产工艺需要可采取同层混合或分层混合的形式。它的优点是能满足不同生产工艺流程的要求，灵活性较大。缺点是施工较麻烦，结构类型较难统一，常易造成平面及剖面形式的复杂化，且对防震也不利。图 9.5 为内廊式与统间式的混合布置。

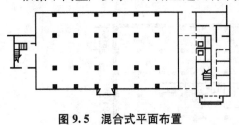

图 9.5　混合式平面布置

9.2.3　柱网(跨度、柱距)的选择

柱网的选择首先应满足生产工艺的需要，其尺寸的确定应符合 GBJ 2—86《建筑模数协调统一标准》和 GBJ 6—86《厂房建筑模数协调标准》的要求，同时还应考虑厂房的结

构形式、采用的建筑材料和其在经济上的合理性及施工上的可能性。

根据《厂房建筑模数协调标准》,多层厂房的跨度(进深)应采用扩大模数 15M 数列,宜采用 6.0m、7.5m、9.0m、10.5m 和 12m。厂房的柱距(开间)应采用扩大模数 6M 数列,宜采用 6.0m、6.6m 和 7.2m。

在工程实践中结合上述平面布置形式,多层厂房的柱网可概括为以下几种主要类型(如图 9.6 所示)。

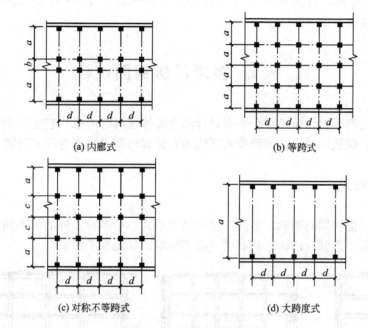

图 9.6 柱网布置的类型

1. 内廊式柱网

内廊式柱网适用于内廊式的平面布置,且多采用对称式。在仪表、电子、电器等类企业中应用较多,主要是用于零件加工或装配车间。常见的柱距 d 为 6.0m,房间的跨度 a、c 应采用扩大模数 6M 数列,宜采用 6.0m、6.6m 及 7.2m 等;走廊的跨度 b 应采用扩大模数 3M 数列,宜采用 2.4m、2.7m 及 3.0m。

2. 等跨式柱网

主要适用于需要大面积布置生产工艺的厂房,底层一般布置机械加工、仓库或总装配车间等,有的还布置有起重运输设备。适用于机械、轻工、仪表、电子、仓库等的工业厂房。这类柱网可以是两个以上连续等跨的形式。用轻质隔墙分隔后,亦可作内廊式的平面布置。目前采用的柱距 d 为 6.0m,跨度 a 有 6.0m、7.5m、9.0m、10.5m 及 12.0m 等数种。

3. 对称不等跨柱网

这种柱网的特点及适用范围基本和等跨式柱网类似。现在常用的柱网尺寸有(6.0+7.5+7.5+6.0)m×6.0m(仪表类),(1.5+6.0+6.0+1.5)m×6.0m(轻工类),(7.5+7.5+12.0+7.5+7.5)m×6.0m 及(9.0+12.0+9.0)m×6.0m(机械类)等数种。

4. 大跨度式柱网

这种柱网由于取消了中间柱子，为生产工艺的变革提供更大的适应性。因为扩大了跨度(大于12m)，楼层常采用桁架结构，这样楼层结构的空间(桁架空间)可作为技术层，用以布置各种管道及生活辅助用房。

除上述主要柱网类型外，在实践中根据生产工艺及平面布置等各方面的要求，也可采用其他一些类型的柱网，如(9.0+6.0)m×6.0m，(6.0~9.0+3.0+6.0~9.0+3.0+6.0~9.0)m×6.0m等。

9.3 多层厂房剖面设计

多层厂房的剖面设计应该结合平面设计和立面处理同时考虑。它主要是研究和确定厂房的剖面形式、层数和层高、工程技术管线的布置和内部设计等的有关问题。

9.3.1 剖面形式

由于厂房平面柱网的不同，多层厂房的剖面形式亦是多种多样的。不同的结构形式和生产工艺的平面布置都对剖面形式有着直接的影响，如图9.7所示。

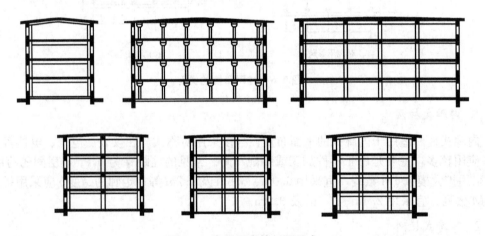

图9.7 多层厂房的剖面形式

9.3.2 层数的确定

多层厂房层数的确定与生产工艺、楼层使用荷载、垂直运输设施以及地质条件，基建投资等因素均有密切关系。为节约用地，在满足生产工艺要求的前提下，可增加厂房的层数，向竖向空间发展。但就大量性而言，目前建造的多层厂房还是以3或4层的居多。

在具体设计时，厂房层数的确定应综合考虑下列各项因素。

1. 生产工艺的影响

生产工艺流程、机具设备(大小和布置方式)以及生产工段所需的面积等方面在很大程度上影响着层数的确定。厂房根据竖向生产流程的布置，确定各工段的相对位置，同时也就相应的确定了厂房的层数。例如面粉加工厂就是利用原料或半成品的自重，用垂直布置生产流程的方式，自上而下地分层布置除尘、平筛、清粉、吸尘、磨粉、打包等 6 个工段，相应的确定厂房层数为 6 层(如图 9.8 所示)。

2. 城市规划及其他条件的影响

多层厂房布置在城市时，层数的确定还应尽量符合城市规划、城市建筑面貌、周围环境以及工厂群体组合的要求。还要结合地质条件、建筑材料的供应、结构形式、施工方法及经济因素等综合考虑。

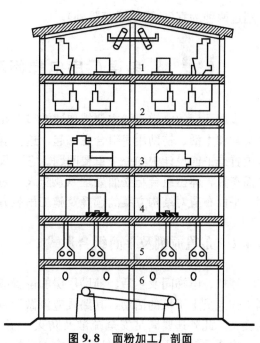

图 9.8 面粉加工厂剖面
1—除尘间；2—平筛间；3—清粉、原筛间；4—吸尘、刷面、管子间；5—磨粉机间；6—打包间

9.3.3 层高的确定

多层厂房的层高要满足生产工艺要求，即考虑生产和运输设备(吊车、传送装置等)对厂房层高的影响。一般在生产工艺许可的情况下，把一些重量重、体积大和运输量繁重的设备布置在底层，相应的加大底层的层高。同时还要考虑采光、通风的要求；管道布置的影响(如图 9.9 所示)；室内空间比例及经济造价。

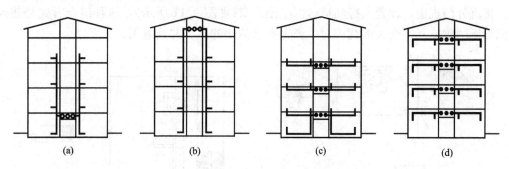

图 9.9 多层厂房的几种管道的布置方式

目前国内采用的多层厂房层高数值有：3.6m、3.9m、4.2m、4.5m、4.8m、5.4m、6.0m、6.6m 及 7.2m 等。按 GBJ 6—86《厂房建筑模数协调标准》规定除层高大于或等于 4.8m 时，采用 6M 数列，一般均采用 3M 数列。目前所选用的层高尺寸，一般底层较其他层为高。有空调管道的层高常在 4.5m 以上，有运输设备的层高可达 6.0m 以上，而仓库的层高应由堆货高度和所需通风空间的高度来决定。在同一幢厂房内层高的尺寸以

不超过两种为宜(地下层层高除外)。

9.4 多层厂房电梯间和生活及辅助用房的布置

多层厂房的电梯间和主要楼梯通常布置在一起,组成交通枢纽。在具体设计中交通枢纽又常和生活、辅助用房组合在一起,这样既方便使用,又利于节约建筑空间。它们的具体位置是平面设计中的一个重要问题。它不仅与生产流程的组织直接有关,而且对建筑的平面布置、体型组合与立面处理以及防火、防震等要求均有影响。此外楼梯、电梯间的空间、平面布置对结构方案的选择及施工吊装方法的决定也有影响。

9.4.1 布置原则及平面组合形式

楼梯、电梯间及生活、辅助用房的位置应选择在厂房合适的部位,使之方便运输,有利工作人员上下班的活动,其路线应该做到直接、通顺、短捷的要求,要避免人流、货流的交叉。此外还要满足安全疏散及防火、卫生等的有关规定。对生产上有特殊要求的厂房,生活及辅助用房的位置还要考虑这种特殊的需要,并尽量为其创造有利条件。楼电梯间的门要直接通向走道,并应设有一定宽度的过厅或过道。过厅及过道的宽度应能满足楼面运输工具的外形尺寸及行驶时各项技术要求。一般要满足一辆车等候而另一辆车通过的宽度,但至少不宜小于3m。主要楼电梯间应结合厂房主要出入口统一考虑,位置要明显,要注意与建筑参数、柱网、层高、层数及结构形式等的相互配合;更应注意建筑空间组合和立面造型的要求。

常见的楼梯、电梯间与出入口间关系的处理有两种方式。一种的处理方式是人流和货流由同一出入口进出,楼梯与电梯的相对位置可有不同的布置方案,如图9.10所示。但不论组合方式如何,均要达到人、货流同门进出,便捷通畅而互不相交。另一种方式是人、货流分门进出,设置人行和货运两个出入口(如图9.11所示),这种组合方式易使人、货流分流明确,互不交叉干扰,对生产上要求洁净的厂房尤其适用。

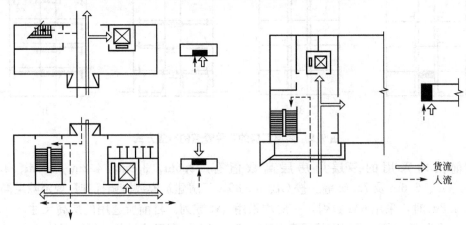

图9.10 人流货流同门布置

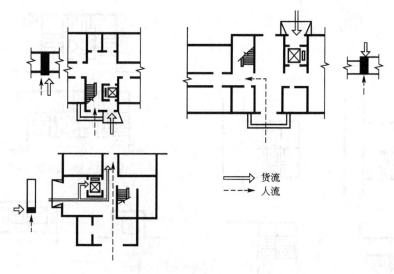

图 9.11 人流货流异门布置

楼梯、电梯间及生活、辅助用房在多层厂房中的布置方式,有外贴在厂房周围、厂房内部、独立布置以及嵌入在厂房不同区段交接处等数种(如图 9.12 所示)。这几种布置方式各有特点,使用时可结合实际需要,通过分析比较后加以选择;另外亦可采用几种布置方式的混合形式,以适应不同需要。

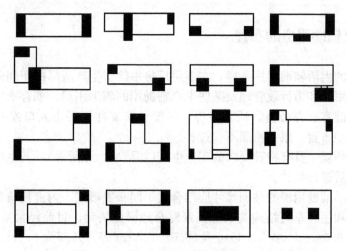

图 9.12 楼梯、电梯间在平面中的位置

9.4.2 楼梯及电梯井道的组合

在多层厂房中,由于生产使用功能和结构单元布置上的需要,楼梯和电梯井道在建筑空间布置时通常都是采用组合在一起的布置方式。按电梯与楼梯相对位置的不同,常见的组合方式有:电梯和楼梯同侧布置[如图 9.13(a)所示];楼梯围绕电梯井道布置[如图 9.13(b)所示];电梯和楼梯分两侧布置[如图 9.13(c)所示]。

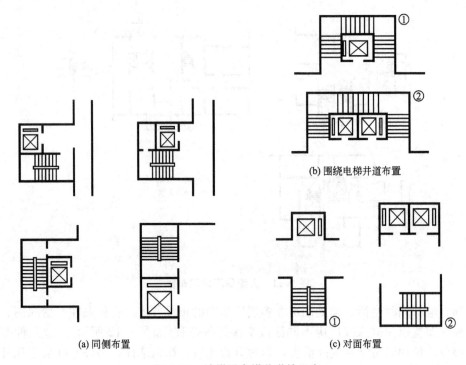

图 9.13 楼梯及电梯井道的组合

9.4.3 生活及辅助用房的布置

和单层厂房的生活辅助用房一样，在多层厂房中除了生产所需的车间外，还需布置为工人服务的生活用房和为行政管理及某些生产辅助用的辅助用房。如存衣室、盥洗室、厕所、吸烟室、保健室、办公室、哺乳室等。一般常布置在厂房出入口或垂直交通设施附近，可分层或集中布置，服务范围不应过长。

对一些生产环境上具有特殊要求的工业生产(如洁净、无菌等)，其生活用房的组成按照一定的程序先后进行设计。

多层厂房生活辅助用房的柱网尺寸应结合其不同布置形式、内部设备的排列、结构构件的统一化以及和生产车间结构关系等因素综合地研究决定。目前经常采用的柱网组成，在贴建时进深有 6.0m、(6.0+2.1)m 及 (6.6+2.4)m 等，开间为 3.6m、4.2m 及 6.0m 数种。独立布置时则有 (6.0+2.1+6.0)×6.0m、(6.6+2.4+6.6)×6.0m、(6.0+3.0+6.0)×6.0m 及 (6.0+6.0+6.0)×6.0m 等数种。至于布置在车间内部的生活辅助用房，则应和车间柱网相适应，并按实际情况予以灵活设计。

9.5 多层厂房立面设计及色彩处理

立面设计应力求使厂房外观形象和生产使用功能、物质技术运用达到有机的统一，给人以简洁、朴实、明快和大方的感觉。

9.5.1 多层厂房立面设计

多层厂房由于生产设备的外形不大,生产空间的大小变化不显著,因而它的体型就比较齐整单一。这样不但有利于结构的统一和工业化施工,亦有利于内部布置及建筑艺术的处理。

多层厂房一般利用它的3个组成部分之间的体型大小、高矮变化及门窗、墙面组成的垂直及水平划分来丰富整个立面,达到生动、和谐的艺术效果。其中主要生产部分体量最大,造型上起着主导作用,如垂直划分给人以庄重、挺拔的感受;水平划分则使厂房外形简洁明朗,横向感强。

一般情况下,辅助部分体量都小于生产部分,它可组合在生产体量之内;又可突出于生产部分之外。

交通运输部分常将楼梯、电梯或提升设备组合在一起,由于顶部为电梯机房,故在立面上往往都高于主要生产部分。

另外多层厂房也常常利用门斗、雨棚、花格、花台等来丰富主要出入口,也可把垂直交通枢纽和主要出入口组合在一起。在立面作竖向处理,使之与水平划分的厂房立面形成鲜明对比,以达到突出主要入口,使整个立面获得生动、活泼又富于变化的目的(如图9.14、图9.15所示)。

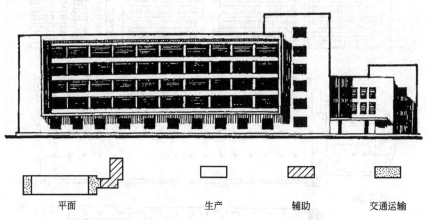

图 9.14　多层厂房体型的组成及突出生产部分体量示意

总之,多层厂房的立面设计,必须在满足生产使用和技术经济的要求下,结合建筑材料、结构形式、采光通风等的要求,进行艺术上的综合处理,以求得内容与形式的统一,努力创造简洁明朗、朴素大方,能反映我国特点的工业建筑形象。

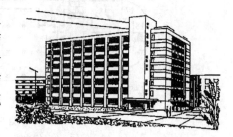

图 9.15　墙面处理——垂直划分图

9.5.2 多层厂房色彩处理

多层厂房外部色彩处理对提高厂房建筑的艺术效果、厂区环境和城市面貌等都有直接影响。厂房的外部色彩与工厂的生产性质、所处地区的气候、周围环境有关,当然还涉及人们对色彩的喜爱习惯等各个方面。例如南方炎热、温暖地区的厂房，多以冷色为基调。南方阳光绚丽，阴雨多，用浅淡色调较为合适（如淡蓝色、淡绿、灰色或配以米黄和白色做细部等）。而在北方寒冷地区，厂房外墙色调宜为暖色调（如棕、褐、焦红、橙灰色或以黄、浅红、灰、浅绿作细部等）。建筑周围环境也是厂房墙面色彩设计的重要依据。如在绿树环绕的环境中，宜用浅色，即白色、灰色、浅黄、淡红、浅绿色，均能取得悦目的效果。此外，还和人的感觉情绪（色彩心理学）有关系。厂房配色，要从整体、统一协调出发，但要避免单调乏味的感觉，注意运用配色的统一与变化规律。应是在变化中求统一，在统一中有变化。

背 景 知 识

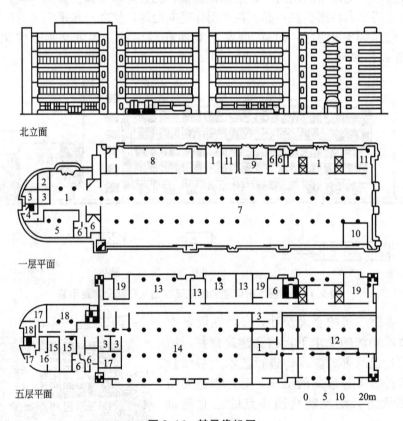

图9.16 某录像机厂

1—门厅；2—传达室；3—更衣室；4—水泵间；5—标准带间；
6—厕所；7—成品包装间；8—冷冻间；9—变电站；10—机械试验间；
11—管道入口室；12—设计、计算机间；13—准备间；
14—自动插件机间；15—信号源室；16—色温室；
17—维修室；18—办公室；19—空调机房

图 9.16 为天津某录像机厂多层厂房，共 5 层，自上而下式布置生产线。采用大宽度式平面布置形式、等跨式柱网。厂房平面由两部分组成，右边为生产用房，柱距 6m，跨度 7.5m，共 4 跨，包括设在南向的生产车间和设在北向的仓储用房、管理用房、技术用房、空调机房、楼、电梯间及卫生间等，由于厂房过长，车间中间设有伸缩缝。平面左边为生活用房，包括生活间、管理用房、技术用房、设备间等；左右两部分用交通枢纽联系，包括楼梯、电梯间、走廊及竖向交通设备等。交通部分设计采用生活用房设置两部楼梯、两部电梯，电梯与楼梯对面布置；生产用房部分设有一个主楼梯和 4 个辅助楼梯，分别位于 4 角，同时设有 4 部电梯，电梯与楼梯同侧布置，满足防火要求。

厂房的立面造型设计简洁、明快，突出体现工业建筑特征，厂房的生产用房部分由 3 个相同的单元柱网空间有序排列构成，利用楼、电梯间、建筑出入口等部位做竖向分隔，而每个单元空间又利用悬挑的带型窗水平分隔，形成立面混合划分。生活用房部分采用弧型造型丰富建筑立面。

小 结

（1）多层厂房主要适用于轻工业，在工艺上利用垂直工艺流程有利的工业，或利用楼层能创设较合理的生产条件的工业等。多层厂房可分为混合结构、钢筋混凝土结构和钢结构。

（2）多层厂房的生产工艺可归纳为自上而下式、自下而上式和上下往复式 3 种类型。生产工艺是厂房平面设计的主要依据。通常采用的布置方式有内廊式、统间式、大宽度式、套间式及混合式。

（3）多层厂房的柱网由于受楼层结构的限制，其尺寸一般较单层厂房小。多层厂房的柱网类型有：内廊式柱网、等跨式柱网、对称不等跨式柱网、大跨度式柱网。

（4）多层厂房剖面设计的内容主要是确定厂房的层数和层高。

（5）楼梯、电梯的组合方式有两种：人、货流同门进出；人、货流分门进出。多层厂房的生活间既可布置在生产厂房内，也可布置在生产厂房外，应注意对空间的合理运用。

习 题

1. 举例说明生产工艺对多层厂房平、剖面设计的影响（要求从生产流程生产特征两方面进行论述）。
2. 多层房通常采用的房间组合形式有哪几种？决定层数、层高的主要因素是什么？
3. 多层厂房常采用的柱网类型有哪些？
4. 多层厂房生活间的布置应注意哪些问题？
5. 多层厂房常见楼梯、电梯组合方式有哪几种？

第10章 建筑工业化

【教学目标与要求】
- 了解建筑工业化的含义和特征
- 了解建筑工业化的发展及工业化建筑体系
- 了解建筑工业化的类型、特点

10.1 概 述

建筑工业化是指用现代工业生产方式来建造房屋,即将现代工业生产的成熟经验应用于建筑业,像生产其他工业产品一样,用机械化手段生产建筑定型产品。其定型产品是指房屋、房屋的构配件和建筑制品等,这是建筑业生产方式的根本改变。

建筑工业化的基本特征是设计标准化、生产工厂化、施工机械化、组织管理科学化。工业化建筑体系一般分为专用体系和通用体系。专用体系是指以定型房屋为基础进行构配件配套的一种体系,其产品是定型房屋;而通用体系则是以通用构配件为基础,进行多样化组合的一种体系,其产品是定型构配件。专用体系的优点是以少量规格的构配件就能将房屋建造起来,一次性投资不多,见效大,但其缺点是由于构配件规格少,容易使建筑空间及立面产生单调感。通用体系则不然,它的构配件规格比较多,可以互相调换使用,容易做到多样化,适应的面广,可以进行专业化成批生产。所以,近年来很多国家都趋向于从专用体系转向通用体系,我国的情况也大体如此。

工业化建筑的类型可按结构类型和施工工艺进行划分。结构类型主要包括墙体承重结构、框架结构、框架-剪力墙结构和剪力墙结构等。施工工艺主要按混凝土工程的施工工艺来划分,如预制装配(全装配)、工具式模板机械化现浇(全现浇)或预制与现浇相结合等。通常按结构类型与施工工艺的综合特征将工业化建筑划分为以下类型:砌块建筑、大板建筑、框架板材建筑、大模板建筑、滑模建筑、升板建筑、盒子建筑等。

限于篇幅,本章主要介绍大板建筑、装配式框架板材建筑,对砌块建筑,大模板建筑,滑模和升板建筑,盒子建筑只作简略介绍。

10.2 大板建筑

10.2.1 大板建筑的特点和适用范围

大板建筑是装配式大型板材建筑的简称,是指除基础以外,地上的全部构件均为预制构件,通过装配整体式节点连接而建成的建筑。大板指大墙板、大楼板、大型屋面板,这些板材通常既可在工厂也可在现场预制,是一种全装配式建筑,如图10.1所示。大板建筑的优点是装配化程度高,建设速度快,受季节性影响小,板材的承载能力高,可减少墙厚和结构自重,有利于抗震并扩大了建筑物的使用面积;缺点是一次性投资大,运输不方便。大板建筑宜在平坦的地段建造,适用于以住宅、宿舍、旅馆等小开间为主的建筑。

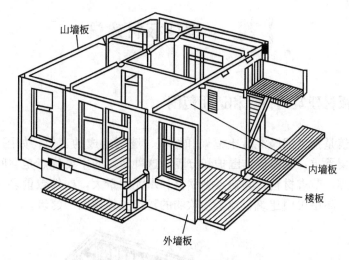

图 10.1　装配式大板建筑

10.2.2　大板建筑的板材类型

大板建筑的板材类型包括内外墙板、楼板、屋面板等。

1. 墙板类型

墙板按其安装的位置分为内墙板和外墙板;按其材料组成分为振动砖墙板、混凝土墙板、工业废渣墙板;按构造形式分为单一材料墙板和复合材料墙板。

1) 内墙板

内墙板通常既是承重构件又是分隔构件,因此,应具有足够强度和刚度,还须有隔声、防火能力。由于内墙板不需要考虑保温与隔热,多采用单一材料制作,常见的构造形式有实心墙板、空心墙板和振动砖墙板。

2) 外墙板

外墙板主要应满足围护结构方面的要求,如防风遮雨、保温隔热及便于外装修等。因热工要求较高,外墙板常采用两种以上材料的复合板。复合板一般用钢筋混凝土作结构层,以轻质材料作保温隔热层。层数较少的大板建筑,也可采用轻质混凝土做成单一材料的外墙板,如矿渣混凝土墙板、陶粒混凝土墙板、加气混凝土墙板等。

2. 楼板和屋面板

为了加强房屋的整体刚度,宜尽量采用整间式预应力钢筋混凝土大楼板和屋面板。当吊装运输能力不允许时,每间也可由两块板拼接起来。钢筋混凝土楼板形式可用空心板、实心板、肋形板。为了便于板材间的连接，楼板、屋面板的4边应预留缺口，并甩出连接用的钢筋。

3. 其他构件

大板建筑的其他构件还包括阳台构件、楼梯构件、挑檐板、女儿墙板等。

10.3 框架板材建筑

10.3.1 框架板材建筑的特点和适用范围

框架板材建筑是指由钢筋混凝土框架和楼板、墙板组成的建筑，如图10.2所示。其结构特征是由骨架承重，墙体仅作围护和分隔。这种建筑的主要优点是空间划分灵活，自重轻，有利于抗震，节省材料；其缺点是钢材和水泥用量大，构件数量多。适用于要求有较大空间的多层、高层民用建筑、地基较软弱的建筑和地震区的建筑。

图10.2　框架板材建筑

10.3.2 骨架结构类型

框架按所用材料分为钢框架和钢筋混凝土框架。通常15层以下的建筑可采用钢筋混凝土框架，更高的建筑则采用钢框架。我国目前主要采用钢筋混凝土框架。

钢筋混凝土框架按施工方法不同，分为全现浇、全装配和装配整体式3种，全现浇框架现场湿作业多，寒冷地区冬期施工还要采取防寒措施，故采用后两种施工方法更为有利。

按构件组成不同分为板柱框架、梁板柱框架和剪力墙框架。其中板柱框架由楼板和柱子组成框架，楼板可用梁板合一的肋形楼板，也可用实心楼板。梁板柱框架由梁、楼板、柱子构成框架，梁柱的连接如图10.3所示。剪力墙框架则是在以上两种框架中增设一些剪力墙，其刚度较纯框架的大得多。剪力墙主要承受水平荷载，框架主要承受垂直荷载，故使框架的节点构造大为简化，一般适合在高层建筑中采用。

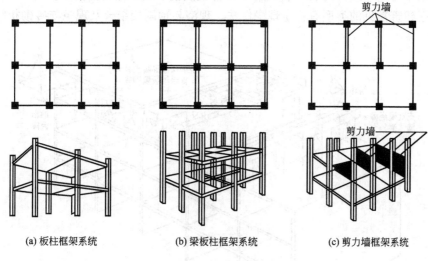

图 10.3　框架结构的类型

10.4　其他类型的工业化建筑

工业化建筑的主要类型除以上两种外，还有砌块建筑、大模板建筑、滑模建筑、升板建筑、盒子建筑等也都属于工业化建筑的范围，下面作以简要介绍。

10.4.1　砌块建筑

砌块是比砖的尺寸大得多的砌墙用的建筑制品，用砌块所建造的房屋称为砌块建筑。

砌块以其所用的材料，可分为混凝土砌块、粉煤灰硅酸盐砌块、加气混凝土砌块、其他轻混凝土砌块等。砌块以其尺寸及重量，可分为小型砌块、中型砌块、大型砌块，小型砌块的重量是在 20kg 以下，其高度不超过 380mm，适于手工操作；中型砌块的重量通常为 100～350kg，高度不超过 980mm，适用于小型机械吊装的情况，在南方中小城市应用较多；大型砌块重量超过 350kg，高度在 980mm 以上。无论哪种砌块，其长度和高度常以 100mm 为模数。其中最大长度一般不超过高度的 3 倍，砌块的厚度与墙身厚度相等。

砌块以其构造，可分为实心砌块和空心砌块。实心砌块适宜采用轻质材料，如加气混凝土、硅酸盐等。空心砌块宜用容重大、抗压强度高的材料，如普通混凝土砌块等。

10.4.2　大模板建筑

大模板建筑是指用工具式大型模板现浇混凝土楼板和墙体的建筑，如图 10.4 所示。大模板建筑的优点是：由于采用现浇混凝土施工工艺，可不必预制，故一次性投资比大板建筑少；现浇施工构件与构件之间的连接方法大为简化，且结构整体性好，刚度大，使结构的抗震能力与抗风能力大大提高；现浇施工还可以减少建筑材料的转运。我国大模板建筑目前多用于住宅建筑，内墙一般采用C20普通混凝土或较轻的混凝土。

大模板建筑常见的类型有：全现浇做法、现浇与预制相结合及现浇与砖砌相结合。

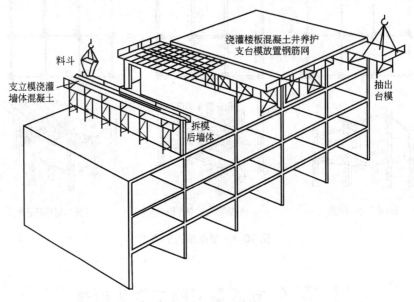

图10.4 大模板建筑

10.4.3 滑升模板建筑

所谓滑升模板建筑是指用滑升式模板来现浇墙体的建筑。滑模施工的工作原理是利用专设于墙内的竖向钢筋做交承杆，将模板系统支承其上，用液压千斤顶系统带动模板系统沿支承杆慢慢向上滑移，同时浇筑混凝土墙体，直至顶层才将模板系统卸下，如图10.5所示。

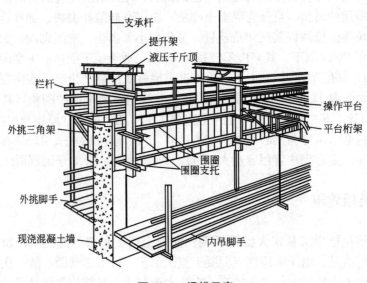

图10.5 滑模示意

滑模建筑的整体性好,抗震能力强,机械化程度高,施工速度快,模板的利用率高,施工时所需的场地小。滑模建筑适宜用于外形简单规整、上下壁厚相同的建筑物和构筑物,如多层和高层建筑、水塔、烟囱、筒仓等。我国深圳国际贸易中心大厦高53层的主楼部分便是采用滑模施工的。

滑模建筑通常有3种类型:内外墙全部滑模现浇、内墙滑模现浇外墙预制装配及滑模浇筑,如楼梯间、电梯间等同体结构,其余部分用框架或大板结构,如图10.6所示。

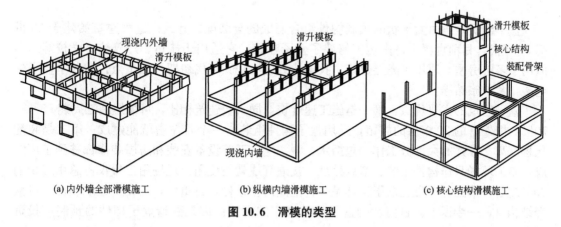

图10.6 滑模的类型

10.4.4 升板升层建筑

所谓升板升层建筑是指先立柱子,然后在地坪上浇筑楼板、屋面板,通过特制的设备提升就位的一种建筑,只提升楼板的叫"升板",在提升楼板的同时,连墙体一起提升的叫"升层",如图10.7所示。

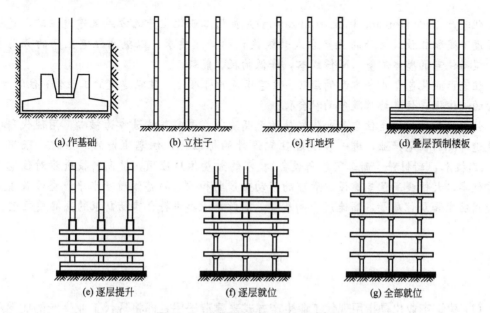

图10.7 升板建筑施工顺序示意图

升板升层建筑可以大大节约模板；把许多高空作业转移到地面进行，可以提高效率，加快进度；预制楼板是在建筑物本身平面范围内进行的，不需要占用太多的施工场地。升板升层建筑主要适用于隔墙少、楼面荷级大的多层建筑，如商场、书库、车库和其他仓储建筑，特别是当施工场地狭小时更为有利。

10.4.5 盒子建筑

盒子建筑是指由盒子状的预制构件组合而成的全装配式建筑。这种建筑始建于20世纪50年代，目前世界上许多国家修建了盒子建筑。它适用于旅馆、疗养院、学校等，不但用于多层房屋，还用于高层建筑。我国从20世纪60年代初期开始试点，建起了盒子住宅楼，盒子旅馆等。

盒子建筑的主要优点：第一是施工速度快，同大板建筑相比，可缩短施工周期50%~70%，国外有的20多层的旅馆，采用盒子构件组装，一个月左右就能建成；第二是装配化程度高，修建的大部分工作，包括水、暖、电、卫等设备安装和房屋装修都移到工厂完成，施工现场只作构件吊装、节点处理，接通管线就能使用，现场用工量仅占总用工量的20%左右；第三是混凝土盒子构件是一种空间薄壁结构，自重轻，与砖混建筑相比，可减轻结构自重一半以上。目前影响盒子建筑推广的主要原因是建造盒子构件的预制厂投资过大。

背 景 知 识

住宅产业化

住宅产业化(Housing Industrialization)是指用工业化生产的方式来建造住宅，是机械化程度不高和粗放式生产的生产方式升级换代的必然要求，以提高住宅生产的劳动生产率，提高住宅的整体质量，降低成本，降低物耗、能耗。

住宅产业化包含4个方面的涵义：住宅建筑的标准化；住宅建筑的工业化；住宅生产、经营的一体化；住宅协作服务的社会化。

住宅产业现代化是住宅产业化发展的更高阶段，是以科技进步为核心，用现代科学技术改造传统的住宅产业，进一步通过住宅设计的标准化，住宅生产的工业化，采用"四新"(新技术、新材料、新工艺、新设备)技术的大量推广应用，提高科技进步对住宅产业的贡献率，大幅提高住宅建设、管理的劳动生产率和住宅的整体质量水平，全面改善住宅的使用功能和居住质量，高速度、高质量、高效率地建设符合市场需求的高品质住宅。

小　　结

(1) 建筑工业化是指用现代工业生产方式来建造房屋，即将现代工业生产的成熟经验应用于建筑业，像生产其他工业产品一样，用机械化手段生产建筑定型产品。

（2）建筑工业化的基本特征是设计标准化、生产工厂化、施工机械化、组织管理科学化。

（3）工业化建筑体系一般分为专用体系和通用体系。专用体系是指以定型房屋为基础进行构配件配套的一种体系，其产品是定型房屋；而通用体系则是以通用构配件为基础，进行多样化组合的一种体系，其产品是定型构配件。

（4）工业化建筑的类型可按结构类型和施工工艺进行划分。通常按结构类型与施工工艺的综合特征将工业化建筑划分为以下类型：砌块建筑、大板建筑、框架板材建筑、大模板建筑、滑模建筑、升板建筑、盒子建筑等。

习　　题

1. 简述建筑工业化的意义、特征。
2. 简述建筑工业化的体系。
3. 建筑工业化的类型有哪些？
4. 简述各类工业化建筑的特点及适用情况。

参考文献

[1] 同济大学,西安建筑科技大学,东南大学,重庆大学. 房屋建筑学 [M]. 北京:中国建筑工业出版社,2005.
[2] 西安建筑科技大学. 房屋建筑学 [M]. 北京:中国建筑工业出版社,2006.
[3] 房志勇. 房屋建筑构造学 [M]. 北京:中国建材工业出版社,2003.
[4] 金虹. 房屋建筑学 [M]. 1版. 北京:科学出版社,2002.
[5] 钱坤,王若竹. 房屋建筑学(上) [M]. 北京:北京大学出版社,2009.
[6] 钱坤,吴歌. 房屋建筑学(下) [M]. 北京:北京大学出版社,2009.
[7] 李必瑜. 房屋建筑学 [M]. 武汉:武汉理工大学出版社,2003.
[8] 聂洪达. 房屋建筑学 [M]. 北京:北京大学出版社,2007.
[9] 建筑设计防火规范 GB 50016—2006 [S]. 北京:中国计划出版社,2006.
[10] 民用建筑设计通则 GB 50352—2005 [S]. 北京:中国计划出版社,2005.
[11] 高层民用建筑设计防火规范 GB 50045—1995(2005年版) [S]. 北京:中国计划出版社,2005.
[12] 建筑工程抗震设防分类标准 GB 50223—2008 [S]. 北京:中国计划出版社,2008.
[13] 建筑抗震设计规范 GB 50011—2001 [S]. 北京:中国计划出版社,2001.
[14] 建筑制图标准 GB/T 50104—2001 [S]. 北京:中国计划出版社,2001.
[15] 地下工程防水技术规范 GB 50108—2001 [S]. 北京:中国计划出版社,2001.
[16] 建筑地基处理技术规范 JGJ 79—2002 [S]. 北京:中国计划出版社,2002.
[17] 砖墙建筑构造(一)04J 101 [S]. 北京:中国计划出版社,2004.
[18] 混凝土小型空心砌块墙体建筑构造 05J 102—1 [S]. 北京:中国计划出版社,2005.
[19] 内隔墙建筑构造(2003年合订本) [S]. 北京:中国计划出版社,2003.
[20] 外墙外保温建筑构造(一)02J 12—1 [S]. 北京:中国计划出版社,2007.
[21] 墙体建筑节能构造(一)06J 123 [S]. 北京:中国计划出版社,2006.
[22] 室外工程(02J 003) [S]. 北京:中国计划出版社,2006.
[23] 公共建筑节能设计标准 GB 50189—2005 [S]. 北京:中国计划出版社,2006.
[24] 民用建筑节能设计标准(采暖居住建筑部分)JGJ 26—95 [S]. 北京:中国计划出版社,1995.
[25] 混凝土结构设计规范 GB 50010—2002 [S]. 北京:中国计划出版社,2002.
[26] 砌体结构设计规范 GB 50003—2001 [S]. 北京:中国计划出版社,2001.
[27] 楼地面建筑构造 01(03)J304 [S]. 北京:中国计划出版社,2003.
[28] 钢筋混凝土雨篷 03J 501—2 [S]. 北京:中国计划出版社,2003.
[29] 民用建筑热工设计规范 GB 50176—93 [S]. 北京:中国计划出版社,1993.
[30] 平屋面建筑构造(一)03J 201—1 [S]. 北京:中国计划出版社,2007.
[31] 平屋面建筑构造(二)03J 201—2 [S]. 北京:中国计划出版社,2007.
[32] 坡屋面建筑构造(有檩体系)02J 202—2 [S]. 北京:中国计划出版社,2005.
[33] 坡屋面建筑构造 00(03)J202—1 [S]. 北京:中国计划出版社,2007.
[34] 节能系列图集 [S]. 北京:中国计划出版社,2007.
[35] 屋面节能建筑构造(一)06J 204 [S]. 北京:中国计划出版社,2006.
[36] 屋面工程技术规范 GB 50345—2004 [S]. 北京:中国计划出版社,2004.
[37] 外装修(一)06J 501—1 [S]. 北京:中国计划出版社,2006.
[38] PVC塑料门 JG/T 03017—1994 [S]. 北京:中国计划出版社,1994.
[39] PVC塑料窗 JG/T 03018—1994 [S]. 北京:中国计划出版社,1994.

［40］ 建筑节能门窗(一)06J 607—1［S］. 北京：中国计划出版社，2006.
［41］ 变形缝建筑构造(一)04CJ 01—1［S］. 北京：中国计划出版社，2004.
［42］ 变形缝建筑构造(二)04CJ 01—2［S］. 北京：中国计划出版社，2004.
［43］ 戴念慈. 建筑设计资料集［M］. 北京：中国建筑工业出版社，2007.
［44］ 巢元凯，张方，滕绍华. 实用建筑设计手册［M］. 北京：中国建筑工业出版社，1999.
［45］ 厂房建筑模数协调标准 GBJ 6—86［S］. 北京：中国计划出版社，1986.
［46］ 工业企业设计卫生标准 GBZ 1—2002［S］. 北京：中国计划出版社，2002.
［47］ 工业企业总平面设计规范 GB 50187—93［S］. 北京：中国计划出版社，1993.
［48］ 工业企业采光设计标准 GB 50033—1991［S］. 北京：中国计划出版社，1991.
［49］ 通用桥式起重机 GB/T 14405—1993［S］. 北京：中国计划出版社，1993.
［50］ 建筑采光设计标准 GB/T 50033—2001［S］. 北京：中国计划出版社，2001.
［51］ 建筑结构荷载规范 GB 50009—2001［S］. 北京：中国计划出版社，2001.
［52］ 建筑物抗震构造详图 04G 329(一)～(九)［S］. 北京：中国计划出版社，2004.
［53］ 戴国欣. 钢结构［M］. 武汉：武汉理工大学出版社，2000.
［54］ 钢天窗架建筑构造 05J 623—1［S］. 北京：中国计划出版社，2005.
［55］ 天窗 05J 621—1［S］. 北京：中国计划出版社，2006.
［56］ 开窗机(一)06CJ 06—1［S］. 北京：中国计划出版社，2007.
［57］ 电动采光排烟天窗 04J 621—2［S］. 北京：中国计划出版社，2007.
［58］ 天窗挡风板及挡雨片 07J 623—3［S］. 北京：中国计划出版社，2008.
［59］ 重载地面、轨道等特殊楼地面 06J 305［S］. 北京：中国计划出版社，2006.
［60］ 钢梯国家建筑标准设计图集 02(03)J 401［S］. 北京：中国计划出版社，2006.
［61］ 建筑地面设计规范 GB 50037—1996［S］. 北京：中国计划出版社，1996.